"十三五"国家重点出版物出版规划项目
体系工程与装备论证系列丛书

装备体系贡献率评估：
理论、方法与应用

李小波　王维平　王涛　束哲　林木　朱一凡　段婷　著

电子工业出版社
Publishing House of Electronics Industry
北京·BEIJING

内 容 简 介

本书包含三篇内容。第一篇为体系贡献率评估理论，主要从装备的体系化发展与运用要求出发，建立了体系贡献率评估的研究框架，梳理了支撑贡献率研究的体系工程、系统科学等方面的基础理论，构建了评估基准流程和指标框架，并在每个流程中都有一系列方法作为技术支撑。第二篇为体系贡献率评估方法，主要以典型装备系统体系贡献率评估方法为基础，分别从基于 OODA 的体系贡献率能效综合评估方法、面向使命任务的体系贡献率能效综合评估方法，以及面向规划计划的项目体系贡献率评估方法三方面开展评估方法研究。第三篇为体系贡献率评估应用，主要围绕装备系统体系贡献率和装备项目体系贡献率两方面的典型案例进行应用验证。

本书可作为战略规划部门、装备论证部门、试验鉴定基地和国防工业总体部门开展装备规划论证、装备体系建设与运用等工作的参考书，也可以作为系统工程专业研究生实践教学的参考书。

未经许可，不得以任何方式复制或抄袭本书之部分或全部内容。

版权所有，侵权必究。

图书在版编目（CIP）数据

装备体系贡献率评估：理论、方法与应用 / 李小波等著. 一北京：电子工业出版社，2023.12
（体系工程与装备论证系列丛书）
ISBN 978-7-121-46958-9

Ⅰ. ①装… Ⅱ. ①李… Ⅲ. ①武器装备－研究 Ⅳ. ①E145

中国国家版本馆 CIP 数据核字（2023）第 245707 号

责任编辑：陈韦凯　　　文字编辑：李　然
印　　刷：北京七彩京通数码快印有限公司
装　　订：北京七彩京通数码快印有限公司
出版发行：电子工业出版社
　　　　　北京市海淀区万寿路 173 信箱　邮编 100036
开　　本：720×1 000　1/16　印张：18.5　字数：355 千字
版　　次：2023 年 12 月第 1 版
印　　次：2025 年 8 月第 6 次印刷
定　　价：98.00 元

凡所购买电子工业出版社图书有缺损问题，请向购买书店调换。若书店售缺，请与本社发行部联系，联系及邮购电话：（010）88254888，88258888。
质量投诉请发邮件至 zlts@phei.com.cn，盗版侵权举报请发邮件至 dbqq@phei.com.cn。
本书咨询联系方式：chenwk@phei.com.cn，（010）88254441。

体系工程与装备论证系列丛书
编委会

主　编　王维平　（国防科技大学）

副主编　游光荣　（军事科学院）

　　　　郭齐胜　（陆军装甲兵学院）

编委会成员（按拼音排序）

陈春良　樊延平　荆　涛　雷永林　李　群

李小波　李志飞　刘正敏　穆　歌　王　涛

王铁宁　王延章　熊　伟　杨　峰　杨宇彬

张东俊　朱一凡

体系工程与装备论证系列丛书
总　　序

1990年，我国著名科学家和系统工程创始人钱学森先生发表了《一个科学新领域——开放的复杂巨系统及其方法论》一文。他认为，复杂系统组分数量众多，使得系统的整体行为相对于简单系统来说可能涌现出显著不同的性质。如果系统的组分种类繁多，具有层次结构，并且它们之间的关联方式又很复杂，就成为复杂巨系统；再如果复杂巨系统与环境进行物质、能量、信息的交换，接收环境的输入、干扰并向环境提供输出，并且具有主动适应和演化的能力，就要作为开放复杂巨系统对待了。在研究解决开放复杂巨系统问题时，钱学森先生提出了从定性到定量的综合集成方法，这是系统工程思想的重大发展，也可以看作对体系问题的先期探讨。

从系统研究到体系研究涉及很多问题，其中有3个问题应该首先予以回答：一是系统和体系的区别；二是平台化发展和体系化发展的区别；三是系统工程和体系工程的区别。下面先引用国内两位学者的研究成果讨论对前面两个问题的看法，然后再谈谈本人对后面一个问题的看法。

关于系统和体系的区别。有学者认为，体系是由系统组成的，系统是由组元组成的。不是任何系统都是体系，但是只要由两个组元构成且相互之间具有联系就是系统。系统的内涵包括组元、结构、运行、功能、环境，体系的内涵包括目标、能力、标准、服务、数据、信息等。系统最核心的要素是结构，体系最核心的要素是能力。系统的分析从功能开始，体系的分析从目标开始。系统分析的表现形式是多要素分析，体系分析的表现形式是不同角度的视图。对系统发展影响最大的是环境，对体系形成影响最大的是目标要求。系统强调组元的紧密联系，体系强调要素的松散联系。

关于平台化发展和体系化发展的区别。有学者认为，由于先进信息化技术的应用，现代作战模式和战场环境已经发生了根本性转变。受此影响，以

美国为首的西方国家在新一代装备发展思路上也发生了根本性转变,逐渐实现了装备发展由平台化向体系化的过渡。1982 年 6 月,在黎巴嫩战争中,以色列和叙利亚在贝卡谷地展开了激烈空战。这次战役的悬殊战果对现代空战战法研究和空战武器装备发展有着多方面的借鉴意义,因为采用任何基于武器平台分析的指标进行衡量,都无法解释如此悬殊的战果。以色列空军各参战装备之间分工明确,形成了协调有效的进攻体系,是取胜的关键。自此以后,空战武器装备对抗由"平台对平台"向"体系对体系"进行转变。同时,一种全新的武器装备发展思路——"武器装备体系化发展思路"逐渐浮出水面。这里需要强调的是,武器装备体系概念并非始于贝卡谷地空战,当各种武器共同出现在同一场战争中执行不同的作战任务时,原始的武器装备体系就已形成,但是这种武器装备体系的形成是被动的;而武器装备体系化发展思路应该是一种以武器装备体系为研究对象和发展目标的武器装备发展思路,是一种现代装备体系建设的主动化发展思路。因此,武器装备体系化发展思路是相对于一直以来武器装备发展主要以装备平台更新为主的发展模式而言的。以空战装备为例,人们常说的三代战斗机、四代战斗机都基于平台化思路的发展和研究模式,是就单一装备的技术水平和作战性能进行评价的。可以说,传统的武器装备平台化发展思路是针对某类型武器平台,通过开发、应用各项新技术,研究制造新型同类产品以期各项性能指标超越过去同类产品的发展模式。而武器装备体系化发展的思路则是通过对未来战场环境和作战任务的分析,并对现有武器装备和相关领域新技术进行梳理,开创性地设计构建在未来一定时间内最易形成战场优势的作战装备体系,并通过对比现有武器装备的优势和缺陷来确定要研发的武器装备和技术。也就是说,其研究的目标不再是基于单一装备更新,而是基于作战任务判断和战法研究的装备体系构建与更新,是将武器装备发展与战法研究充分融合的全新装备发展思路,这也是美军近三十多年装备发展的主要思路。

关于系统工程和体系工程的区别,我感到,系统工程和体系工程之间存在着一种类似"一分为二、合二为一"的关系,具体体现为分析与综合的关系。数学分析中的微分法(分析)和积分法(综合),二者对立统一的关系

是牛顿-莱布尼茨公式，它们构成数学分析中的主脉，解决了变量中的许多问题。系统工程中的"需求工程"（相当于数学分析中的微分法）和"体系工程"（相当于数学分析中的积分法），二者对立统一的关系就是钱学森的"从定性到定量综合集成研讨方法"（相当于数学分析中的牛顿-莱布尼茨公式）。它们构成系统工程中的主脉，解决和正在解决大量巨型复杂开放系统的问题，我们称之为"系统工程 Calculus"。

总之，武器装备体系是一类具有典型体系特征的复杂系统，体系研究已经超出了传统系统工程理论和方法的范畴，需要研究和发展体系工程，用来指导体系条件下的武器装备论证。

在系统工程理论方法中，系统被看作具有集中控制、全局可见、有层级结构的整体，而体系是一种松耦合的复杂大系统，已经脱离了原来以紧密层级结构为特征的单一系统框架，表现为一种显著的网状结构。近年来，含有大量无人自主系统的无人作战体系的出现使得体系架构的分布、开放特征愈加明显，正在形成以即联配系、敏捷指控、协同编程为特点的体系架构。以复杂适应网络为理论特征的体系，可以比单纯递阶控制的层级化复杂大系统具有更丰富的功能配系、更复杂的相互关系、更广阔的地理分布和更开放的边界。以往的系统工程方法强调必须明确系统目标和系统边界，但体系论证不再限于刚性的系统目标和边界，而是强调装备体系的能力演化，以及对未来作战样式的适应性。因此，体系条件下装备论证关注的焦点在于作战体系架构对体系作战对抗过程和效能的影响，在于武器装备系统对整个作战体系的影响和贡献率。

回顾 40 年前，钱学森先生在国内大力倡导和积极践行复杂系统研究，并在国防科学技术大学亲自指导和创建了系统工程与数学系，开办了飞行器系统工程和信息系统工程两个本科专业。面对当前我军武器装备体系发展和建设中的重大军事需求，由国防科学技术大学王维平教授担任主编，集结国内在武器装备体系分析、设计、试验和评估等方面具有理论创新和实践经验的部分专家学者，编写出版了"体系工程与装备论证系列丛书"。该丛书以复杂系统理论和体系思想为指导，紧密结合武器装备论证和体系工程的实践活动，积极探索研究适合国情、军情的武器装备论证和体系工程方法，为武器装备体系论证、设计和评估提供理论方法和技术支撑，具有重要的理论价值和实践意义。我相信，该丛书的出版将为推动我军体系工程研究、提高我军体系条件下的武器装备论证水平做出重要贡献。

汪浩[①]

2020.9

---

① 汪老已于 2023 年 1 月 1 日仙逝，这是他生前为本丛书写的总序。

前 言

随着科技的发展,现代战争呈现网络化、体系化的发展趋势,未来战争将成为作战体系之间的对抗。继机械化和信息化之后,在数字化、智能化等技术的推动下,一个新的"泛在互联、智能慧聚、信息主导、体系制胜"的体系化战争时代即将到来。在体系化战争时代,装备系统作战效能的发挥越来越依赖体系的整体作战能力,成体系建设和成体系运用装备是目前急需解决的重要军事课题。装备发展和运用的范式正在由"平台中心"向"体系中心"转变,因而需要从体系角度衡量装备对于体系整体作战能力的贡献程度和地位,并以此作为装备规划论证、设计研制和作战运用的基本依据。装备系统对作战体系的贡献率(简称体系贡献率)评估正是顺应体系化战争时代的要求,推进装备体系化建设发展与作战运用的一项重要举措。

体系贡献率思想萌芽可追溯到战国时代——秦国的军功爵制。在国家与国家、企业与企业、机构与机构之间竞争日趋激烈的当下,体系贡献率思想对于作战体系等使命组织的机构角色设置、人员激励考核、事务流程管理和资产资源配置都有更重要的意义。体系贡献率本质上研究的是整体与局部关系的问题。作为使命组织发展的核心价值观之一,体系贡献率能够根据战略目标及其能力需求充分运用人、事、物等资源,实现组织整体目标和成员个体目标的内在统一,从人、事、物三方面有效整合组织资源,提高建设效益

和运行效率。

本书主要探讨装备系统作为"物"的体系贡献率和装备项目作为"事"的体系贡献率两类问题，包括三篇内容：第一篇为体系贡献率评估理论，主要介绍体系贡献率评估的相关知识及基础理论、基准流程和指标框架；第二篇为体系贡献率评估方法，主要以典型的评估方法为基础，介绍基于OODA的体系贡献率能效综合评估方法、面向使命任务的体系贡献率能效综合评估方法和面向规划计划的项目体系贡献率评估方法；第三篇为体系贡献率评估应用，分别以巡飞弹系统和"马赛克战"为例，介绍装备系统体系贡献率评估应用案例和装备项目体系贡献率评估应用案例。本书可作为战略规划评估、装备体系论证、装备系统设计等系统工程从业人员的参考书，也可作为系统工程专业研究生实践教学的参考书。

作者所在团队在王维平教授和朱一凡教授的带领下从21世纪初就一直从事体系工程理论研究和应用实践，率先设立了体系工程与体系仿真博士招生方向，培养了一大批具备战略视野和体系思维的博士研究生。体系贡献率评估根植于体系科学和体系工程基础研究，尤其是体系能力生成机制、链路对抗规律和动量制胜机理等研究。在成书之际，我谨代表全体作者向为本书研究做出"体系贡献率"的其他团队成员表示感谢：李群教授、杨峰研究员、雷永林研究员、侯洪涛博士、曹星平博士、梅珊博士、王文广博士、李竞杰博士、周少平博士、黄炎焱博士、仲辉博士、许永平博士、吴红博士、石福丽博士、余文广博士、贾全博士、李耀宇博士、李志飞博士、朱宁博士、徐俊青博士、何华博士、黄其旺博士、杨松博士、黄智捷博士、张杰博士、李兵博士后、王彦锋博士后、李静晶博士后。

体系工程研究是一个多部门、多领域协作的过程，作者所在团队在这个过程中得到了业内专家和学者的指导和帮助，特此向他们表示感谢：仿真专业组的李国雄组长、孙磊主任（推动团队启动体系贡献率专项课题研究），体系重点实验室的游光荣主任、黄建新总师、张建康总师、李瑞军主任、卜广志研究员、廖天俊博士、张跃东主任、姚广丰高工、闫海港专家、胡正东博士（本书的主要框架源于他们的联合攻关），航天科技集团七院的杨宇彬院长、刘正敏主任、杨俊波处长、胡爱虔高工（为理论验证提供了实践案例支撑），航天科技集团一院的任天助高工、航天科技集团八院的钱晓超主任、国防科技大学系统工程学院的李际超博士（提供书稿素材），以及参考文献的相关作者。

感谢国家出版基金的支持！感谢电子工业出版社编辑的辛勤工作。感谢团队张杰博士撰写第 10 章！感谢邹丽霞工程师对全书内容的修改完善和图文编校优化工作！

最后，感谢爱人江小青和家人们对我工作的支持，以及对我家庭贡献率的包容！

李小波

2023 年 8 月

目 录

第一篇 体系贡献率评估理论

第1章 体系贡献率评估概述 ········· 002
1.1 战略规划视野下的体系贡献率问题背景 ········· 002
1.1.1 体系贡献率：使命组织发展的核心价值观 ········· 002
1.1.2 面向战略规划研究的体系贡献率问题分析 ········· 004
1.2 体系贡献率的概念特性 ········· 008
1.2.1 体系贡献率的概念内涵 ········· 008
1.2.2 体系贡献率的基本特性 ········· 011
1.3 体系贡献率评估的研究框架 ········· 012
1.3.1 问题域研究框架 ········· 012
1.3.2 技术域研究框架 ········· 014
1.3.3 总体研究框架 ········· 014
1.4 体系贡献率评估的研究进展 ········· 015
1.4.1 国内研究进展综述 ········· 015
1.4.2 国外研究进展综述 ········· 023
1.4.3 研究进展小结 ········· 026
1.4.4 重点研究方向 ········· 027

第2章 体系贡献率评估的基础理论 ········· 029
2.1 复杂系统与复杂网络 ········· 029

2.1.1　复杂系统的净贡献概念 ……………………………………………… 029
　　2.1.2　复杂适应系统理论 …………………………………………………… 029
　　2.1.3　复杂网络理论 ………………………………………………………… 030
　　2.1.4　超网络理论 …………………………………………………………… 030
2.2　体系工程与能力机理 …………………………………………………………… 031
　　2.2.1　体系贡献率的能力基准：基于能力的体系工程思想 ……………… 031
　　2.2.2　体系贡献率的作用原理：体系网络任务链路动量原理 …………… 035
　　2.2.3　体系贡献率的成因机理：体系协同、适应与层次涌现特性 ……… 037
　　2.2.4　体系贡献率的能力培育：作战体系能力生成周期模型 …………… 040
2.3　体系能力与效能及特性评估 …………………………………………………… 040
　　2.3.1　体系能力评估 ………………………………………………………… 041
　　2.3.2　体系效能评估 ………………………………………………………… 048
　　2.3.3　体系特性评估 ………………………………………………………… 050
2.4　体系仿真实验与认知演化计算 ………………………………………………… 052
　　2.4.1　体系仿真实验 ………………………………………………………… 052
　　2.4.2　认知演化计算 ………………………………………………………… 058
　　2.4.3　体系动力学仿真 ……………………………………………………… 064

第3章　体系贡献率评估的基准流程 ………………………………………………… 065
3.1　体系贡献率评估需求分析 ……………………………………………………… 065
　　3.1.1　国家安全战略需求分析 ……………………………………………… 066
　　3.1.2　重要作战方向分析 …………………………………………………… 067
　　3.1.3　体系使命能力分析 …………………………………………………… 068
　　3.1.4　作战任务活动分析 …………………………………………………… 069
　　3.1.5　装备功能要求分析 …………………………………………………… 070
　　3.1.6　装备评估需求分析 …………………………………………………… 071
3.2　体系贡献率评估方案设计 ……………………………………………………… 072
　　3.2.1　明确评估问题对象 …………………………………………………… 072
　　3.2.2　设置军事作战想定 …………………………………………………… 075
　　3.2.3　构建评估指标框架 …………………………………………………… 076
　　3.2.4　拟制总体评估方案 …………………………………………………… 077
3.3　体系贡献率全局能力评估 ……………………………………………………… 078
　　3.3.1　能力评估模型构建 …………………………………………………… 079

- 3.3.2 多源数据获取融合 ⋯⋯⋯⋯⋯⋯⋯⋯⋯⋯⋯⋯⋯⋯⋯⋯⋯⋯⋯⋯ 080
- 3.3.3 能力评估模型解算 ⋯⋯⋯⋯⋯⋯⋯⋯⋯⋯⋯⋯⋯⋯⋯⋯⋯⋯⋯⋯ 081
- 3.3.4 能力贡献结果计算 ⋯⋯⋯⋯⋯⋯⋯⋯⋯⋯⋯⋯⋯⋯⋯⋯⋯⋯⋯⋯ 081
- 3.3.5 能力评估结果分析 ⋯⋯⋯⋯⋯⋯⋯⋯⋯⋯⋯⋯⋯⋯⋯⋯⋯⋯⋯⋯ 082
- 3.4 体系贡献率重点效能评估 ⋯⋯⋯⋯⋯⋯⋯⋯⋯⋯⋯⋯⋯⋯⋯⋯⋯⋯⋯⋯ 083
  - 3.4.1 效能评估方案制定 ⋯⋯⋯⋯⋯⋯⋯⋯⋯⋯⋯⋯⋯⋯⋯⋯⋯⋯⋯⋯ 084
  - 3.4.2 效能仿真想定设置 ⋯⋯⋯⋯⋯⋯⋯⋯⋯⋯⋯⋯⋯⋯⋯⋯⋯⋯⋯⋯ 084
  - 3.4.3 效能仿真实验设计 ⋯⋯⋯⋯⋯⋯⋯⋯⋯⋯⋯⋯⋯⋯⋯⋯⋯⋯⋯⋯ 085
  - 3.4.4 仿真模型开发集成 ⋯⋯⋯⋯⋯⋯⋯⋯⋯⋯⋯⋯⋯⋯⋯⋯⋯⋯⋯⋯ 085
  - 3.4.5 仿真实验运行表现 ⋯⋯⋯⋯⋯⋯⋯⋯⋯⋯⋯⋯⋯⋯⋯⋯⋯⋯⋯⋯ 086
  - 3.4.6 效能贡献计算分析 ⋯⋯⋯⋯⋯⋯⋯⋯⋯⋯⋯⋯⋯⋯⋯⋯⋯⋯⋯⋯ 086
- 3.5 体系贡献率能效综合评估 ⋯⋯⋯⋯⋯⋯⋯⋯⋯⋯⋯⋯⋯⋯⋯⋯⋯⋯⋯⋯ 087
  - 3.5.1 效能-能力聚合评估 ⋯⋯⋯⋯⋯⋯⋯⋯⋯⋯⋯⋯⋯⋯⋯⋯⋯⋯⋯⋯ 088
  - 3.5.2 能力-效能迭代评估 ⋯⋯⋯⋯⋯⋯⋯⋯⋯⋯⋯⋯⋯⋯⋯⋯⋯⋯⋯⋯ 088
  - 3.5.3 能力-效能定量建模 ⋯⋯⋯⋯⋯⋯⋯⋯⋯⋯⋯⋯⋯⋯⋯⋯⋯⋯⋯⋯ 089
  - 3.5.4 综合贡献评估解算 ⋯⋯⋯⋯⋯⋯⋯⋯⋯⋯⋯⋯⋯⋯⋯⋯⋯⋯⋯⋯ 090
- 3.6 体系贡献率评估结果分析 ⋯⋯⋯⋯⋯⋯⋯⋯⋯⋯⋯⋯⋯⋯⋯⋯⋯⋯⋯⋯ 090
  - 3.6.1 评估结果机理分析 ⋯⋯⋯⋯⋯⋯⋯⋯⋯⋯⋯⋯⋯⋯⋯⋯⋯⋯⋯⋯ 091
  - 3.6.2 评估结果多维展现 ⋯⋯⋯⋯⋯⋯⋯⋯⋯⋯⋯⋯⋯⋯⋯⋯⋯⋯⋯⋯ 091
  - 3.6.3 评估结果决策支持 ⋯⋯⋯⋯⋯⋯⋯⋯⋯⋯⋯⋯⋯⋯⋯⋯⋯⋯⋯⋯ 092

第4章 体系贡献率评估指标框架 ⋯⋯⋯⋯⋯⋯⋯⋯⋯⋯⋯⋯⋯⋯⋯⋯⋯⋯⋯⋯ 094

- 4.1 基于体系能力的指标框架 ⋯⋯⋯⋯⋯⋯⋯⋯⋯⋯⋯⋯⋯⋯⋯⋯⋯⋯⋯⋯ 094
  - 4.1.1 支持贡献率评估的体系能力模型 ⋯⋯⋯⋯⋯⋯⋯⋯⋯⋯⋯⋯⋯⋯ 094
  - 4.1.2 面向全域关键能力的体系贡献率评估指标框架 ⋯⋯⋯⋯⋯⋯⋯⋯ 096
  - 4.1.3 基于功能-能力聚合的体系贡献率评估指标框架 ⋯⋯⋯⋯⋯⋯⋯⋯ 098
  - 4.1.4 基于改进结构方程模型的体系作战能力评估指标框架 ⋯⋯⋯⋯⋯ 099
- 4.2 基于体系效能的指标框架 ⋯⋯⋯⋯⋯⋯⋯⋯⋯⋯⋯⋯⋯⋯⋯⋯⋯⋯⋯⋯ 102
  - 4.2.1 篮球赛高阶综合评估指标借鉴 ⋯⋯⋯⋯⋯⋯⋯⋯⋯⋯⋯⋯⋯⋯⋯ 102
  - 4.2.2 基于目标任务链路效能的指标框架 ⋯⋯⋯⋯⋯⋯⋯⋯⋯⋯⋯⋯⋯ 104
  - 4.2.3 基于使命任务活动效能的指标框架 ⋯⋯⋯⋯⋯⋯⋯⋯⋯⋯⋯⋯⋯ 105
  - 4.2.4 基于体系对抗场景效能的指标框架 ⋯⋯⋯⋯⋯⋯⋯⋯⋯⋯⋯⋯⋯ 107
- 4.3 基于能力生成机理的指标框架 ⋯⋯⋯⋯⋯⋯⋯⋯⋯⋯⋯⋯⋯⋯⋯⋯⋯⋯ 109

- 4.3.1 紧扣体系能力生成机理，以适应度、影响度和重要度为核心 ···· 110
- 4.3.2 能力与效能指标相结合，基于效能进行能力评估与验证 ······ 111
- 4.3.3 静态战术技术指标与动态使命任务指标综合 ·················· 112
- 4.3.4 基于整体论思想探索体系整体性指标 ······················ 112
- 4.3.5 综合考虑成本效益等方面的因素，构建全面的指标框架 ······ 114
- 4.3.6 根据装备种类、问题层次和发展阶段有针对性地建立具体的综合性指标框架 ·························· 114

第二篇 体系贡献率评估方法

第 5 章 典型装备系统体系贡献率评估方法 ··················· 116
- 5.1 基于能力的体系贡献率评估方法 ······················· 116
  - 5.1.1 基于作战网络的能力贡献率评估方法 ···················· 116
  - 5.1.2 基于结构的能力贡献率评估方法 ························ 119
  - 5.1.3 基于 RIMER 的能力贡献率评估方法 ···················· 121
  - 5.1.4 基于架构与矩阵范数的多维度能力贡献率评估方法 ········ 122
- 5.2 基于效能的体系贡献率评估方法 ······················· 128
  - 5.2.1 基于系统动力学的效能贡献率评估方法 ················ 128
  - 5.2.2 基于作战环的效能贡献率评估方法 ···················· 130
  - 5.2.3 基于深度置信网络的效能贡献率评估方法 ·············· 133
  - 5.2.4 基于价值中心法的效能贡献率评估方法 ················ 136
- 5.3 体系贡献率综合评估方法 ···························· 137
  - 5.3.1 基于 AHP 的定性-定量综合评估方法 ·················· 137
  - 5.3.2 基于 SEM 的能力-效能综合评估方法 ·················· 141
  - 5.3.3 基于 MMF-OODA 的结构-行为综合评估方法 ············ 144
  - 5.3.4 多类型体系贡献率综合评估方法 ······················ 145

第 6 章 基于 OODA 的体系贡献率能效综合评估方法 ············ 149
- 6.1 能效综合评估方法的原理 ···························· 149
- 6.2 能效综合评估方法的实施步骤 ························ 150
- 6.3 体系贡献率评估模型框架 ···························· 152
- 6.4 评估方法的关键支撑技术 ···························· 153
  - 6.4.1 基于 OODA 功能回路的体系网络建模与分析 ············ 153
  - 6.4.2 基于效能仿真数据的 OODA 功能回路分析 ·············· 159

6.4.3　基于认知计算的能力-效能综合评估 ·· 168
　6.5　案例研究 ·· 169

第7章　面向使命任务的体系贡献率能效综合评估方法 ·································· 175
　7.1　面向使命任务的能效综合评估方法框架 ·································· 175
　　　7.1.1　评估问题的输入与输出 ·· 175
　　　7.1.2　体系贡献率的评估过程 ·· 176
　　　7.1.3　能效综合分析与评估框架 ·· 180
　7.2　基于定量 HOQ 的指标关联关系分析 ·· 181
　　　7.2.1　HOQ 矩阵的构建 ·· 181
　　　7.2.2　基于仿真实验的 QFD 矩阵构建过程 ······························ 184
　7.3　基于组合赋权 TOPSIS 的体系集成方案对比 ······························ 186
　　　7.3.1　TOPSIS ·· 186
　　　7.3.2　使命任务需求满足度评估 ·· 186
　　　7.3.3　体系贡献率计算 ·· 188
　7.4　案例研究 ·· 188
　　　7.4.1　案例背景 ·· 188
　　　7.4.2　实验结果及评定 ·· 190
　　　7.4.3　结果分析 ·· 193

第8章　面向规划计划的项目体系贡献率评估方法 ·································· 194
　8.1　基于能力生成周期模型的项目体系贡献率评估方法 ·········· 194
　　　8.1.1　问题背景分析 ·· 194
　　　8.1.2　评估方法的总体框架 ·· 199
　　　8.1.3　实施步骤 ·· 200
　8.2　基于联合使命任务线程的项目体系贡献率评估方法 ·········· 205
　　　8.2.1　联合使命任务线程概述 ·· 205
　　　8.2.2　实施步骤 ·· 207
　　　8.2.3　案例研究 ·· 210

第三篇　体系贡献率评估应用

第9章　装备系统体系贡献率评估应用案例 ·· 216
　9.1　体系贡献率评估方法顶层应用流程 ·· 216
　9.2　巡飞弹系统体系贡献率的宏观论证 ·· 217

9.2.1　基于 QFD 的巡飞弹系统体系贡献率需求分析……………218
　　9.2.2　巡飞弹系统需求分析中 HOQ 的构造过程………………221
　　9.2.3　"国家安全战略需求—重要作战方向"HOQ 矩阵的构造……229
　　9.2.4　"重要作战方向—体系使命能力"HOQ 矩阵的构造………230
　　9.2.5　"体系使命能力—作战任务清单"HOQ 矩阵的构造………232
　　9.2.6　"作战任务清单—装备功能需求"HOQ 矩阵的构造………234
　　9.2.7　基于能力需求满足度的体系贡献率宏观论证分析…………236
　9.3　巡飞弹系统体系贡献率的型号装备论证……………………………237
　　9.3.1　基于 CCI-CTI 的仿真想定设置分析………………………237
　　9.3.2　仿真想定设定………………………………………………238
　　9.3.3　仿真应用开发………………………………………………239
　　9.3.4　仿真实验设计………………………………………………241
　　9.3.5　效能贡献率评估分析………………………………………243

第 10 章　装备项目体系贡献率评估应用案例……………………………246
　10.1　智能化无人作战力量体系建设需求…………………………………246
　　10.1.1　无人装备建设与发展趋势…………………………………246
　　10.1.2　基于"马赛克战"的无人作战力量规划计划与体系筹划设计………………………………………………………………250
　10.2　"马赛克战"作战体系能力生成周期模型的构建……………………257
　10.3　项目与作战体系能力关联建模………………………………………258
　10.4　基于能力生成周期模型的项目体系贡献率评估……………………265

参考文献……………………………………………………………………267

第一篇 体系贡献率评估理论

第1章
体系贡献率评估概述

装备体系贡献率评估是近年来军事领域体系工程研究的重点和热点问题，体现了现代战争体系对抗的要求，也是军队力量建设和装备发展体系化的重要抓手。本章主要对体系贡献率的问题背景、概念特性、研究框架和研究现状进行总体介绍，从而为本书后续章节奠定基础。首先从使命组织战略发展规划视角切入，探讨体系贡献率作为一种价值观对于组织发展的重大意义，并开展面向战略规划研究的体系贡献率问题分析；其次，阐述体系贡献率的概念内涵和基本特性；再次，从问题域和技术域两方面分析体系贡献率评估的研究框架；最后分析国内外相关研究现状，并在此基础上讨论重点研究方向。

1.1 战略规划视野下的体系贡献率问题背景

1.1.1 体系贡献率：使命组织发展的核心价值观

在组织管理中，如何处理个体与整体、局部与全局、组分与组织的关系始终是重点和难点问题。在社会组织中，优胜劣汰是一般性规律。但对于组织而言，如何定义"优"或"劣"一直存在争议。自然界生物进化遵循的优胜劣汰被称为丛林法则，其中"优"指的是生物或者物种对于生存环境和竞争对手的优势。对于社会组织而言，其竞争往往不是组织个体的竞争，而是组织之间整体力量和优势的全方位比拼。因此，组织内个体的"优"不能仅用个体竞争的绝对优势来定义，而要通过个体对于组织目标和能力的贡献来衡量，即个体的"优"与组织的"优"应从根本上和整体上保持一致，个体的优势要服务于组织发展。以篮球队为例，球队对于新队员的选择不能只看

球员的个人能力和战术数据,还要看球员的技术特点是否符合球队战术体系的要求,甚至要看其性格特点是否有助于球队"化学反应"的产生,从而使其他球员的"优"变得更突出,提升球队的整体实力。在职业篮球联赛中,经常有一些个人数据并不突出的球员受到各球队教练的青睐和争抢,一方面是因为有些统计数据并不能真实、完整地反映球员的全部能力;另一方面是因为这些球员能够较好地融入球队,弥补球队某些方面的不足或者为球队带来良好的"化学反应",从而提升球队的整体实力。以企业这类组织为例,如何正确树立企业的绩效导向和激励机制,充分考虑个人能力和团队贡献,以个人对企业角色的履职表现和基于该角色岗位的绩效作为重要评价依据,实现个人发展与组织发展的内在统一,也是一个非常重要的问题。

将组织规模提升至国家或者军队这种复杂大型使命组织层次后,如何用战略目标和战略愿景统领全局,如何将战略规划解码为下属各组织成员的执行计划,以及如何对组织成员的行为和绩效进行考核和激励,都是组织管理的重要问题,其相对于企业和篮球队的组织管理也更加复杂。解决上述问题的关键仍然在于如何实现组织成员的局部"优"与组织整体全局"优"的内在一致。从前向来看,需要加强战略愿景和战略目标的宣贯,使全体组织成员树立共同愿景目标,协同开展计划制订,加强组织协作,实现内在动力的一致性;从后向来看,需要科学合理地界定组织整体和成员的关系,建立整体目标达成和整体能力增长导向的绩效考核与激励机制,实现外在激励的有效性。前向与后向相结合形成组织管理的闭环,从而能够为组织使命达成提供持续的动力支持。

体系贡献率的思想萌芽古已有之。早在战国时代,秦国通过商鞅变法确立了军功爵制,以战功获得爵位作为待遇等级的基本依据,其实质是将对组织整体的贡献作为组织成员资源分配和角色重要度管理的重要依据。在秦王扫六合的过程中,秦国并非从一开始就占据国力和军力的绝对优势。以赵国为例,赵武灵王通过胡服骑射这一军事革新,将赵军的骑兵比例提升至接近10%,而包括秦国在内的其他诸侯国只有1%左右,加上秦国迈入铁兵器时代的步伐比赵国慢,导致其在技术兵种上也处于劣势。但是秦国通过实施兵爵制形成的制度优势完全弥补了秦军技术上的落后,最终在军事实力上占据了压倒性的地位。

在社会分工和组织发展日益完善的当下,体系贡献率思想对于组织机构角色设置、人员激励考核、事务流程管理和资产资源配置都有更重要的意义。

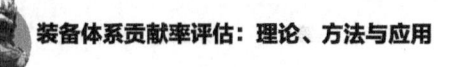

体系贡献率作为使命组织发展的核心价值观，能够根据战略目标及其能力需求充分运用人、事、物等资源，实现组织整体目标和成员个体目标的内在统一。贡献率价值观内涵包括"人、事、物"三方面。

（1）在"人"方面，组织根据战略目标及其能力需求设置组织机构和岗位角色，组织人员根据战略目标和岗位角色要求细化个人行动计划，履行岗位职责并发挥角色效用；组织对个人的评价不仅要看个人能力，更要看其履职效果和对战略目标及能力的贡献，并且能够根据人员能力与岗位角色的适配关系进行人员角色岗位的动态调整，确保人尽其才、才尽其用。衡量个体对组织的贡献主要以角色作用发挥情况和岗位履职程度为依据，可称之为**人员角色贡献率**。例如，评价公司技术人员和销售人员对本公司的贡献，应分别从技术研发和销售业绩角度开展，同时兼顾其他方面。

（2）在"事"方面，组织根据战略目标及其能力需求设置业务事项和运行流程，业务事项和运行流程须由人员角色运用相关物资源才能完成，因而需要从其对战略目标及其能力的支撑和贡献程度出发，对流程事务的运行效果和输出产品进行整体评价。衡量事务对组织的贡献主要以事务效果及其对组织目标的能力贡献为依据，可称之为**事务效能贡献率**。例如，组织项目的设置论证需要从战略目标及其能力需求角度论证其实施的必要性，组织项目的验收也需要从其对战略目标及其能力的贡献角度评价其实施效益。

（3）在"物"方面，组织根据战略目标及其能力需求设置物资设施和设备功能，用于支撑人员角色支配下的事项流程运行，其功能服务需要满足事项流程中的任务或者活动功能要求。对物资设施和设备功能的评价不仅要看其对事和人的直接支撑，更要通过以上两方面的支撑来评估其对战略目标及其能力需求的贡献与满足程度，可称之为**物资功用贡献率**。例如，装备系统对体系的贡献率不能仅关注装备指标对体系作战能力指标的贡献，还要注意装备系统在具体作战运用中对实际体系能力和体系效能的贡献。

1.1.2 面向战略规划研究的体系贡献率问题分析

战略管理主要包括需求、规划、预算、执行、评估 5 个环节。军事领域的战略规划是指为达到一定的战略目标，在分析判断国家安全形势和未来战争的基础上，从全局高度谋划军事力量建设与运用、进行战争准备与实施的一系列理论和实践活动。战略规划关注国家根本性的军事政策，决定军事活动的目的和任务、方法和原则、重点和步骤。战略规划是战略管理活动中的

重要环节，也是将战略目标转化为实施路径的关键。一般来说，战略规划通过路线图、计划表、项目方案、投资计划等成果形式将战略目标和战略意图转换为战略行动规划计划及实施方案。

战略规划项目是指列入较高层次军队组织的发展规划，对军队战略能力建设与运用有重要贡献的项目，它也是战略实施和军事力量建设的核心内容。在体系化战争时代，作战体系是实现战略目标的核心支撑，也是战略规划和执行的重要抓手。战略规划项目评估应在体系对抗背景下充分考虑作战体系能力需求，根据项目对于作战体系能力生成的贡献进行评估决策。体系贡献率评估是推进军事力量体系化建设与运用的重要抓手，已在装备发展领域得到深入研究和广泛应用。基于能力的规划是体系时代战略规划的重要特征，基于重大项目的核心战略能力建设是军队战略目标"解码""落地"的关键所在。

本书聚焦军队战略规划评估视野下的体系贡献率问题，以装备系统的体系贡献率研究为重点，同时拓展到规划项目的体系贡献率评估研究，具体如下：

装备系统的体系贡献率问题属于"人、事、物"中的"物"对组织的贡献率问题，主要从装备系统功能和战术技术指标对作战体系的能力与效能的增量角度进行评估，但是静态考虑装备能效指标对体系指标的贡献是不够的，需要充分考虑装备系统融入兵力单元和任务链路后对作战能力和作战效能的影响。

规划项目的体系贡献率属于"人、事、物"中的"事"对组织的贡献率问题，根据战略规划的"战、建一体"要求，借鉴和发展原有体系贡献率评估理论和方法，在建立项目建设效益与作战体系能力关联关系的基础上，开展战略规划项目对作战体系能力生成的贡献率评估方法研究，为战略规划项目评估决策提供定量支撑，提高战略规划评估阶段的军事力量体系化建设与运用水平。

上述研究涵盖了"人、事、物"中的"事"和"物"的贡献率，本书暂不研究"人"对组织的贡献率问题。

根据以上分析，需要先建立战略规划问题的研究框架，给出装备系统和规划项目在国防和军队战略规划研究中的定位，从而明确这两类体系贡献率评估的问题背景和技术边界。通过借鉴美军的使命能力栅格模型，建立战略规划项目评估的层次化研究框架，如图1-1所示，由上到下依次为全军联合

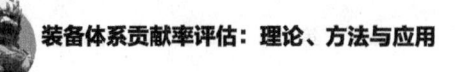

作战体系战略目标指导、战略方向使命作战体系运用、军种体系兵力建设、项目投资与资源管理4个层次。从该图中可以看出，各能力要素通过项目建设形成能力要素基元（根据能力要素类型划分的作战能力生成基本单元），并集成到体系兵力这一能力聚合单元（根据兵力结构划分的作战能力集成聚合单元，包括战场感知、指挥控制等能力单元）中，从而支撑作战体系能力生成。战略规划项目与作战体系能力关联建模的研究思路具体包括以下3个步骤：

（1）基于任务清单的作战体系能力需求分析。先根据作战体系使命任务流程设计联合任务清单，再根据该清单分析能力需求，并将其量化为能力聚合单元的集成指标。

（2）基于预期建设绩效的规划项目定位分析。根据项目预期建设绩效分析规划项目在作战体系中的定位，即其能够为哪些能力聚合单元提供支撑。

（3）基于能力要素基元的能力-项目包关联建模。通过分析规划项目与能力要素基元之间的映射关系，结合规划项目定位分析结果建立能力-项目关联模型。

图1-1包括10个互相映射关联的部分，下面对其进行简要介绍。

（1）底部的能力要素基元是提供能力解决方案所采用的形式（装备要素或非装备要素），例如研发新的飞机或在现有系统中增加新的软件或新的训练方法。

（2）左下角显示的资源/投资是开发和维护能力解决方案所需的预算。

（3）中间的能力聚合单元是兵力和能力的组合管理，通过对各类投资项目按照联合能力域进行归类汇总，提供成体系的产品组合管理。

（4）左侧中间的兵力要素是运用和维护各类资源的组织要素。

（5）左上方的核心能力按照任务类别对任务、计划和作战要素进行归类汇总，它是能力的高级定义。

（6）右上方的威胁/条件属于外在因素，其会影响需求空间。

（7）顶部的战略指导是国家战略指导总体能力要求的组合，如国家安全战略、国防战略、国家军事战略等。

（8）能力聚合单元上方的交叉线代表联合任务清单，它通过分层的任务列表（从左侧分解得到）建立与威胁/条件要素相匹配的任务清单，并通过在给定威胁条件下达到要求所需的性能水平来量化任务。

（9）位于军种体系兵力建设上下方的交叉线代表兵力管理，它负责向指挥员提供必要的部队，以支持指派的任务。

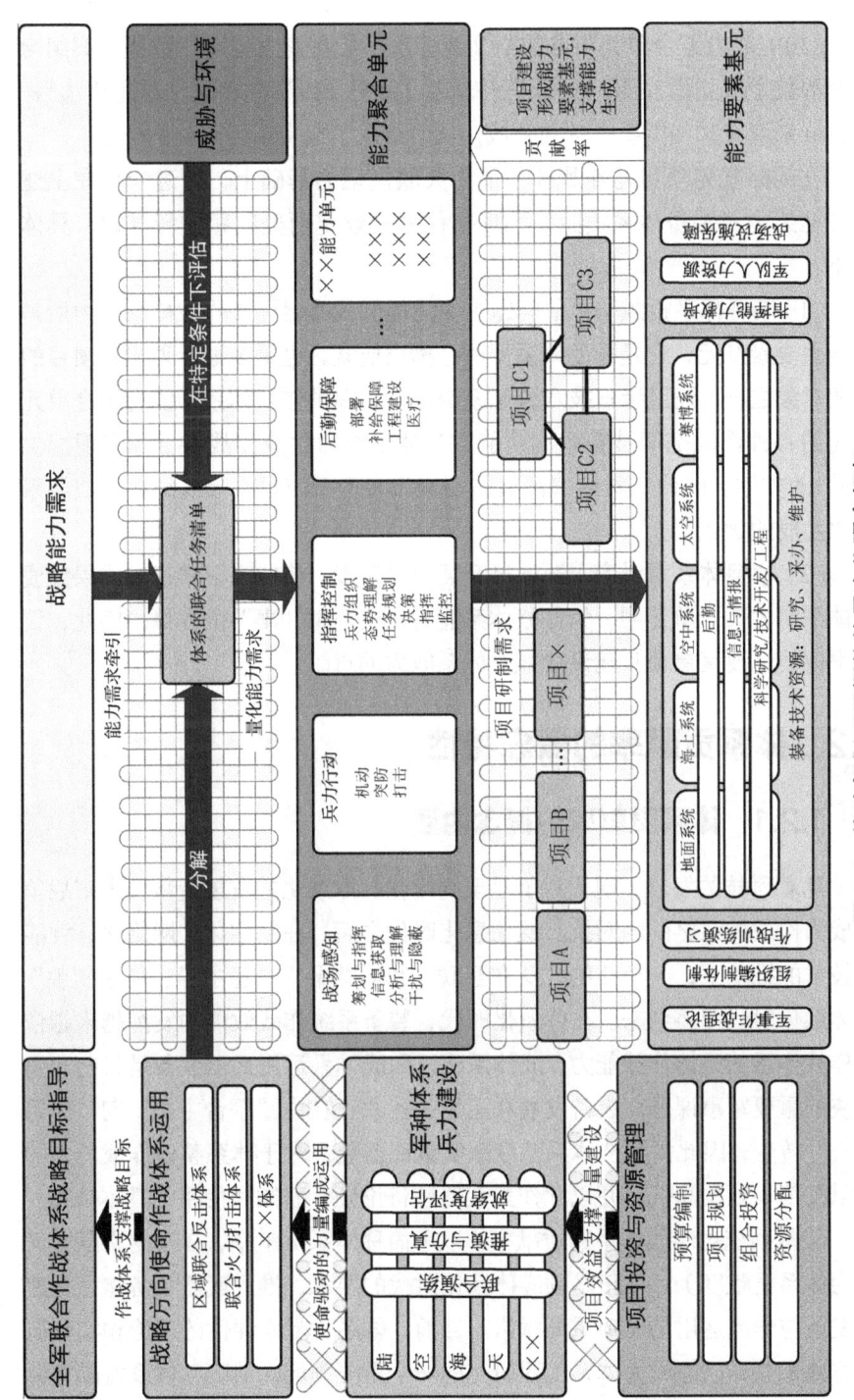

图 1-1 战略规划项目评估的层次化研究框架

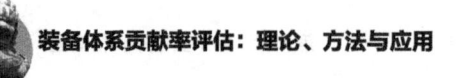

（10）能力聚合单元下方的交叉线标识了所需能力与可用解决方案组合之间的数量或质量差距，根据差距确定可能需要投资的领域，这里用项目-项目群来填充这些需要投资的领域，从而给出了投资项目所处的位置。

在战略规划项目与作战体系能力关联模型的基础上，可进一步在上述研究框架中对装备体系贡献率和项目体系贡献率两类问题进行界定，具体如下：

（1）装备体系贡献率评估问题主要是提供战略目标和作战体系能力所需的能力要素基元，它是作战体系的核心物质要素，也是规划计划投资项目的主要对象之一。通过装备技术资源系统建设，提供作战体系中能力聚合单元所需的各种作战空间装备系统功能，为体系能力生成和战略目标实现提供"物"的支撑。因此，贡献率评估需要聚焦装备系统对作战系统和作战体系能力生成的贡献。

（2）项目体系贡献率主要通过开展项目建设，将能力要素建设成果集成到体系能力聚合单元中，为作战体系能力生成提供"事"的支撑。因此，贡献率评估也要聚焦项目建设效益对体系能力的贡献。

1.2　体系贡献率的概念特性

1.2.1　体系贡献率的概念内涵

随着科技的发展，现代战争呈现网络化、体系化的发展趋势，未来战争将成为作战体系之间的对抗。继信息化时代之后，在数字化、网络化、智能化技术的推动下，一个新的"泛在互联、智能慧聚、信息主导、体系制胜"的体系化时代即将到来。在体系化时代，装备系统作战效能的发挥越来越依赖作战体系的整体作战能力，成体系建设和成体系运用武器装备是目前急需解决的重要军事课题。装备发展和运用的范式正在由"平台中心"向"体系中心"转变，因此需要从体系角度来衡量武器装备对于体系整体作战能力的贡献程度和地位高低，并以此作为武器装备论证、研制和使用的基本依据。

装备系统对作战体系的贡献率（以下简称体系贡献率，在有的文献中又称为体系贡献度）评估正是顺应体系化时代的要求，推进武器装备体系化建设发展与作战运用的一项重要举措。目前，体系贡献率评估的理论和实践研究方兴未艾，已经成为体系工程研究的一个重要领域。然而，体系贡献率评估具备较强的问题域和技术域复杂性，其研究面临以下难题：

（1）体系科学理论尚在发展之中，对于体系运行机理和涌现、适应、协同等行为特性的研究不够深入，尚未完全建立支持体系贡献率评估的体系基础理论。

（2）由于体系一般具有多层次结构，待评估的装备与各层次的其他体系组分关系错综复杂，装备系统对体系的影响可能通过不同层次和不同组分进行直接或间接的传播，这给体系贡献率的度量和指标体系构建带来了巨大挑战。

（3）体系贡献率的评估对象和应用领域存在多样性，从评估对象来看，主要有装备和技术对作战体系的贡献率两种类型；应用领域则包括装备规划计划、装备立项论证、装备作战运用、技术体系论证等多个军事系统工程领域，这给体系贡献率评估统一技术框架的建立带来了挑战。

当前关于体系贡献率评估的研究呈现如火如荼的态势，但是缺乏应对以上难题的有效方案，因而可能导致相关研究陷入以下误区：

（1）如果不从理论上树立基于整体论的体系观念，不把体系内部运行、外部对抗、克敌制胜的机理弄明白，就难以将体系贡献率评估科学地界定为局部-整体关系问题，容易陷入"五官争功、哪个都重要"的还原论研究误区。

（2）如果在技术上不结合体系贡献率的问题特点进行创新，而是照搬以前的体系能力、效能等评估技术，则容易陷入"新瓶装旧酒、换汤不换药"的跟风式研究陷阱。

体系贡献率的定义是在作战体系完成使命任务的前提下，某型装备系统的增、减、改、替对现有作战体系的体系编成方式和体系能力生成机制的影响程度，对外表征为装备系统对作战体系效能的贡献程度。根据以上定义，体系贡献率评估需要在一定的作战体系力量编成方式约束下，考虑某个或者某型装备系统对作战体系的能力和效能增量的影响，因此需要先掌握体系能力和体系效能的概念与内涵及其意义，见表1-1。

表1-1 体系能力和体系效能的概念与内涵及其意义

概　　念	内　　涵	评估的意义	优化的意义
体系能力	体系完成使命任务（而非特定作战任务）的"本领"或潜力；体系的整体特性和固有属性。其由装备性能、数量、结构等因素决定，是一个静态概念	① 了解体系对各类威胁和任务（涵盖使命任务）的作战需求满足情况，从整体上把握体系建设水平；② 为作战方案制定提供体系能力方面的指导	获得整体能力优化、应对各类作战任务的本领相对均衡的体系结构

续表

概　念	内　涵	评估的意义	优化的意义
体系效能	体系在给定威胁、条件、环境和作战方案下实现特定作战任务目标的程度。 其由装备性能、数量、结构和作战环境及作战过程等因素决定，是一个动态概念	① 预计或检验体系在特定条件下实现作战任务目标的效果； ② 检验、优选作战方案	获得面向特定或某类作战任务的优化的体系结构

需要强调的是，体系贡献率是为了度量装备在作战中发挥的作用，重点是对装备在作战体系中为完成使命任务、达成使命目标所做贡献的度量。这里的贡献主要体现在体系对抗场景下和遂行使命任务的过程中，因此，使命任务能否完成直接关系到贡献评估问题。无论装备的技术有多先进，如果其不能支撑体系完成规定的使命任务，其贡献率就会很低，甚至是负值。

根据当前的研究现状，在体系贡献率评估中占据主要地位的两类评估指标分别是体系能力指标和体系效能指标。其中，体系能力指标能够从宏观、总体的角度来度量贡献率（如计算所有任务清单中的贡献率），但指标的精确量化和数据来源问题较难解决；而体系效能指标能够明确地度量装备对某个具体作战体系的使命任务的贡献率，相关数据可以通过解析、仿真等计算模型得到。

但是在对贡献率进行综合评估时，往往难以用局部代替整体，即以装备在某些作战场景下对某些具体作战体系使命任务的贡献率来说明其对全军作战体系或者整个军兵种作战体系的贡献率。因此，如何将能力和效能两类指标体系结合起来，采用定性-定量综合、解析-仿真综合的方法，建立从易于获取数据、定量化较好的体系效能指标到具有良好全局描述性的体系能力指标之间的定量关系模型，从而对贡献率进行全局性、综合性评估是一个亟待解决的问题，这也是本书研究体系贡献率评估方法的主线。虽然目前对体系能力的度量还存在很多难题，但是应该在不断积累效能数据和加深对体系认识的基础上积累体系能力的评估手段和方法。例如，可先采用仿真手段获取典型想定下的体系作战效能数据，作为定性与定量相结合的数据基础，再综合集成仿真效能数据和专家知识，对各种使命和任务清单中的各项任务的能力指标进行加权计算，得到综合贡献率。

1.2.2 体系贡献率的基本特性

1．相对性

体系贡献率不是一个绝对值，相对于不同的作战条件和作战对手，某种装备对作战体系的贡献率可能是不同的。例如，面对军事实力强大的一流军队和军事实力较弱的一般军队所采用的作战体系力量编成方式是不同的，同一型装备在面对这两种不同的作战对手时，其体系贡献率可能有本质区别。因此，在计算某型装备的体系贡献率时，需要考虑其可能应用的作战方向上的多个典型想定，并通过一组或一个综合的体系贡献率值来表示。

2．层次性

作战体系具有层次性，既可能是单个军兵种的作战体系，也可能是联合作战的作战体系，而装备面对这两种不同层次的作战体系的体系贡献率是不尽相同的。例如，某军种的某型骨干火力打击装备对本军种火力打击体系的贡献和对战略方向上联合火力打击体系的贡献可能存在数量级上的差异。

3．多面性

装备对作战体系的贡献率可能包括若干方面，而其对某方面的贡献又可能体现为多个角度，导致体系贡献率要素呈现多面多态的结构。例如，某种新概念武器系统既对某体系的火力打击能力有贡献，又对该体系的侦察能力有贡献，甚至由于其察打一体的特性，该系统对该体系的装备型号谱系精简也有贡献。

4．间接性

装备本身的作战效果往往会对作战体系中其他装备的作战效果带来间接影响，从而影响到整个体系的作战效果。例如，防空导弹对敌方飞机的有效杀伤会显著增加己方地面突击装备的生存能力，进而提升地面突击装备的作战效果。由此可知，防空导弹对作战体系的贡献不仅体现在防空拦截能力上，还间接提升了地面突击装备的作战能力。

5．演化性

演化性主要指由于体系对抗各方装备的不断发展，作战体系或装备体系

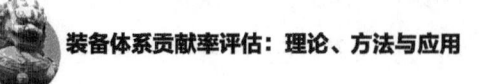

的结构和行为随时间不断演化,同一装备的体系贡献率也会随之发生演化。因此在体系贡献率评估中,必须明确具体的时间剖面和该时间剖面下的具体体系形态。

6. 整体性

整体性主要指在开展体系贡献率评估时,必须对作战体系进行整体性分析,充分考虑与作战体系中其他装备的交互影响,才能得到较为客观的评估结果。因此,在论证装备体系贡献率的过程中,需要考虑不同使命任务、不同作战想定、不同层面上的贡献率综合计算。

1.3 体系贡献率评估的研究框架

体系贡献率评估的研究框架包括体系贡献率评估研究的问题内涵、技术过程及其相互关系。它能够系统回答"体系贡献率评估研究的内容是什么"和"如何开展体系贡献率评估研究"两个基本问题。建立能够被科学研究共同体普遍认同的研究框架对于推进体系贡献率评估研究具有重要意义:①有助于研究人员把握问题特征和技术现状,从而可以高效开展理论研究和技术攻关;②支撑应用人员快速界定问题范畴并合理选择技术路线。体系贡献率评估是在体系理论和体系工程的指导下开展的复杂技术活动,而研究框架涉及的要素类型多、关系复杂,因此建立研究框架是一项长期且艰巨的工作。下面将从问题域和技术域两方面出发,探索搭建初步的研究框架,以供业界同行参考。

1.3.1 问题域研究框架

体系贡献率本质上是局部对整体的贡献,但是因为作战体系的复杂性,体系贡献率评估研究涉及多个问题领域的多种类型和多方面的贡献,根据体系贡献率的概念内涵和特性分析,本节从横向的"装备贡献类型"和纵向的"评估应用领域"两个维度建立问题域的研究框架(见图 1-2)。

从横向出发,装备系统对装备体系和作战体系的贡献可以从以下几方面进行度量:

(1)装备系统加入装备或作战体系后对整个体系作战能力和效能的影响。例如,预警机在加入空战体系后,判断其能否提高整体空战能力。

第1章 体系贡献率评估概述

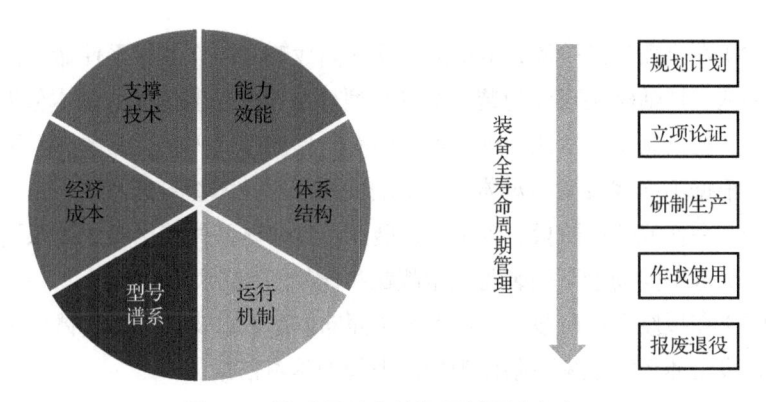

图1-2 体系贡献率的问题域研究框架

（2）装备系统加入装备或作战体系后对体系结构的影响。例如，网络化通信设备连接各装备系统，将原来的树状体系结构变为网络化体系结构，判断其能否提高体系的连通性。

（3）装备系统加入装备或作战体系后对体系运行机制的影响。例如，在美国国防部高级研究计划局（DARPA）主持研发的分布式作战管理软件列装后，判断其能否促进体系指挥控制模式由集中式向分布式转变。

（4）某些综合型装备加入装备或作战体系后能够精简型谱系列构成，减少装备之间不必要的功能重叠，提高装备作战管理和维护保障的效率。例如，在歼击轰炸机加入联合火力打击体系后，判断其能否替代歼击机和轰炸机两种类型的装备。

（5）某些装备在加入装备或作战体系后，能够以更低的经济成本取得相同的作战效果，从而提高整个体系的效费比。例如，采用低成本无人机蜂群替代原有的有人飞机或者高价值导弹对敌方的防空阵地进行饱和攻击，判断其能否显著降低作战成本。

（6）某类装备系统研制需要新型技术支撑，这些技术可能对整个体系的技术进步和其他装备的研发具有一定的贡献。例如，判断某型陆地装备的新隐身材料技术能否用于空中某型隐身装备。

从纵向出发，体系贡献率能够作为一条主线贯穿装备全寿命周期管理，通过各阶段的体系贡献率评估建立局部装备系统管理与全局体系建设发展的紧密联系，有效支撑装备体系化发展与运用。

（1）在规划计划阶段，可重点开展面向国家安全与发展战略要求的体系贡献率评估，评估结果可作为装备重点发展领域与技术重点攻关方向安排的重要依据。

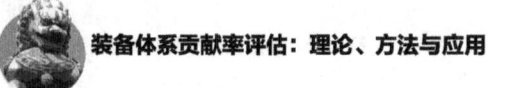

（2）在立项论证阶段，可重点开展面向战略方向作战体系使命的体系贡献率评估，评估结果可作为装备类别和型号立项优先度排序的基本依据。

（3）在研制生产阶段，可重点开展面向具体作战体系使命的体系贡献率评估，根据不同战技指标对体系的影响优选战术技术组合方案。

（4）在作战使用阶段，可重点开展面向具体体系作战场景的体系贡献率评估，优选不同场景下的装备战术战法和作战使用原则。

（5）在报废退役阶段，可重点开展面向体系使命支撑任务的体系贡献率评估，设置体系贡献率下限作为报废退役的基本依据。

1.3.2 技术域研究框架

体系贡献率技术域研究主要回答"如何开展体系贡献率评估研究"这个问题。由于问题域的复杂性，体系贡献率评估需要研究如何解决一系列复杂技术问题，并构建相应的技术域研究框架，具体包括以下几方面：

（1）基础理论。它包括体系贡献率评估中的"体系"概念界定、特性描述、机理建模、贡献率概念内涵与评估思想等内容。

（2）评估方法。与能力评估的能力指标树和效能评估的 ADC（可用性、可信性和固有能力）方法类似，体系贡献率评估需要研究与之相适应的评估方法，作为评估技术流程的主线（涵盖评估模型构建、指标体系设置、评估数据获取与处理等内容）。

（3）评估流程。体系评估一般遵循评估问题界定、评估需求分析、评估指标设置、评估数据准备、评估模型构建、评估结果解算等步骤，因此需要根据体系贡献率评估的要求研究相应的规范化流程。

（4）评估指标。体系贡献率评估的指标体系应根据问题域的贡献类型和问题阶段进行综合设置。

（5）评估数据。体系贡献率评估需要综合运用体系全局和系统局部的定性定量数据，但是如何获取这些数据并进行相应的融合处理是一个技术难题。

（6）评估工具。体系贡献率评估需要用专门的工具平台来支撑评估人员进行指标体系设置、评估模型构建、评估数据处理与导入、评估结果解算与决策支持等活动。

1.3.3 总体研究框架

综合问题域和技术域的研究框架，参考霍尔三维结构模式，按照问题域

的贡献类型、装备全寿命周期管理问题阶段、体系贡献率的评估技术 3 个维度，可以给出体系贡献率评估的总体研究框架，如图 1-3 所示。由该图可知，体系贡献率评估具有较强的问题复杂性和技术复杂性，因此需要在不同的问题阶段，针对不同类型的贡献，开展相应的体系贡献率评估方法、指标、流程等技术研究，从而避免技术域和问题域的错配，并提高评估活动的效率和评估结果的质量。

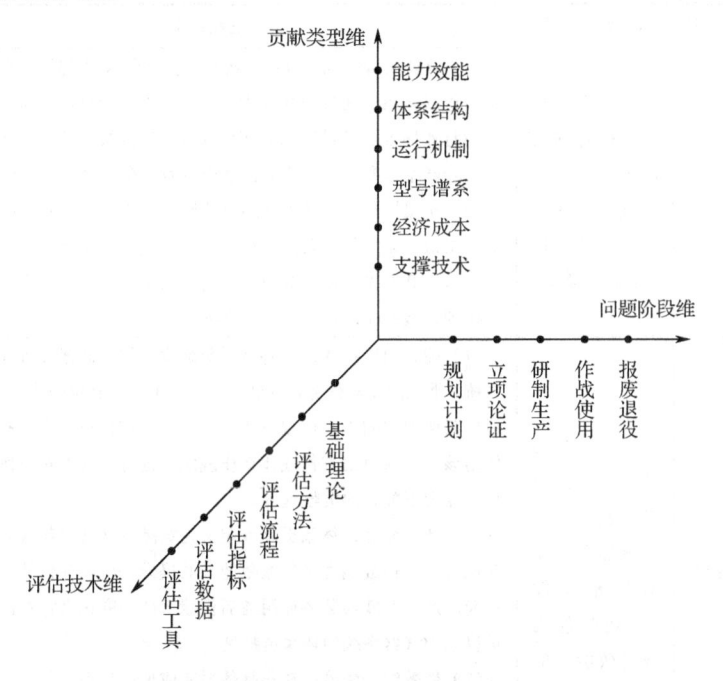

图 1-3 体系贡献率评估的总体研究框架

1.4 体系贡献率评估的研究进展

1.4.1 国内研究进展综述

近年来，国内的体系贡献率评估研究在广度和深度两方面呈现持续拓展和深入的趋势。下面根据研究框架对概念内涵（隶属基础理论）、评估方法、评估流程、评估指标和评估数据等方面的研究进展进行综述。

1.4.1.1 概念内涵

管清波等将体系贡献度（贡献率在部分文献中又称为贡献度）的内涵分

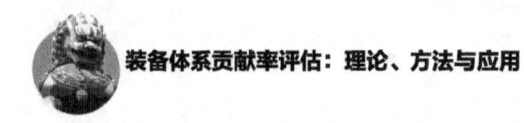

为需求满足度和效能提升度两方面，罗小明等则从任务、能力、结构、演化4个维度来探讨武器装备体系贡献度的内涵。借鉴以上研究，本节对体系贡献率的概念内涵进行了初步梳理，从体系性能、体系功能、任务效益和综合贡献4个维度列举了其基本内涵和代表性定义，见表1-2。

表1-2 体系贡献率的基本内涵与代表性定义

研究维度	基本内涵	代表性定义
体系性能	从体系结构性能提升的角度出发，评估系统加入体系对体系结构性能指标的贡献	（1）总体结构性能角度：结构贡献度指包含/不包含被评武器装备的作战体系在任务编成能力、结构特性、信息连通质量、信息保障时效性方面满足需求的变化程度，以及被评武器装备的作战体系功能结构和信息结构的性能或者效能变化量（或变化率）。 （2）抗毁性角度：基于网络抗毁性的概念，采用Latora等提出的网络效率来度量装备网络的抗毁性，先去掉所要研究的装备节点，得出其网络性能参数值，再与未去掉时的参数值进行比较，即得到该装备在装备网络中的贡献度
体系功能	从体系行为效能提升的角度出发，评估系统加入体系对体系功能（主要是能力或者效能）的贡献	（1）能力角度：武器装备体系贡献度是根据武器装备（或作战系统）承担的使命任务，将单一装备置于近似真实的作战背景下，考虑其所使用的真实作战系统、作战环境和作战对手，检验评估使用该装备后对己方作战体系作战能力提升（或者对方作战体系作战能力下降）的贡献程度。 （2）效能角度：体系贡献度定义为贡献者（武器装备）的使用对原有体系作战能力（作战效能）的提升程度，评估基础是作战效能，通过对武器装备使用前后作战效能的变化进行对比分析，可以获得武器系统的体系贡献度。 （3）能效综合角度：在作战体系完成使命任务的前提下，某型装备系统的增、减、改、替对现有作战体系的体系编成方式和体系能力生成机制的影响程度，对外表征为装备系统对作战体系效能的贡献程度
任务效益	从使命需求满足的角度出发，评估系统在体系作战过程中为完成相关作战任务而发挥的效益和做出的贡献	（1）任务贡献：武器装备体系贡献度是指在给定的作战想定和作战使命任务下，武器装备对整个作战体系遂行作战使命任务所做贡献的占比程度。 （2）杀伤链贡献：求解过程作战网络中杀伤链的数量，用作衡量体系作战任务执行情况的评估指标，将除去某类装备前后过程作战网络体系作战任务执行情况的变化值除以原体系作战任务执行情况评估值，用作衡量某装备对体系任务支撑贡献度的评估指标

续表

研究维度	基本内涵	代表性定义
综合贡献	从性能、功能和任务效益等方面出发，综合评估系统对体系的贡献	（1）任务、能力、结构、演化综合：任务贡献度评估的主要目的是考核或检验被评武器装备或系统对作战体系任务完成效果的贡献量；能力贡献度和结构贡献度则是被评武器装备或系统对作战体系任务完成能力贡献量的两项具体内容或表现形式；演化贡献度评估从动态、适变、发展的视角，考核或检验被评武器装备或系统对作战体系在信息协同、打击协同、结构破击等方面产生的贡献量。 （2）功能适应性、结构优化、作战能力提升、体系技术进步综合：体系的功能适应性反映了装备系统对作战、体系与外部环境关系的影响作用；体系结构优化包括增强体系融合度、提升一体化水平及精干型号谱系列；作战能力提升是指新装备的加入或装备系统性能的改进对体系作战能力提升或效能涌现的价值度量，通常可以分解成各种具体要素能力；体系技术进步视角可分解为新技术持续发展贡献率和技术拉动性贡献率。 （3）作战能力、结构抗毁、任务支撑综合：某类特定装备在包含它的武器装备体系和给定的作战条件下，对体系作战能力提升、体系结构抗毁性提升和执行作战任务产生的价值

总体来看，作战体系的根本任务是"能打仗、打胜仗"，体系能力和效能方面的贡献是体系贡献率评估的首要问题和最终目标，因此目前大多数研究都将能力和效能作为体系贡献率评估的基本依据。此外，关于问题域的其他4个维度，经济成本可以通过敌我损毁比等综合效能指标部分体现，体系结构、型号谱系（可以简称为型谱）、支撑技术等对体系的贡献最终也要通过能力和效能来体现。

1.4.1.2 评估方法

评估方法是体系贡献率评估活动的核心技术要素，也是体系贡献率研究的核心内容。一般来说，评估方法要解决评估模型构建、评估数据获取和评估指标设置三方面的技术问题，但是各类评估方法的侧重点不同。借鉴已有的评估方法分类，按照概念内涵的分类定义对代表性的评估方法进行综述，见表1-3。需要说明的是，下面给出的研究进展综述包括1.4.1.3节~1.4.1.5节给出的评估流程、评估指标和评估数据的基础方法内容。

表 1-3　体系贡献率评估方法综述

评估方法	评估角度	数据要求	模型复杂度	指标特点	流程复杂性与成熟度	结果可信度	结果可解释性
抗毁性	结构角度	较低	一般	作战环评估指数	简单，成熟度高	一般	较好
体系结构		一般	较复杂	以结构为主，综合信息、协同作战能力	一般，成熟度一般	一般	一般
复杂网络		较低	较复杂	以网络拓扑结构为主、综合考虑任务能力指标	一般，成熟度一般	一般	较好
OODA①作战环	功能角度	一般	较复杂	能力指标	较复杂，成熟度较高	一般	较好
认知计算		较高	复杂	能力和效能指标综合	复杂，成熟度一般	较高	好
MMF-OODA		较高	复杂	分别建立能力、效能指标	复杂，成熟度一般	较高	好
探索性分析	过程角度	较高	复杂	效能指标	较复杂，成熟度较高	一般	较好
Agent 仿真		较高	复杂	效能指标	较复杂，成熟度较高	较高	较好
能力-任务映射		一般	较复杂	任务-能力指标	较复杂，成熟度一般	一般	较好
结构方程模型（SEM）	综合角度	较高	较复杂	能力和效能指标综合	较复杂，成熟度高	一般	好
粗糙集		较低	一般	结构指标和效能指标综合	复杂度一般，成熟度高	一般	一般
AHP 综合评估		较高	复杂	结构、功能、任务指标综合	复杂度、成熟度均高	较高	较好

① OODA 即观察-判断-决策-行动。

（1）从结构角度来看，代表性的研究有抗毁性方法、体系结构方法、复杂网络方法。其中，抗毁性方法主要从抗毁性角度分析装备对体系结构抗毁的贡献度：首先基于作战环思想提出作战环综合评估指数，用作体系结构抗毁性测度；然后在体系中除去某一装备，重新计算体系抗毁度，进而求得该

装备对体系结构抗毁的贡献度。该方法具备操作简单、指标明确、流程可操作性强等优点，但是基本没有反映体系动态对抗复杂性。体系结构法认为，装备体系中包含的各类装备系统组合在一起，形成了各类结构，主要有层次结构和作战功能结构，而结构贡献度是指包含和不包含被评武器装备的作战体系在其任务编成能力、结构特性、信息连通质量、信息保障时效性、作战协同能力等方面满足相关需求的程度。该方法具有一定的综合性，构建的评估模型较为复杂，指标体系较为全面，但是仍主要从静态结构关系出发，结果的可信度和可解释性一般。复杂网络方法通过分析武器装备作战体系网络的拓扑结构，开展基于不确定性自信息量的武器装备作战体系贡献度评估，并探讨了网络结构演化及度量参数改变对武器装备体系贡献度的影响。该方法具备操作简单、流程可操作性强、指标体系易于构建和度量、结果可解释性较好等特点，但是其对于体系动态行为和机理的考虑不够，导致结果可信度一般。

（2）从功能角度来看，代表性的研究有 OODA 作战环方法、认知计算方法、MMF-OODA 方法等。OODA 作战环方法通过将武器装备与装备间关系分别抽象为作战网络中的节点与边，建立基于作战指标的节点与边关系描述模型，并构造基于作战环的综合影响指标，以对武器装备体系作战网络的作战能力进行评估，同时建立装备的贡献率评价模型，用于衡量单装备在武器装备体系中的贡献程度。该方法采用能力指标数据，模型复杂度不高，主要从能力角度构建指标体系，结果具备一定的可信度和可解释性。认知计算方法从功能角度开展能力和效能评估，并基于体系运行机理认知模型进行能效综合，实现解析能力评估和仿真效能评估两种结果的有机融合。该方法具有以下特点：评估数据要求较高，具体包括仿真实验数据、能力指标数据、专家经验数据 3 种类型；评估模型结构复杂，需要综合上述 3 种数据构建解析模型；评估指标体系需要综合能力和效能两方面指标；评估流程复杂，对评估人员要求较高，成熟度一般；由于基于能力和效能模型进行结果一致性判定，结果可信度较高；根据体系运行机理对结果进行因果解释，结果可解释性较强。MMF-OODA 方法是基于使命能力框架的体系能力需求满足度的白箱评估和基于 OODA 的体系效能黑箱评估的结合，其特点与认知计算方法类似。

（3）从过程角度来看，代表性的研究有探索性分析方法、Agent 仿真方法、基于规则推理的能力-任务（能力-任务映射）方法等。有学者将探索性分析方法用于描述被试系统直接任务作战体系和联合作战体系中实体间的关联关系或交互，并对作战体系结构、功能和行为演化特性，以及作战体系

各组分系统或能力要素之间的影响作用或涌现效应进行建模,从而对作战体系内各组分系统的相互贡献率进行评估。该方法需要收集大量数据,建立的探索性分析模型也比较复杂,尽管以体系对抗效能为主要指标,具备较好的结果可解释性,但是涉及的因素多且建模难度大,导致流程复杂,结果可信度一般。有学者采用 Agent 仿真方法,按照被试系统遂行直接和联合作战的任务剖面及作战流程,设计被试装备体系和联合作战体系中各要素间的交互规则,分析上述体系内、外部作战适应能力的演化机制及效能涌现特性,评估装备体系内、外部的贡献率。该方法与探索性分析方法类似,但其建模层次较低,因而具有更强的建模描述准确性,结果可信度也较高。能力-任务映射方法从体系作战的角度给出装备对体系作战任务贡献率的定义,并提出采用规则描述"能力-任务"映射关系的方法,通过建立能力对任务执行水平影响的推理规则库,推理装备对任务的支撑,分析装备对任务的贡献率。该方法主要收集能力属性数据,以任务-能力指标为主,模型复杂程度较高,虽然能够根据任务对能力的支撑关系进行结果解释,但因没有考虑体系对抗,其结果可信度不高。

(4)从综合角度来看,代表性的研究有结构方程模型(Structural Equation Model,SEM)方法、粗糙集方法、AHP(层次分析法)综合评估方法。SEM 方法从增强作战效果贡献率、增强作战效率贡献率、降低作战代价贡献率 3 种指标出发,着眼增强作战体系生存能力、指挥控制能力、信息协同能力和打击协同能力,提出武器装备作战体系贡献率评估指标框架,并基于 SEM 建立作战效率、作战效果、作战代价与体系作战能力和体系贡献率之间的定量关系模型。该方法建立了能力指标和效能指标之间的定量关系,具有较好的结果可解释性,但是因为两种指标之间的关系复杂,在机理不明确的情况下,难以保证通过统计拟合方法建立的定量模型的可信性。粗糙集方法通过揭示评估数据间的依赖关系,分析性能属性对贡献率属性的重要度,并剔除冗余指标,简化评估指标框架。该方法通过将粗糙集理论应用于体系贡献率评估,借助体系使命任务效能指标和体系涌现性效能指标来综合评估体系贡献率,能够较好解决评估指标和评估标准模糊性的问题,但因其缺乏对体系对抗过程和机理的相应研究,结果可信度和可解释性一般。AHP 综合评估方法从体系功能适应性、作战使命任务权重、体系结构 3 个角度进行综合评估,计算装备在多个作战体系中的贡献率,并通过基于 AHP 的权重赋值和多层加权融合获得装备体系贡献率综合值。该方法要求定性与定量数据相结合,模型复杂度高，指标体系包含结构、功能和任务3种类型，评估流程复杂，结果可信度较高、可解释性较好。

1.4.1.3 评估流程

如何建立要素齐全、操作性好的评估流程，使得体系贡献率理论方法研究在装备体系化发展与运用的具体工作中落地，是当前体系贡献率研究的一个焦点问题。按照流程的适应范围，体系贡献率评估流程研究可分为以下3类，它们一般涵盖评估目标设定、评估指标设置、评估模型构建、评估结果解算等环节，对于在实际工作中开展体系贡献率评估具有一定的指导意义。

（1）理论框架导向的评估流程研究，即在采用某个通用理论或者研究框架进行体系贡献率评估研究时提出相应的流程。这类流程具备一定的通用性，适用于多种方法和多种应用领域的体系贡献率评估。李怡勇等认为体系贡献率评估作为一种新型评估活动，既遵循评估的一般过程和方法，又有其独特的内涵和特殊性，并从作战体系对抗理论角度出发，提出了一般性的流程，具体包括确定评估目的与对象、设计作战背景、建立评估指标框架与计算模型、实施评估数据采集与指标计算，以及提出评估结果、问题与建议等步骤。罗小明从任务-能力-结构-演化的综合研究框架出发，提出了多维探索体系贡献率评估流程，具体包括确定评估目的与对象、建立体系模型和指标体系、设置作战想定和确定探索样本空间、多维体系贡献率探索性分析建模、探索性分析实验与数据采集、计算评估结果与形成评估报告等步骤。

（2）方法技术导向的评估流程研究，即在进行具体评估方法研究的同时提出该方法的运用流程。这类研究主要描述评估过程中的某个技术难点，着重研究与方法相关的流程部分，通常不涵盖评估流程的所有要素。王楠等提出了基于粗糙集的体系贡献率评估流程，具体包括以下步骤：评估指标分析、构建粗糙集数据表模型、计算性能属性对贡献率属性的相对重要度、实施性能属性约简、综合评估计算。李小波等提出了能效综合评估方法的基本流程，具体包括评估需求分析、评估方案设计、基于能力的全面初步评估、基于效能的重点专项评估、能力-效能综合评估、基于体系贡献率的装备发展决策支持6个步骤。

（3）特定领域装备应用导向的评估流程研究，即针对特定类型武器装备的体系贡献率评估问题，研究与其配套的评估流程。这类研究着重从应用领域的问题特点出发，构建与之相适应的评估流程，具备较强的专用性。叶紫

晴等针对海军航空作战装备提出了评估流程，具体包括构建海军航空作战装备体系能力的评估指标体系、建立指标体系的能力值与任务执行水平之间的推理规则库、推理现有能力下的任务执行水平、除去某装备后重新计算体系能力并推理任务执行水平，以及根据有无某装备体系执行任务水平差值，计算该装备的体系贡献率等步骤。

1.4.1.4 评估指标

作为一类新型体系评估问题，指标体系构建是体系贡献率评估亟待解决的难题。对于具体的体系贡献率评估问题而言，其指标体系随着装备种类（如主战、电子信息、保障装备）、装备贡献率问题层次（如联合作战体系、军兵种作战体系）、装备发展阶段（如规划计划、立项论证、研制验收、训练作战）的不同而不同，因此体系贡献率评估指标的研究呈现多样化的特点，下面将从3方面对相关研究进展进行综述。

（1）能效指标树。根据1.4.1.2节中的表1-3可知，当前评估方法在指标体系设置上大多采取从功能角度出发构建能力和（或）效能指标树的方法，并据此计算体系能力和效能增量作为体系贡献率的结果。这类研究具备指标构建可行性强、指标数据易于获取、评估结果易于理解等优势，但是仍以还原论研究思路为主，对于指标之间交叉关系的考虑也不够。

（2）体系机理参考框架。李小波等认为，在体系贡献率（以下简称贡献率）研究初期，由于贡献率评估问题的多样性，建立一个能够解决所有装备类型和问题的大而全的指标体系是不可行且缺乏适用性的，因此需要从协同性、适应性和层次涌现性等体系机理着手，根据贡献率因果机理可诠释、整体论与还原论相结合、能力与效能综合、静态战技指标与动态使命任务指标综合等要求，设计以适应度（适应性指标）、影响度（适应性指标）和重要度（涌现性指标）为核心的参考指标框架，并在贡献率评估的具体实践中，以该框架为指导，根据装备种类、层次和发展阶段有针对性地建立具体的指标体系，尤其是将各项抽象指标具体化为数据易获取的、与具体装备和作战问题紧密结合的指标。从体系机理角度设置评估指标能够有效增强评估结果的可信度和可解释性，但目前对于体系机理的研究还不够，难以建立抽象机理性指标与可测量具体指标之间的定量关系。

（3）多视角综合原则。吕慧文等从体系贡献率的多视角概念内涵出发，先提出了全面性、客观性与可行性、灵敏性、独立性、定量优先和简明化的

武器装备体系贡献率评估指标框架构建原则，再依据这些原则，从体系功能适应性、体系结构优化、作战能力提升、体系技术进步4个视角构建了多层次的评估指标框架。多视角综合能够提升指标体系的全面性，但是如何对这些视角进行有机融合并形成一个全局可信评估结论仍然是一个问题。

1.4.1.5 评估数据

从数据获取来源来看，体系贡献率评估数据采集的范围广、要求高、难度大，需要针对体系贡献率评估的要求建立综合性数据获取机制与方法。因为武器装备体系贡献率评估要求在真实的体系对抗环境中进行，所以评估数据采集的范围非常广，涉及对抗双方的体系及体系对抗过程，同时还要尽量保证数据的真实可靠，工作难度非常大。除了常规的情报收集（尤其是敌方体系的相关数据）、资料整理、实地调研、仿真推演等手段，还可能需要针对某些场景或数据需求设计开展专门的实验或试验，如作战试验等。

从数据处理方法来看，如何应对评估数据少、定性知识定量化、多类型数据综合处理是形成有效评估结论的关键。针对评估数据少且模糊度高的问题，王楠等采用粗糙集评估方法，根据评估数据本身的规律计算每个指标的权重，不完全依赖专家的知识判断或经验，消除了主观性和模糊性，使得评估结果更加准确、可信。针对定性定量信息共存、专家知识经验难以量化的问题，和钰提出了基于证据推理算法的信度规则库推理（Belief rule-based Inference Methodology using the Evidential Reasoning，RIMER）的定性知识定量化框架，并建立了支撑体系贡献率评估的规则库数据模型。针对定性与定量两种类型指标关系难以建立的问题，吕惠文等采用离散映射和连续函数映射方式对定性指标及数据与定量指标及数据进行转换。

1.4.2 国外研究进展综述

近年来，体系贡献率研究方兴未艾，在深度和广度两方面都呈现不断深入和拓展的趋势。从国外的研究来看，虽然没有提出专门的体系贡献率概念，但是美军一直在"基于能力的规划"背景下研究系统对体系的重要度问题。相关具有代表性的研究主要包括以下两方面：一是基于联合使命线程方法评估系统对于体系效能的贡献；二是基于质量功能部署方法评估系统对体系能力的重要度。国内研究涉及不同的装备作战领域和全寿命周期阶段，主要从指标体系、评估方法、实验数据等方面开展了大量工作。

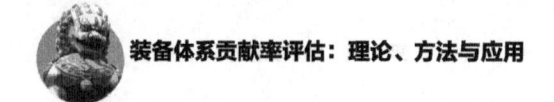

1.4.2.1 基于联合使命线程的体系能力评估

联合使命线程（Joint Mission Thread，JMT）是能力试验方法论中的一个重要概念，旨在完成联合使命执行活动和系统端对端集合的作战与技术描述。从体系能力测试的角度来看，能力试验方法论（Capability Test Methodology，CTM）中的联合使命环境描述了能力测试的独立变量（试验因子），包括体系配置、系统属性、条件（包括环境与威胁）；JMT则描述了能力测试的约束和依赖变量，其中约束包括使命任务和功能，依赖变量包括使命指标、任务指标、体系与系统属性指标。

JMT自顶向下将体系使命任务分解为活动，并将活动分解为功能，最终建立系统与功能的映射关系，从而明确了体系使命背景下的系统功能需求；同时，它又自底向上通过系统/体系属性指标对系统及其功能进行度量，并以此为基础通过任务性能指标对任务进行度量，最终通过体系使命效能指标对使命进行度量，从而建立了系统功能属性指标对体系效能的定量支撑关系，用于支持系统对体系贡献的初步度量。

JMT产品分为以下两类：

（1）通用数据描述。它是能够被多个体系问题重用的基于架构的信息集合，包括AV-1（总体与概要信息）、OV-1（高层作战概念图）、OV-2（作战资源流描述）、OV-4（组织关系图）、OV-5a（作战活动分解树）、SV-1（系统接口描述）视图模型，以及高层可执行架构视图模型、系统与节点集成视图模型。

（2）与特定问题相关的解释说明信息。它包括OV-3（作战资源流矩阵）、OV-6c（事件轨迹说明）、SV-3（系统-系统关系矩阵）、SV-5b（作战活动模型）、SV-6（系统资源流矩阵）、SV-10c（系统事件轨迹描述）、SvcV-3（系统服务矩阵）及SvcV-5（作战活动与服务可追溯性矩阵）视图模型、基准可执行架构视图模型。

JMT包括以下4个步骤：

（1）使命任务指标分解。将JMT分解为使命层和任务层的指标，一方面沿着使命描述→作战节点→使命活动→使命属性→使命效能指标（MMOE），得到使命效能指标；另一方面沿着使命描述→作战节点→使命活动与作战功能→作战活动与任务→任务属性→任务性能指标（TMOP），得到任务性能指标。

(2)能力缺陷辨识。采用基于能力的评估方法得到联合能力集成与开发体制（Joint Capability Integration and Development System，JCIDS）的初始能力文档，并形成 JCIDS 的能力开发文档，明确当前体系的能力瓶颈和缺陷。

(3)系统解决方案。首先根据第（1）步中的作战节点和第（2）步中的能力开发文档明确所需的装备系统，将其作为被测试系统，再由装备系统提供的功能得到功能属性，并由功能属性得到系统属性指标。被测试系统提供的功能可以支撑体系使命任务的完成。

(4)系统解决方案的验证。首先要看装备系统的功能是否符合作战需求，然后看对应的作战功能是否满足能力属性的标准。此外，还要看作战活动和任务性能能否有效弥补能力缺陷。

1.4.2.2 基于质量功能部署的系统重要度计算

质量功能部署（Quality Function Deployment，QFD）是一种用户驱动的产品设计方法，采用系统化的、规范化的方法调查和分析"软"而"模糊"的顾客需求，将其转变为工程设计人员能够理解的可以测度的工程指标，并逐步部署到产品设计开发、工艺设计和生产控制中，使所设计和制造的产品可以真正满足顾客需求。质量屋（House Of Quality，HOQ）是驱动整个 QFD 过程的核心，它是一种直观的矩阵框架表达形式。由于可以采用多个质量屋的形式来对体系问题进行层次化分解，加上矩阵方式能为体系提供定量的描述手段，QFD 方法在体系工程研究中得到了大量应用。

美国海军体系系统工程指南通过一系列的 QFD 质量屋将体系使命级的能力目标分解为系统级的性能指标、关键性能参数和系统接口。该过程包括 4 方面的工作：一是通过 QFD 质量屋逐层分析能力目标—能力使命效能—使命线程—兵力包结构—平台/设施节点—系统应用和人力—系统关键性能参数的矩阵关联关系；二是通过 QFD 质量屋逐层分析能力目标—能力使命效能—作战任务/活动—信息交换—系统接口/人机接口—互操作关键性能参数的矩阵关联关系；三是通过 QFD 质量屋逐层分析能力目标—能力使命效能—作战任务/活动—功能过程—系统性能指标的矩阵关联关系；四是通过 QFD 质量屋逐层分析能力目标—能力使命效能—作战任务/活动—功能过程—功能数据流—系统接口/人机接口的矩阵关联关系。

以建立作战任务/活动—功能过程质量屋为例，大致流程如下：首先在矩阵的首列列出体系中的作战任务和活动，并在矩阵的首行列出相关的所有装

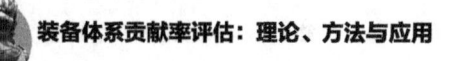

备系统及其功能；其次，通过专家打分的方法得出每种装备的每种功能相对于每个作战任务/活动的重要度（如可采用 0、1、3、6、9 打分制）；最后计算矩阵每列的功能加权总和（对每列所有功能重要度与活动重要度的乘积求和），进而得到该系统的某种功能的总体重要度。通过类似的 QFD 矩阵计算，也可以得到每个系统相对于体系能力目标的重要度。

1.4.3 研究进展小结

本节以前文提出的研究框架为指导，对国内外的体系贡献率相关研究进展进行了系统梳理。总体来看，体系贡献率的技术域研究进展仍然难以满足问题域的复杂性要求，问题域和技术域的错配现象较为突出，主要体现在以下几方面：

（1）基础理论。当前从复杂适应系统、复杂网络等角度研究体系的运行机理和拓扑结构，并在此基础上探索作战体系理论。但是目前尚未提出公认的体系理论，对于体系的建模、度量和试验等基础问题仍缺乏科学有效的系统解决方案，作为体系贡献率评估实施理论基础的体系运行、对抗和制胜机理也不明确。相关内容将在本书的第 2 章中进行具体分析。

（2）评估方法。当前的评估方法不再以静态的体系能力贡献率评估为主，转而以动态的体系对抗效能贡献率为主，并向能效综合和多视角综合方向发展。但是对于基于机理的多视角、多方法综合评估方法缺乏足够的研究，只有把贡献率机理弄清楚，才能有效融合各种方法，从而提高评估结果的可信度和可解释性，并使决策人员真正做到"知其然，知其所以然"，最终理解和认可体系贡献率的评估结果。

（3）评估流程。当前的评估流程研究从理论框架、方法技术和装备应用领域出发，重点关注评估的基本步骤。但是 1.4.1.3 节中介绍的评估流程有一定的局限性，对于贡献率评估过程中的关键共性问题研究较少，因而尚未形成对评估过程各阶段技术难点的通盘认识，难以建立通用性强的评估流程及其一般性步骤规范。此外，从评估应用领域来看，当前的评估流程聚焦装备型号立项和试验鉴定两个阶段，对其他阶段的研究也较少。

（4）评估指标。当前的评估指标研究从体系的结构、功能、过程等角度给出了大量的指标体系，基本涵盖了体系贡献率需要关注的各个维度。但其缺乏对于评估指标设置的体系基础理论研究，难以说明设置指标的理论依据，对于如何构建具有通用性的、多视角有机融合的指标体系框架也缺乏足够

的认识，难以一体化满足指标体系的全面性、系统性要求。此外，从装备类型来看，目前主要侧重于主战装备，对于电子信息装备和保障装备的研究较少。

（5）评估数据。当前的评估数据研究结合具体的评估方法和问题开展了多种类型评估数据的获取原则、定性定量综合处理方法等研究，但对于各个评估应用领域和评估方法要求的数据类型、数据质量和针对性数据处理方法缺乏系统研究。

（6）评估工具。当前的体系贡献率评估工具研究主要分为两类：一是在原有的能力、效能等评估工具上进行定制改进；二是根据新提出的评估方法开发相应的原型工具，但其成熟度不高。因此，目前仍缺乏较为成熟的体系贡献率评估工具。

1.4.4 重点研究方向

根据上述国内外研究现状可知，体系贡献率评估在理论方法和实践应用等方面仍存在诸多不足，需要结合相关领域的前沿理论技术，运用认知和理解战争的科学思维方法，着重从以下几方面开展研究：

（1）作战体系超网络理论。复杂网络理论已经成为推进复杂系统研究的网络科学利器，而近年来兴起的超网络（网络之网络）理论将成为体系（系统之系统）研究的网络科学新武器。针对作战体系建立包含作战任务、装备资源和组织指挥控制等异质子网络的超网络模型，并以此为基础对体系的结构、功能和过程进行测度、实验、评估，以研究体系运行、对抗与制胜的机理，从而为体系贡献率评估奠定理论基础。

（2）基于机理的综合性评估方法。体系贡献率评估涉及多个阶段、多个维度和多类指标，因而需要基于公共体系理论和统一体系机理来研究综合性评估方法，如基于机理的能力和效能综合评估、单系统战术技术和成数量规模综合评估、作战能力和技术先进性综合评估等。

（3）整体性指标体系。尽管当前主要采用还原论思想建立指标体系，但是需要根据整体论要求和作战体系的特点构建整体性的指标体系。作战体系的构成方式是子系统的网络化集成，其作战能力形成的关键是信息化，体系完成使命任务的核心手段是针对体系目标所形成的一系列作战链路，因此可以从网络化（例如采用多传感器状态融合指标对探测网进行整体性度量）、信息化（例如采用改进信息熵对信息传播损失进行度量）、链路化（例如采用体系动量对体系链路的整体质量进行评估）的角度来对体系进行整体性度量。

（4）标准化规范化评估流程。美军提出的能力试验方法论能够建立明确、规范、可操作性强的流程，从而有力推动了美军能力试验理论与实践研究。借鉴 CTM 流程，一方面根据体系贡献率评估的研究框架，先建立一个适用于各领域装备的基准参考流程，再按照体系贡献率评估的技术特点和要求说明主要步骤，并明确各个步骤的输入/输出和基本要求；另一方面，通过系统梳理评估过程的各个技术难点及其可用的针对性方法，支持评估人员根据评估对象问题特点和自身的技术基础选择合适的评估方法。

（5）体系贡献率评估支撑平台。体系贡献率评估需要根据其问题特点构建相应的支撑平台，从而有效支持体系贡献率评估在各领域的应用。在对理论方法和实际案例研究成果进行不断总结的基础上，逐步形成规范化的流程、模块化的方法工具、标准化的数据和案例，通过对其进行综合和固化，构建体系贡献率评估平台，该平台包括作战想定与数据库、仿真模型库、评估指标库、评估方法库等基本组件库。体系贡献率评估涉及装备部门、作战部门、作战部队、工业部门和研究院所等组织机构，其平台的构建需要各方的协同攻关，是一项长期而艰巨的工作。

（6）体系贡献率用于体系整体方案的优化。体系贡献率不仅可以用于体系局部系统方案的设计和优化，还可以作为一个全局指标对体系整体方案进行评估和优化。例如，考虑到体系的稳健性和抗毁性要求，体系贡献率过高的节点失效很可能会造成体系能力大幅度降低，因此需要尽量使各个节点的体系贡献率保持相对均衡，减少体系贡献率过高节点的数量，并为体系贡献率过高的节点设置冗余和备份。

体系贡献率评估研究是体系科学理论和体系工程方法在军事领域的重要研究方向，虽然需要借助体系科学理论的突破和体系工程方法的进步，但它能为体系理论研究提供问题需求并推动军事领域的体系工程应用。由于体系贡献率评估研究的根本在于作战体系研究，必须进一步开展体系基础理论和体系工程方法研究，以夯实理论和方法基础。此外，由于体系贡献率评估研究的问题复杂性和技术复杂性，需要尽快在研究共同体内形成对体系贡献率概念内涵和技术框架的统一认识。

希望本节提出的重点研究方向能起到抛砖引玉的作用，从而激发业界同仁对于体系贡献率关键理论和技术问题深入研究的兴趣。本书的后续章节也将针对上文中提到的研究现状的不足和重点研究方向，开展基础理论、方法技术和应用实践研究，以期能够为体系贡献率的进一步推广和应用贡献力量。

第 2 章
体系贡献率评估的基础理论

体系贡献率评估本质上是体系工程理论方法和技术在评估领域的应用，其研究根植于体系工程、复杂系统、网络科学相关基础理论和方法。本章从复杂系统与复杂网络、体系工程与能力机理、体系能力与效能及特性评估、体系仿真实验与认知演化计算 4 方面阐述体系贡献率评估的基础理论。

2.1 复杂系统与复杂网络

2.1.1 复杂系统的净贡献概念

从本质上来讲，体系贡献率问题是一个局部对整体的影响问题。早在 20 世纪 90 年代，系统工程学者希金斯就在《系统运行原理》（*Putting Systems to Work*）一书中指出，根据开放（活）系统理论，需要从以下 3 方面对效能进行评价：一是对上层系统目标的贡献；二是与同层系统的协作；三是兼容和适配下层系统。该理论认为贡献只是效能的一部分，而这个贡献其实只是直接贡献，还应该通过影响同层和下层来对整体效能产生影响，即间接贡献，最终需要综合考虑直接贡献和间接贡献。在此基础上，希金斯又提出了净贡献的概念，即通过综合考虑效费比、上层系统使命目标、对同层的影响等优劣势，计算下层系统对上层系统的净贡献值。

2.1.2 复杂适应系统理论

美国圣塔菲研究所提出的复杂适应系统（Complex Adaptive System, CAS）理论及其研究方法为作战体系研究提供了有益借鉴。体系研究人员从复杂适应系统的涌现性和适应性等行为特性出发，对体系贡献率进行研究。例如，罗小明等提出了基于 CAS 的体系作战观：战斗力是体系作战的一种

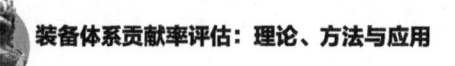

"涌现"现象，即战斗力是作战要素之间及作战要素与环境之间相互作用时整体涌现性的体现；信息化战争形态下的战斗力系统的实质是一个CAS（可称其为"3+1+1"结构），它是由实体要素（人、武器装备、体制编制）、渗透性要素（信息）、关系要素（适应性）生成和演化的过程，主要由武器装备能力、人力、组织力、信息力和适应力构成。

2.1.3 复杂网络理论

复杂网络理论为作战体系的形式化描述提供了重要手段，通过建立作战体系的复杂网络模型，能够从系统对复杂网络整体特征参数（主要是网络拓扑结构参数）的影响角度来研究体系贡献率问题。例如，罗小明等基于复杂网络理论对武器装备作战体系网络的拓扑结构进行了分析，构建了基于不确定性自信息量的武器装备作战体系作战效能分析模型，提出了计算武器装备体系贡献率的方法，并探讨了网络结构演化及度量参数的改变对武器装备体系贡献率的影响。何舒等提出了基于网络抗毁性的贡献率评价方法，通过建立网络模型和计算装备有无对网络抗毁性指标的影响，计算体系贡献率，并采用美国国家导弹防御系统进行算例分析，以验证该方法的可行性。

2.1.4 超网络理论

王飞等认为，超网络理论是当前复杂网络理论的最新进展，其与体系问题有天然的契合性，超网络（也称为"相互依赖网络"或"网络的网络"）在复杂网络研究的基础上更关注不同网络间的依赖和关联，使得网络科学在复杂系统功能和性质上的认识更进一步。从结构上来看，武器装备体系比一般的社会基础设施网络更复杂，这源于其动、静态结构的复杂性及其特有的对抗性。因此，关于武器装备体系的研究需要在全面考虑武器装备体系结构和性质的基础上，建立该体系的超网络模型，通过动态对抗中的"测量"，研究体系异质网络间的依赖和关联，分析体系能力形成和变迁的机理。

李际超等根据超网络思想，提出了基于体系作战网络模型的体系贡献率研究框架。首先根据作战体系的特征，建立功能-过程作战网络：①将装备按功能细分为侦察、指挥控制、影响3类元功能节点，建立功能作战网络；②考虑时间因素，建立过程作战网络；其次，在功能-过程作战网络模型的基础上，从体系作战（进攻）、结构抗毁（防御）、任务支撑（作战任务）多个视角开展体系贡献率评估研究。

2.2 体系工程与能力机理

2.2.1 体系贡献率的能力基准：基于能力的体系工程思想

武器装备体系贡献率的首要问题是如何度量武器装备体系。由于武器装备体系相对于武器装备系统在量和质上存在不同，相关研究方法也需要实现从基于功能的系统工程思想到基于能力的体系工程思想的转变。

2001 年，美国国防部在《四年防务评论报告》（1997—2001 年）中首次提出了"基于能力的方法"（A Capabilities-Based Approach）这一概念。该报告强调主导美国防务规划的基础必须从过去"基于威胁"的模式转变为"基于能力"的模式。传统的"基于威胁"的模式以特定威胁和想定为背景，通过开展有针对性的分析，确定国防和装备建设的目标和方向。但在未来联合作战背景下，面对作战对手的不确定性、威胁的不确定性，以及作战环境与任务的高度不确定性，需要用一种新的思路来指导防务规划，基于能力的方法应运而生。

美军认为基于能力的方法是一种新的战略思想，它将注意力放在"具备威慑和打败对手的能力"上，通过在战略层面分析应对当前及未来潜在的各种威胁需要具备哪些能力，评价现有的防务能力水平，查找能力差距，并规划未来的能力发展路线，以保证自己军事力量的"全维优势"，增强防务规划的灵活性和稳健性。2001 年后，美军开始以"基于能力的方法"为指导，推进军事转型，推动武器装备的建设与发展，增强各军兵种装备的互联、互通、互操作水平。

由于能力在体系研究中的重要作用，加拿大的研究人员提出了体系能力管理的概念，具体包括能力的生成、部署和维护，并通过将能力工程思想引入能力生成中，建立了一个包括体系能力识别、定义、获取、开发和改进的标准化体系能力过程，使得基于能力的规划目标能够与具体的平台或者系统采办计划紧密联系，从而优化整体能力生成过程。

本书聚焦国内外基于能力的主流方法，按照体系能力的规划设计、集成开发和演化管理对体系工程基础理论进行综述。

2.2.1.1 体系能力规划设计

一般来说，能力是在给定的标准和条件下，通过一系列手段或方式的集

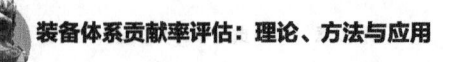

合，完成一组任务，从而达到预期使命效果的本领。能力是对体系功能需求的一种高层描述，并不会随着特定系统、威胁和环境而变化，美军的能力要素涉及条令、编制、训练、装备、领导力、人事、设施和政策等方面。

（1）基于能力的思想认为面对不确定的外部环境、多样化的使命任务及快速发展的装备技术，能力需求具有相对稳定的内涵和结构。因此，通过能力需求，对上可以映射军事战略和使命任务，对下可以牵引各类型装备组合规划和成体系发展。

（2）基于能力的思想强调对所有装备的发展风险进行共同评估，通过装备规划和装备发展费用控制，既要求装备发展尽可能填补能力差距，又要求其降低发展风险和节约费用，实现装备的发展规划在能力、风险和费用之间的最佳平衡。

（3）基于能力的思想要求尽可能多地考虑能力需求的各种可能演化情景，并针对不同情景制订稳健的发展规划。此外，它还强调装备的论证规划不是一蹴而就的，而应随着能力需求的不断明确，不断调整众多装备的发展方向与组成结构，使其发展具有良好的适应性，并能持续满足动态演化的能力需求。

根据以上思想，美军提出了基于能力的规划方法。它是一种顶层设计思想或规划过程，其作用是在预算约束下提出一组合适的能力需求，以应对一系列不确定的威胁和挑战，并对预期作战需求进行功能分析。一旦预期作战任务确定能力需求清单，就能找到满足这些能力需求最切实有效的能力解决方案。其中，装备（Materiel）方案包括研发新的武器装备系统、改进现有系统以及引进外来系统等；非装备方案则是对 DOTMLPF-P[①]中除装备外的各方面进行分析与调整，如改变战略战术、规则、作战过程或现有系统和资源的使用方式等。

与传统的规划方法相比，基于能力的规划方法有以下特点：

（1）同时考虑多种威胁发生的可能性，而非针对某类具体的威胁。

（2）规划是为了回答实现预期作战效果需要做什么，而非每一类系统需

---

① DOTMLPF-P 包括 Doctrine, Organization, Training, Materiel, Leadership and Education, Personnel, Facilities and Policy，即条令、组织、训练、装备与技术、领导力与教育、人力、设施和政策。

要多少数量。

（3）规划的目的是构造稳健性好、灵活的兵力结构，以适应广泛的威胁，而非针对少数几类威胁最优的兵力结构。在有资源约束的环境中，最好的解决方案是在所有想定中都有较好稳健性的方案，而非针对某个想定最优的方案。

2.2.1.2 体系能力集成开发

20世纪90年代，美军面临各类武器装备分散发展和烟囱林立的困境，无法形成整体作战能力，难以有效应对多元复杂的战略环境和高度不确定的潜在威胁。2001年，美国国防部首次提出武器装备发展规划必须从传统的"基于威胁"模式转变为"基于能力"模式。相应地，为了适应未来联合作战的要求，美军于2003年发布了联合能力集成与开发体制（JCIDS），用于替代原有的需求生成体制（RGS）。RGS采用"自底向上"的需求生成过程，各军兵种根据自身情况提出各自的武器装备需求，经过高层部门的规划协调，最终确定装备需求，待装备开发出来后，再与其他装备进行集成，形成局部联合的作战能力。JCIDS则采用"自顶向下"的需求生成过程，它根据联合作战构想和联合作战概念，确定联合作战能力需求，并在跨军兵种范围内探索作战能力的实现手段，按照此种方式开发得到的装备体系或系统具有"天生"的联合作战能力。与RGS在需求开发过程中不考虑集成不同，JCIDS采用的方法是先进行能力层次的集成，再以能力需求驱动装备发展。

JCIDS以国家战略需求和体系联合作战使命为牵引，进行能力需求分析，并针对现有武器装备体系进行基于能力的评估，以发现能力差距，最终形成一系列用于规范体系能力集成与开发的能力文档，具体包括初始能力文档（ICD）、能力开发文档（CDD）和能力产品文档（CPD），从而完成以能力为主线的体系规划。JCIDS主要包括4部分内容：

（1）基于战略的一体化联合作战概念生成。以国家安全战略和国防部战略指南为基础，开发面向未来的作战概念和联合作战概念集，用于指导军队转型和作战能力开发。

（2）基于联合概念的能力需求分析。在联合概念的指导下，开发一体化联合作战能力需求体系，同时依据国家战略和指导方针、能力差距及风险分析结果排定联合作战能力需求的优先顺序，以便集中力量重点攻关。

（3）基于能力的方案分析评估。根据能力需求分析确定当前存在的能力

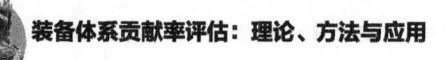

差距、重叠或冗余,并确定解决这些问题的潜在装备解决方案和非装备解决方案。

(4)面向能力发展需求的方案集成与实施。根据一体化作战能力发展需求,通过分析确定装备解决方案或非装备解决方案,以及两者的结合方案。

基于能力的评估（Capabilities-Based Assessment,CBA）是 JCIDS 的基础,它主要有以下作用:①确定能力的属性、标准及完成使命的能力需求;②评估现有兵力在交付相关能力时存在的能力差距及由此带来的作战风险;③对能力差距进行排序;④通过非装备解决方案减轻或填补能力差距;⑤通过装备解决方案消除能力差距。此外,CBA 还是验证能力需求的基础,可用于引导需要的新能力,改进能力的开发和部署。整个 CBA 过程分为功能领域分析（Functional Area Analysis,FAA）、功能需求分析（Functional Needs Analysis,FNA）和功能方案分析（Functional Solution Analysis,FSA）3 个阶段。通过 CBA 过程可以获得以下 7 项内容:①关于待评价的使命和军事问题的描述;②为实现使命目标而要完成的任务;③识别需要的能力,即能力需求;④现有或计划中的作战力量对能力需求的满足程度;⑤能力差距导致的作战风险;⑥弥补能力差距的非装备解决方案建议;⑦弥补能力差距的装备解决方案建议。

2.2.1.3 体系能力演化管理

体系的一个本质特点就是演化特性,因此需要对体系能力进行演化管理。加拿大军方根据体系能力演化管理的需求,开展了一个为期 4 年（2003—2007 年）的协作式能力定义、工程化管理项目。该项目提出了一个面向能力演化管理的高层能力工程过程。该过程首先将战略性国防指南映射到已定义的国防能力上,并采用架构模型描述每个能力所需的人员、过程和装备。对于一个给定的能力,严格采用若干指标来衡量在一系列预定义任务和兵力规划想定下产生军事能力的本领。根据演化中的能力目标,通过这些任务和规划想定随时间的变化,识别能力缺陷,并反过来推动填补这些缺陷的方案选项的(制定)过程。这些方案选项的实现计划包括能力演化路线图,可以支持国防投资决策。

体系能力演化管理的实质是根据体系使命目标和外界环境的变化,识别体系的能力差距,并通过填补能力差距使体系从现有（as-is）能力向所需

(to-be)能力演化。在此项目中,能力工程被视为一个符合改进能力管理目标的使能器,它包括能力生成、维护和部署等功能。

为了实现体系能力的演化管理,该项目提出需要以下 5 方面的支撑:

(1)模型驱动的架构。通过模型驱动建立的架构模型能够在较高层次描述体系各要素之间的关系,对于能力演化管理具有重要的支撑作用,一个支持能力演化管理的架构具有标准化接口、层次化接口和持续的系统校核与验证过程。

(2)迭代渐进的体系工程过程。能力工程是一个演化的螺旋过程,这个过程是需求定义分析、功能分析和设计综合的混合并发、不断迭代、螺旋上升,即不必在所有需求完全明确后才进行功能分析和设计开发。

(3)协作式能力工程环境。它包括一系列系统工程工具的协同在线环境,如可执行功能分析与建模的工具、需求建模工具、信息系统建模工具等。

(4)功能性一体化能力工程团队。

(5)工业界的早期介入。

2.2.2　体系贡献率的作用原理:体系网络任务链路动量原理

体系贡献率的研究首先需要明确体系的概念和内涵。近年来,国内外的大量学者和专家从各自的理论研究和实践工作出发提出了体系的概念,但是尚未对体系有权威且统一的定义。学术界一般认为,体系具有以下 7 方面的特征:地理分布、(组成)元素的运行独立、(组成)元素的管理独立、演化发展、涌现行为、子系统的异质性、子系统的网络化,而体系子系统之间的网络化连接是构建体系的基本途径。从军事领域出发,作战体系依赖各个作战领域内的探测器、指挥控制系统、火力系统、通信系统、保障系统等形成探测网络、指挥控制网络、火力网络、通信网络、保障网络等功能子网络。从这个意义上讲,体系是将众多领域任务系统连接在一起的复杂网络。

从作战功能的角度来看,作战体系的基本组成单元是观察-判断-决策-行动(OODA)任务链路(又称为杀伤链),它包括目标探测、数据融合、态势评估、火力分配、武器交战和战果评估等典型过程。现代网络化作战体系的核心就是在 OODA 任务链路思想的指导下,根据目标需求建立一系列具体化任务序列,例如美国空军远程火力打击建立的发现-锁定-跟踪-目标分配-交战-评估链路。任务链路可以用任务链动量 M 来度量,即

$$M=(R\times P)\times V$$

式中，R 为作战半径；P 为任务性能；V 为任务链路的速度（包括作战节奏和链路之间的协同度）。R 与 P 的乘积表示物理动量公式中的质量概念，即任务链动量的质量不仅与作战链路的半径有关，还与其作战性能相关。

整个作战体系是由多个层次的具备 OODA 指挥控制循环的兵力单元所构成的体系网络，其模型如图 2-1 所示。低层次兵力的 OODA 循环作为一个整体完成高层次兵力的 OODA 循环的某项作战功能（根据上级的决策和行动命令来完成某个作战功能），同级兵力 OODA 循环之间存在相互关联性，而体系动量就是所有 OODA 循环产生的任务链动量总和。装备的变化对体系的影响可以从装备对体系中任务链动量的影响来衡量。作战双方的对抗可以看作双方链路之间的对抗，体系的制胜率取决于体系所包含的任务链路相对于敌方任务链路的制胜率。

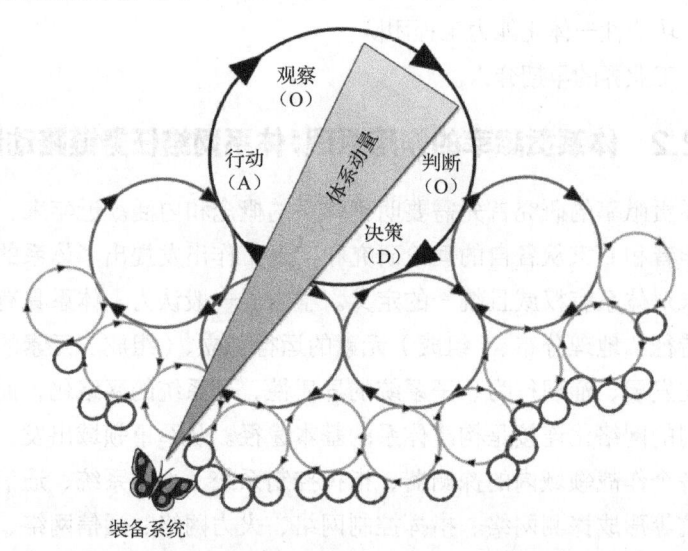

图 2-1 基于 OODA 任务链路的作战体系网络模型

从体系网络整体宏观层面来看，由于体系网络将子系统通过网络互联，其能够有效增强体系作战能力。根据网络中心战理论，体系网络通过增进网络互联和信息共享来增进态势感知和理解，从而增进系统间的互操作和合作，以及体系诸单元间的同步，进一步形成更多更强的杀伤链，最终获得更高的体系效能。如图 2-2 所示，体系网络主要从两方面提高体系动量：一是通过态势共享形成信息优势；二是通过指挥控制协同形成指挥控制优势。信

息优势能够有效提高单链能力，指挥控制优势能够增强多链能力，两者综合能够形成更多类型和数量的杀伤链，并能提高杀伤链动量，多链联合和同步能力也将得到有效增强。由此可知，体系网络能够有效提高体系效能，从而实现体系能力的增值。

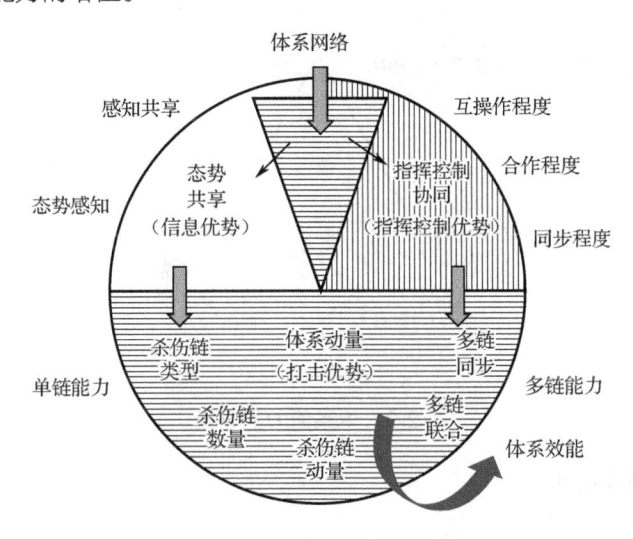

图 2-2　体系网络能力增值原理

2.2.3　体系贡献率的成因机理：体系协同、适应与层次涌现特性

体系能力生成是体系贡献率的实际表征。美国国防部则将能力定义为在指定需求（条件和性能标准）下，通过不同手段和使用方式的组合来实施一组关键任务，从而达到预期目标或结果的持续本领。能力生成不仅体现在具体的装备体系配置上，也体现在装备的使用方式上，如图 2-3 所示。从另一个角度讲，基于能力的装备体系方案空间包括非装备方案（包括条令、组织、训练、领导力与教育、人力、设施）和装备方案或者它们的组合。其中，装备和非装备方案分析主要根据能力差距、军事行动的具体范围和环境等因素，利用有效的测量方法来分析一种方案或者几种方案的组合所能提供的能力。

有学者认为，作战体系能力是一种对复杂使命领域的敏捷适应能力。其中，复杂使命领域包含两种含义：①针对不同空间维度的多种威胁目标；②针对具有不同时间特性的当下。敏捷适应能力是指针对不同使命作战对象具有

组合应用的能力，针对不同的目标具有动态组合的能力，以及网络化的体系适应能力。从体系能力生成的微观层面来看，可以将体系能力生成机理理解为协同机理、适应机理和涌现机理。

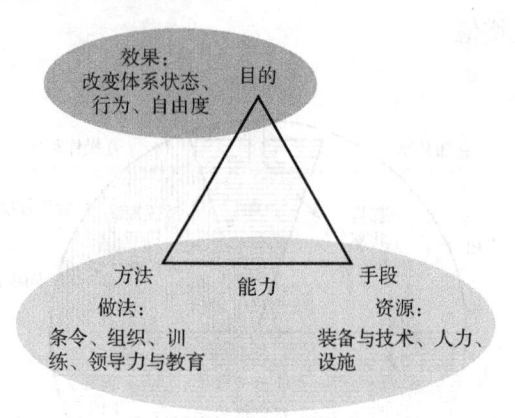

图 2-3 体系能力三要素

1. 协同机理

体系作战过程最终体现为多个侦-控-打-评杀伤链构成的杀伤链网络。在作战体系中，体系的控制是基于OODA指挥控制循环进行的，协同性对体系能力的提升，从指挥控制的角度看是各个兵力单元通过OODA指挥控制循环的协同，形成协同侦察预警、协同态势感知、协同规划决策和协同作战行动。最终从作战行动角度看，协同性表现为各个兵力单元协同一致完成杀伤链各环节的闭合衔接和多条杀伤链之间的行动同步。美军在网络中心战（Network Centric Warfare，NCW）中提出体系层面的度量指标，如图2-4所示。以网络为中心的体系与以平台为中心的体系相比，各个指标都有明显增长，特别是互操作程度、协作程度、同步程度及作战速度等指标，其表现更为突出。

2. 适应机理

体系的适应机理体现在针对不同的环境威胁和态势变化，体系能够做出调整和部署，完成"使命-任务-作战活动"的体系使命需求空间分解，形成针对不同威胁的体系使命空间和任务活动方案，并将作战资源配属到作战活动中，形成作战体系的兵力编成和作战行动方案空间。体系通过态势威胁-使命任务-编成行动3个空间的动态更新和持续匹配形成适应能力。

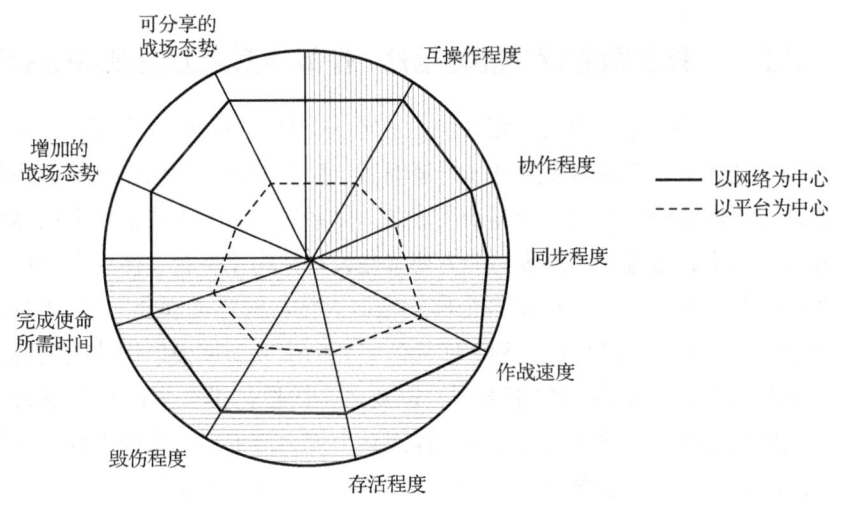

图 2-4　体系整体度量指标示例

3. 涌现机理

体系一般具有层级结构，层级结构的产生又源于整体涌现。根据活系统理论，从体系管理控制的角度来看，体系从高到低包括体系全局的目标、政策和监管层、规划和应变层、运行控制与审查层，以及局部的子系统的常规控制层。由于体系网络的层次性，功能链路也具备层级特点，由高到低可以分为体系作战任务链路、领域系统任务链路、作战单元任务链路、作战平台任务链路，低层次的任务链路一般是高层次任务链路中的一个或者部分环节，能够通过层级关系聚合到上层链路。

从体系网络构成的角度来看，体系自顶向下可以分为体系层、领域系统层，作战单元层、作战平台层等。体系的底层系统通过自身的涌现行为，对整个体系产生影响。针对体系内在层次结构，其涌现特征也具有多层涌现的特性。有学者针对联合作战任务能力规划问题，提出体系的层级性是研究联合作战问题的核心。

体系的适应机理是从体系使命需求到装备系统的映射过程，而涌现机理是从系统级涌现到体系级涌现的反向映射过程。因此，可以利用 QFD 的分解产品，对每个基本的作战活动，按照能力编成原理，确定由谁用什么系统完成什么任务，并到达什么标准要求。之后，由作战活动向上集成为作战任务，进一步集成为作战使命。

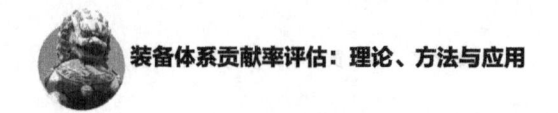

2.2.4 体系贡献率的能力培育：作战体系能力生成周期模型

作战体系不同于一般的工程系统，它是一个物理-赛博-社会复合的有机组织体，其体系作战能力生成并非一蹴而就，而是按照一定内在规律由各类要素通过不同阶段的交互融合逐步生成的。体系作战能力生成是指根据体系使命任务要求，通过"体系多类能力要素建设与架构化融合、体系多个作战兵力构建与网络化集成、体系多个作战领域对抗与链路化联合"，从体系作战概念生成体系实战能力的过程。作战体系能力生成周期模型构建的关键在于明确能力生成的阶段和要素类型，以及每个阶段每类要素的具体能力要求。该模型包括能力要素项目建设、作战兵力能力演训、体系能力联合运用 3 个阶段，其中能力要素项目建设包括作战概念开发、方案设计论证、体系产品研发、集成试验验证、兵力列装部署 5 个主要活动；作战兵力能力演训的主要活动是部队训练演习；体系能力联合运用的主要活动是体系实战对抗。每个活动都有大概的时间周期和能力里程碑产品。借鉴美军的能力七要素（DOTMLPF），体系能力要素包括以下 7 种：①军事作战理论（对应美军能力要素中的 Doctrine，简记为 D），它对美军提出的概念内涵有所扩充，具体包括军事作战活动的指导原则、理论方法、流程规范，涵盖军事理论、作战概念、战术战法、作战条令等内容；②组织编制体制（对应美军能力要素中的 Organization，简记为 O），主要是军队的组织机构、力量编成和体制机制；③作战训练演习（对应美军能力要素中的 Training，简记为 T），主要是军事训练和作战演习；④装备技术资源（对应美军能力要素中的 Materiel，简记为 M），主要是装备、技术、能源等物质资源；⑤领导力教培（对应美军能力要素中的 Leadership and Education，简记为 L），除了美军强调的指挥员领导力与教育培训的基础，还包括对军队人员的政治教育；⑥军事人力资源（对应美军能力要素中的 Personnel，简记为 P），主要是军队各单位的人力资源；⑦战场设施保障（对应美军能力要素中的 Facility，简记为 F），它在美军战场设施的基础上，增加战场保障要素。作战体系能力生成周期模型的具体研究将在 8.1.3.1 节中详细介绍。

2.3 体系能力与效能及特性评估

体系评估是面向未来使命任务需求，通过综合运用系统分析、系统建模、系统仿真、专家知识等技术方法，根据体系中的兵力编成、战场部署、作战

运用及作战环境、敌方力量、对抗情况等,对装备作战体系的整体性评价。按照评估内容的不同,体系评估可以分为体系能力评估、体系作战效能评估、体系风险评估、体系技术可行性评估、体系演化过程评估、新技术引入对体系的影响评估及体系贡献率评估等类型,具体评估方法包括专家调查法、试验统计法、解析方法、仿真方法及混合方法等。

总体来看,作战体系整体性评估指标可分为体系能力、体系效能和体系特性3类。其中,体系能力指的是体系完成使命任务的固有属性和潜在本领;体系效能指的是体系在特定场景下针对特定对手完成体系使命任务效果的度量;体系特性与具体使命任务无关,它是体系结构和行为方面的本质特征和整体性能。

体系能力是体系完成使命任务(而非特定作战任务)的"本领"或潜力,它由装备性能、数量、结构等因素决定,是一个静态概念。而体系效能是体系能力在特定条件下的具体化表现,它是体系在给定威胁、条件、环境和作战方案下完成使命任务的效果,由装备性能、数量、结构及作战环境、作战过程等因素决定,是一个动态概念。体系特性是体系作战能力的决定性因素,可以从结构和行为两方面对其进行描述。就结构方面而言,其可分为组分本身的智能化程度、信息化程度和组分之间的拓扑结构特征、组分连通性、互操作性等特性;就行为方面而言,其可以分为敏捷性、适应性、弹变性、演化性、涌现性、同步性等特性。与人的能力从主观因素上看主要由智商、情商、财商和体质等基础特性决定类似,体系作战能力在很大程度上是由上述体系特性决定的。

作战体系是典型的复杂系统,具备结构模块化重组和长期演化、行为协同涌现和动态适变等特性,因而需要采取"整体、动态、对抗"的方式进行评估。过去的很多体系评估方法将装备系统平台的评估方法平移到作战体系评估领域,但因其只适应"局部、静态、单方"的简单系统,得出的结果往往经不起推敲,更经不起验证。此外,传统的评估方法往往关注单一武器装备,评估内容也多为系统的性能或效能,很少在体系背景下研究武器装备的评估问题,尤其缺乏针对无人作战体系层面的特性评估。

2.3.1　体系能力评估

体系能力评估一般从以下两方面开展研究:一是从体系的静态结构出发,对体系能力和体系结构属性进行计算,可采用基于子系统聚合的评估方

法或者架构网络拓扑特性分析方法；二是从体系的动态行为出发，对体系的行为特性进行计算，可采用架构可执行性分析、架构驱动仿真等方法。一般来说，体系能力是体系完成使命任务本领的固有属性度量，具备隐性特征，难以进行显性测度，现有的体系能力评估方法大都以静态的子系统战技术指标树状聚合为主，如指标能力树方法、功能质量部署方法等。然而，也有不少学者根据体系的能力特性，尝试从整体、全局和动态的角度对体系能力进行评估。典型的体系能力评估方法研究有网络化体系能力评估、体系能力图谱评估、体系能力试验方法论。

2.3.1.1 网络化体系能力评估

胡晓峰等在《网络化体系能力评估》一文中详细探讨了网络化体系能力评估的理念转变、方法创新和平台支撑。传统的作战能力评估方法有 3 种：数学解析计算评估方法、基于历史数据和试验的统计评估方法以及基于计算机仿真分析的评估方法，这些方法对解决一些问题可以起到一定的作用，但是随着体系规模逐渐增大，关系越来越复杂，网络化体系能力评估面临许多新挑战。传统的体系能力评估一般是先建立树状指标体系，然后进行单项评估，最后进行综合评估。确定树状效能指标体系需要遵循针对性、独立性、完备性、可测性、客观性、简明性等原则，其中最核心的是独立性和完备性原则，但这两个原则只能在系统静态或弱动态条件下实现，一旦体系处于动态对抗条件下，树状效能指标将难以达到预期的目标。因此，构建体系能力指标应执行 3 个转变，具体如下：

（1）抛弃能力指标独立性假设，将"指标树"转变为"指标网"。在复杂体系评估中，若不能保证指标的独立性和完备性，就应将其去除。各指标之间实际是网状结构而非树状关系（因为体系本身就具有非还原的复杂性特点），因此需要用网络理论而非简单分解还原理论去研究网络化体系，指标体系也应是网状而非树状的。

（2）抛弃能力可分解合并假设，将"简单和"转变为"涌现和"。对于复杂系统来说，系统性质不能简单分解，因而不能用局部指标简单求和得到整体效能，即"1 加 1 不等于 2"。综合效能应是涌现出的网络化整体性"相变"效果，这些效果会产生新性质。因此，下级指标需要从整体条件向上涌现综合形成上级指标，而不能只是简单求和。

（3）抛弃能力结果单一性假设，将"单一值"转变为"结果云"。体系

能力的结果不会只有一个，其应有一组，这组结果就是"结果云"。在复杂体系能力评估中，结果与决策是相关多值变化的，只有在多次仿真的基础上才能实现，因此需要不断的动态"测量"，而非一次性"评估"。

2.3.1.2 体系能力图谱评估

作战能力图谱是军事领域的典型能力图谱。它是对作战能力相关数据的一种可视化的表征和标识方法，除了通过静态图谱的方式直观描述装备体系或装备系统及其编配的部队完成特定作战任务应具备的作战能力，还通过动态图谱的方式展现其生成因素和相互关系，以及受战场态势和自身状态影响而产生的变化规律。

作战能力图谱中的作战能力是广义的概念，涵盖了装备体系的作战能力和综合效能、武器系统的体系作战能力和综合效能，以及体系贡献率、部队的战斗力等内容。与作战能力图谱有关的数据可以分为装备体系作战能力类、型号装备作战能力和效能类及部队战斗力类等。

装备体系作战能力类数据包括体系的作战能力指标、体系的能力满足度、新旧体系能力对比、体系能力任务分工、体系能力匹配度、体系能力关联度、体系能力技术支撑度、体系能力发展重要度、体系能力装备实现度、体系能力装备编配度及不同想定下的体系综合效能等。上述数据均包含任务值、规划值、现状值及实现值。

型号装备作战能力和效能类数据包括装备的作战能力指标、不同想定下的装备作战效能、装备的体系贡献率、装备的体系融合度、装备的作战适用能力、装备的部队适用能力、装备能力的组成因素分解、装备组成的能力贡献、装备能力的硬件分解、装备能力的软件分解、装备能力的使用方式因素分解、装备能力的工作状态因素分解、装备能力的作战过程因素分解、装备能力的战场环境因素分解、装备能力的作战目标因素分解、装备能力的参战人员因素分解、装备能力的战损因素分解、装备能力的消耗因素分解及装备能力的降级因素分解等。上述数据均包含论证值、设计值、试验值和演训考核值。此外，各级各类装备作战能力指标分类均可参考相关标准规范的通用要求定义并结合装备和部队特点，构建、裁剪或扩充适用的指标。

部队战斗力类数据包括部队作战能力指标、部队作战能力生成度、部队作战能力保持度、部队作战能力提升度、部队作战能力发挥度、部队作战任务完成度、部队装备使用度、部队训练任务完成度、部队装备编配度、部队人员编配度、部队人员培训度及部队人员技能达标度等。上述数据均包含部队级别、部队类型及部队任务方向等。

如图 2-5 所示，能力图谱分为静态图谱和动态图谱两部分。

静态图谱	指标体系图谱	作战能力与装备关系图谱	体系建设
	单项作战能力指标图谱	作战任务满足度图谱	
	单装作战能力对比图谱	作战能力生成因素分解图谱	论证设计验证
	作战能力关系图谱	作战能力任务需求图谱	
动态图谱	指标空域分布图谱	指标时域变化图谱	体系运用
	多方案时空分布簇图谱	预测准确性分布簇图谱	使用训练保障

图 2-5　能力图谱构成

1. 静态图谱

静态图谱包括指标体系图谱、作战能力与装备关系图谱、单项作战能力指标图谱、作战任务满足度图谱、单装作战能力对比图谱、作战能力生成因素分解图谱、作战能力关系图谱及作战能力任务需求图谱，它是能力状态的可视化表征。

2. 动态图谱

在大规模探索性仿真实验的基础上，构建多重迭代、逐步聚焦的试验框架，主要包括线索提炼、数据耕耘、数据收获和综合分析等步骤，进而对实时能力评估数据进行可视化展示，即能力动态图谱。

能力动态图谱对具体时空环境下的体系对抗具有重要的研究价值。例如，红方作战体系对重点关注区域的目标指示能力和打击能力因对抗环境的不同而在三维物理空间有不同的分布，并随着作战进程的推进不断变化。首先对重点关注区域按照热图与基于地理信息的可视化方法生成能力图谱，并将红方重点关注区域分为 $M \times N$ 个区块，通过对每个区块进行仿真，计算区

块内能力指标（如目标指示能力）的数值，并根据数值大小对区块进行着色，进而形成区域的能力图谱；其次，通过生成不同条件下的能力图谱，分析体系的整体能力。能力图谱可用于体系对抗过程中的态势评估和指挥控制。

总而言之，动态图谱通过序贯采集数据进行动态评估，并对评估结果进行空间分布和时变曲线绘制，从而为实时决策提供依据。

2.3.1.3 体系能力试验方法论

为了适应武器装备采办由以系统为中心向以能力为中心、由单个军兵种的需求向联合能力的需求，以及由需求生成体制向联合能力集成与开发体制 3 方面的转变，美军针对武器装备体系联合作战能力评估问题，提出了能力试验方法论（Capability Test Methodology，CTM）。该方法论的核心思想是构建一个联合使命环境（Joint Mission Environment，JME），并在该环境中对体系能力进行试验。JME 是联合作战环境的子集，包括兵力和非兵力实体、条件、环境及影响。在该环境中，兵力可以利用能力执行联合任务，以满足具体的使命目标。

JME 是一个包括以下 3 方面的有机整体：联合作战试验环境、指标框架、系统工程过程。其中，联合作战试验环境包括蓝方兵力、使命、自然环境与威胁。指标框架是基于系统在体系背景下完成某个使命而提出的，它负责对以下 3 个层次的能力进行检验：使命层的使命效能指标（用来评估系统行为、能力、作战环境的变化对使命终态达到、使命目标实现、使命预期结果创建的影响）、任务层的任务性能指标（用来评估一项任务能否完成，如近空火力支援、联合火力打击任务等），以及系统层的系统属性和体系属性指标。体系属性指标是底层指标，它包括一系列装备和非装备的属性。装备属性又包括飞机的作战范围、指挥机构之间传递信息所需的时间等；非装备属性则包括战术、技术、后勤等。系统工程过程包括以下 3 个阶段：①通过一个使命线程对体系行为、任务和环境进行系统性的概念设计；②对所有系统节点、交互和接口进行与真实资源无关的逻辑设计；③将真实的硬件和软件资源分配给逻辑设计的物理设计，并将物理设计方案集成到 JME 中，同时存入分布式仿真库中以备重用。

CTM 包括 6 个步骤：①开发试验与评估策略；②试验的特点描述；③试验规划；④集成实拟-虚拟-模拟-分布式试验环境；⑤管理试验执行；⑥能力评估，以及 3 个线程：评估线程、系统工程线程和试验管理线程。其中，

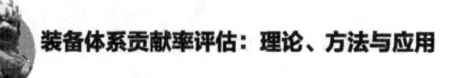

系统工程线程对应步骤①~⑤，其他两个线程则贯穿所有步骤。

CTM 的关键环节在于根据体系使命任务识别出一系列关键能力问题（Critical Capability Issue，CCI）及其支撑性的关键作战问题（Critical Operational Issue，COI），并围绕这些问题开展能力测试。关键能力问题的定义如下：评估体系配置 Y 在条件集 A 下执行任务 X，达到使命效果 Z 的能力。关键能力问题把预期的效果、途径和方法（联合能力或者体系）、任务用一个清楚且连续的方式联系起来。关键作战问题是在作战试验与评估中，评估系统在完成某项使命任务的能力时所要回答的作战效果和可适用性两方面的问题。一般来说，CCI 对应一系列的 COI。

CTM 采用本体方法建立了一套术语集，以对相关概念进行统一规范，并在这套术语集的基础上采用模型化的方法对能力试验方法进行描述，它包括 3 个模型，分别用于描述其概念、流程和试验环境。

（1）能力评估元模型（Capability Evaluation Meta-model，CEM）。它描述了能力评估和多个国防部流程中重要术语之间的关系，为能力试验方法的评估线程和操作子线程提供了评估指标框架。

（2）流程模型。它提供了各个流程活动及其依赖关系。

（3）联合使命任务环境基础模型（Joint mission environment Foundation Model，JFM）。它可为使用 LVC-DE（LVC 分布式环境）构建联合使命任务环境的工程实践提供指导。

作为能力试验方法的核心，能力评估元模型从认识论的角度对相关术语进行了详细的定义，它包括一系列的概念及其关系和规则，并提供了统一的评估指标框架描述。完整的能力评估元模型非常复杂，其核心元素如图 2-6 所示。

通过与流程模型的输出相关联，能力评估元模型建立了一个与流程模型相容的循环结构，该结构描述了能力评估元模型与 6 个一级流程及若干二级子流程之间相互协作、推进的关系，因此能力评估元模型又被称为"星-模型"。同为开发活动的一种模型化描述，"星-模型"比"V-模型"进步明显。这里以"星-模型"的联合能力开发与集成轴为例，如图 2-7（a）所示，该轴从系统工程的角度实现能力的开发与集成，按照需求分析、功能分析与分配、综合设计 3 个步骤进行。在需求分析中，从使命预期效果和关键任务两方面发掘能力问题，这与"V-模型"左轴中仅关注系统级的需求形成了鲜明对比。"星-模型"的联合能力开发与集成流从使命级和任务级层次出发，映射到联合能力域，这种在体系层面（高于"V-模型"的系统层面）进行逻辑

设计并实现的方法，使得 CTM 可以从装备和非装备两方面考察体系能力问题，从而给出更好的解决方案。

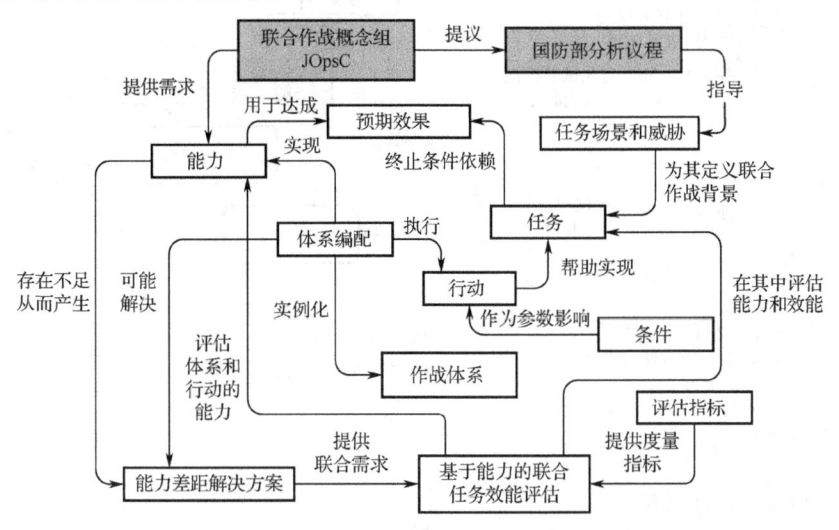

图 2-6　能力评估元模型的核心元素

"V-模型"的另一个轴表示系统集成与试验过程，对应于"星-模型"的第 2~6 轴，这些流程通过一系列的试验活动实现能力的生成，如图 2-7（b）所示。与"V-模型"相比，CTM 的试验活动更注重在能力生成过程中建立一个不断校正、改进试验评估活动的循环。这种循环具有以下优势：

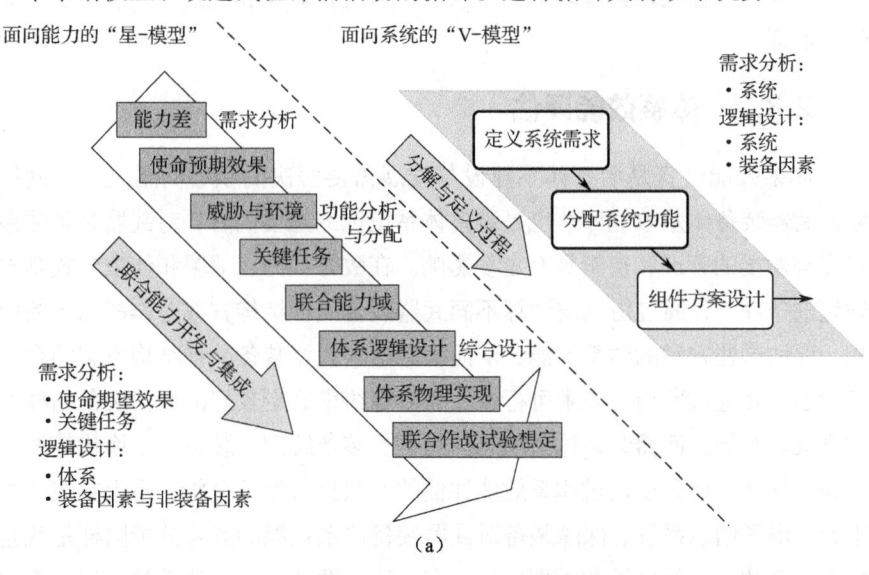

（a）

图 2-7　"星-模型"与"V-模型"的对比

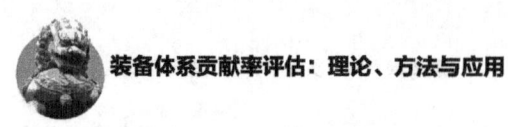

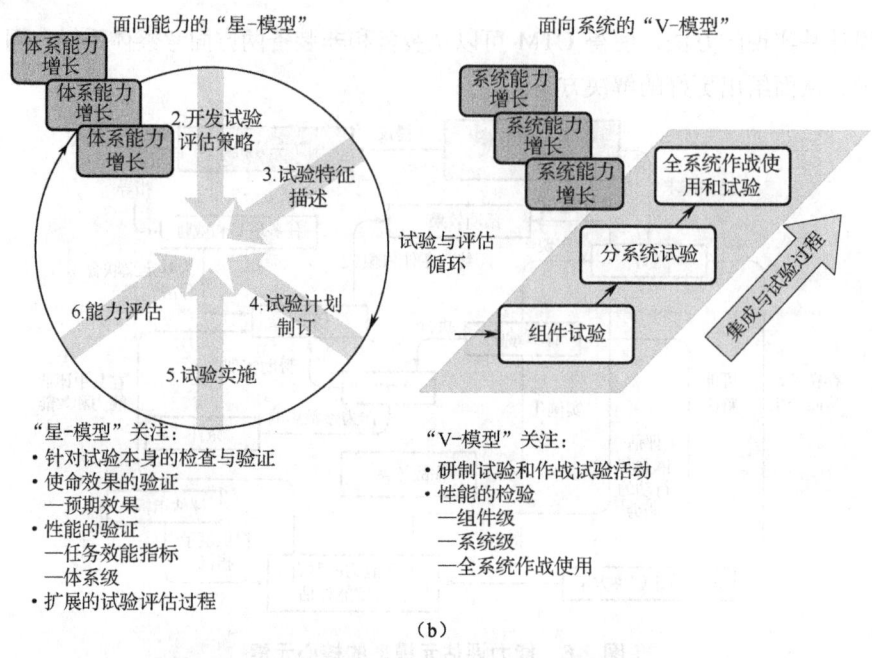

面向能力的"星-模型"　　　　　面向系统的"V-模型"

体系能力增长
体系能力增长
体系能力增长
2. 开发试验评估策略
3. 试验特征描述
4. 试验计划制订
5. 试验实施
6. 能力评估
试验与评估循环

系统能力增长
系统能力增长
系统能力增长
全系统作战使用和试验
分系统试验
组件试验
集成与试验过程

"星-模型"关注：
- 针对试验本身的检查与验证
- 使命效果的验证
  —预期效果
- 性能的验证
  —任务效能指标
  —体系
- 扩展的试验评估过程

"V-模型"关注：
- 研制试验和作战试验活动
- 性能的检验
  —组件级
  —系统级
  —全系统作战使用

(b)

图 2-7 "星-模型"与"V-模型"的对比（续）

（1）除了关注能力域问题，还对试验活动本身进行了约定，从而使试验活动能够通过及时纠正和调整来适应特殊的作战任务需求。

（2）可以在发现体系缺陷后持续对体系进行调整和改进，为能力生成提供了保证。

2.3.2 体系效能评估

体系效能一直是装备体系建设与发展需要解决的核心问题之一，同样地，武器装备体系效能评估也是装备体系论证的重要内容，对武器装备体系建设与发展的管理和决策具有重要影响。在敌方兵力、部署和作战方式基本确定的条件下，通过仿真或计算不同武器装备品种结构方案对作战结果的影响，评估这些方案的体系效能，从而确定不同武器装备品种结构方案的合理性问题，并通过费用、技术可行性、风险等约束确定较好的武器装备品种结构方案。此外，武器装备体系的总体结构、装备编配、装备更新换代等发展与建设问题，也需要通过体系效能评估的方法进行论证分析，重大主战武器平台、电子信息系统、保障装备对武器装备体系效能的影响分析同样是武器装备体系效能评估关注的重要问题。在上述问题研究中，体系效能评估需要

研究不同装备体系方案的作战效能问题，并能回答这些装备体系在应对不同威胁时的作战能力，从而支持论证分析人员对不同装备体系方案的作战效果进行评价。

长期以来，武器装备体系效能评估工作大都以定性分析论证为主，也产生了许多理论研究成果，但都涉及不同层次和不同类型装备体系的功能种类、数量规模、结构关系及装备的作战运用等问题，难以只用定性方法解决。因此，装备决策与管理部门在拟制装备研制与采购的规划与计划、制定新型装备的编配方案、确定装备的作战使用方式等方面，迫切需要从体系对抗的角度开展武器装备体系效能的评估，以为武器装备体系发展与建设提供重要的技术支撑。

武器装备体系效能评估面临的挑战主要在于缺乏有效的实验手段和实验方法去评价不同装备体系方案完成作战任务的能力。武器装备系统效能评估一般可以基于武器系统的工程原理建立交战级的作战效能实验分析环境，用于评价现有和新研制的武器装备在完成不同典型作战任务中的作战效果，从而为武器装备论证提供依据。

与武器装备系统相比，武器装备体系涉及范围广、层次多、要素全、综合性强，大大增加了建立武器装备体系实验分析环境的难度，使得论证分析人员难以开展有效的效能评估工作，甚至在很多情况下只能借助传统的定性评估方法分析不同武器装备体系的作战效能。

在武器装备体系效能评估研究中，作为评估对象的武器装备体系，它由众多武器系统组成，不仅包括地面、空中、水上（下）等作战武器平台系统，各种导弹、弹药等打击武器系统，以及预警探测、情报侦察、指挥控制、通信、导航、战场环境信息保障等装备组成的电子信息系统，还包括兵力投送、弹药与后勤补给、工程、防化等战斗保障装备系统和维修、检测等技术保障装备系统，这些系统因关系复杂，相互作用明显、相互制约多、相互影响大，成为武器装备体系实验环境建立困难的主要原因之一。此外，武器装备体系效能评估还与作战对手的装备情况、作战样式、地理环境、战争规模、军事战略及复杂战场环境等因素有关，这也是难以建立武器装备体系实验环境的主要原因。因此，现阶段对武器装备体系问题的研究，大都使用武器装备系统论证评估的方法，将武器装备体系的要素进行简化，或者将体系评估的问题分解为若干系统评估的问题，例如简化综合电子信息系统在武器装备体系中的作用，或者不考虑装备维修保障的问题等。这些处理方法虽然在一定程

度上具有技术支撑作用,但与真正的体系评估分析有不小的差距,并且在评估多个军兵种装备协调发展等问题时,也难以发挥作用。

面向武器装备体系效能评估的实验环境一般采用建模仿真的方法建立。美国是最早利用仿真实验方法进行武器装备体系效能评估的。美国军方很早就发现,面对要素众多、相互关系复杂的武器装备体系,传统的武器系统评估方法已无法适应,因此开始积极探索利用仿真实验法进行评估:首先通过建模仿真方法,建立装备体系中各类装备的仿真模型、作战环境和交互关系等模型,并用计算机模拟作战环境下各类装备的能力和体系对抗的全过程,此即武器装备体系试验的有效手段;然后利用数理统计方法对大量的试验结果进行统计,以发现战果与装备体系方案之间的数量关系,此即武器装备体系效能的评估结果。西方主要军事大国也采用同样的方法建立武器装备体系评估的实验环境,并充分利用单件兵武器的试验数据、战术仿真和解析计算结果等,以使模拟更精确可信。由此可知,在装备体系效能评估工作中采用仿真实验方法已是不少军事大国家发展装备、制定作战方案必须实施的技术手段。

2.3.3 体系特性评估

根据能力、效能和特性的关系,作战体系的能力和效能评估的基础是特性评估,因此,作战体系评估需要先充分考虑体系特点,开展体系特性评估。未来智能化作战体系相对于传统以人为主的作战体系而言,需要将人在回路的指挥作战因素融入装备的智能化、自主化行为中。目前,无人装备和作战领域的研究大都集中在平台和集群层,对于体系特性的研究较少,因而需要在体系设计时预先考虑体系的作战环境、作战对手等作战态势的复杂性和不确定性,开展针对性的特性指标框架构建和计算方法研究,使得无人作战体系具备更强的智能适变特性,从而产生符合预期的体系作战能力。

体系特性是对体系结构和行为本质特征的描述,根据军事领域的研究现状,作战体系有 3 方面的特性:一是聚焦静态体系兵力编成配系的稳健性(Robustness),主要是在预设使命能力边界内,针对可预测的低强度变化扰动能够保持使命任务能力的特性;二是聚焦内部功能抗毁的弹变性(Resilience),主要是在预设使命能力边界内,针对部分可预测的内部中高强度变化扰动造成的损毁失效情况,体系能力能够恢复到指定水平的特性;三是聚焦外部态势变化的适应性(Adaptability),主要是针对基本不可预测的

外部中高强度扰动，能够进行主动在线学习，从而适应外部变化并完成体系使命目标的特性。对于无人作战体系而言，智能性和自主性是其区别于以有人装备为主要载体的传统作战体系的重要特征，也需要进行评估。体系特性指标用 F（Feature）作为标识。

这里主要聚焦作战体系应对环境和对手变化等体系对抗态势的复杂性和不确定性。根据以上约定，下面以无人作战体系特性评估为例，主要从结构上的智能自主和行为上的稳健、弹变与适变两方面进行特性评估。

1. 结构方面的智能性和自主性

对于无人作战体系而言，智能性和自主性是区别于以有人装备为主要载体的传统作战体系的重要特征，也是支撑无人作战体系弹变性和适应性的基础特性。从军事智能化角度出发，人工智能和武器装备的结合效应集成于 OODA 环路中，体现为智能感知、数据分析、态势融合、智能决策、自主作战等能力。基于人工智能等先进技术的无人作战体系能够缩短 OODA 时间周期，提升探测、感知、分析、规划、决策、控制、行动、评估的精度，进而提高无人作战体系的智能性和自主性。考虑到当前对于智能性和自主性的区分尚未完全达成一致，这里将智能性和自主性分离，智能性主要指作战行动的自动化和智能化水平，自主性主要是任务遂行自主程度和指挥控制授权程度。

2. 行为方面的稳健性、弹变性和适应性

根据军事领域的研究现状，面向智能适变的作战体系行为有 3 个特性：一是聚焦静态体系兵力编成配系的稳健性（Robustness），主要是在预设使命能力边界内，不改变无人作战体系的兵力编成和任务分配，针对可预测的低强度变化扰动能够保持使命任务能力的特性；二是聚焦内部功能抗毁的弹变性（Resilience），主要是在预设使命能力边界内，针对部分可预测的内部中高强度变化扰动造成的损毁失效情况，体系能力能够恢复到指定水平的特性；三是聚焦外部态势变化的适应性（Adaptability），主要是针对基本不可预测的外部中高强度扰动，能够进行主动在线学习，从而适应外部变化并完成体系使命目标的特性。

面向体系特性评估的领域划分见表 2-1。

表 2-1　面向体系特性评估的领域划分

特性	界限	变化扰动条件	变化扰动可预测性	失效管理主动性	响应周期	设计-运行反馈性	相关评估指标
稳健性	预设使命能力边界内	不考虑变化扰动或只考虑低强度的变化扰动	可预测	被动	短期	设计时刻为主	稳健性、可靠性、使命效能
弹变性	预设使命能力边界内	考虑内部中高强度的变化扰动	基本可预测	被动为主	短期为主	设计时刻为主	生存性、抗毁性、恢复性
适应性	可超出预设使命能力边界	考虑外部中高强度的变化扰动	基本不可预测	主动为主	中长期为主	运行时刻为主	适应性、柔变性、演化性

2.4　体系仿真实验与认知演化计算

2.4.1　体系仿真实验

2.4.1.1　仿真是体系贡献率评估的关键使能技术

体系贡献率是指武器装备系统对作战体系的作战能力或者作战效能的贡献程度，强调从体系作战对抗的角度来定量研究武器装备系统对于整个作战体系或者装备体系的贡献。定量研究手段一般包括解析计算和仿真实验。对于作战体系而言，仅采用解析计算类的定量研究方法难以有效描述体系结构规模的复杂性和行为对抗的复杂性。而仿真实验充分考虑了使命环境和对抗条件，能够对体系对抗的过程和作战结果进行计算，具备定性方法和解析计算方法所不具备的优势，从而可以有效支撑体系贡献率研究。

从相关研究现状来看，仿真已经成为体系贡献率评估的关键使能技术，但其技术仍存在诸多不足。如何根据体系贡献率评估的研究需求，以现有的系统仿真技术为基础，发展体系仿真技术已经成为一个亟待解决的难题。

2.4.1.2　体系仿真实验理论研究所面临的难题

体系仿真实验理论研究主要面临下述几个难题。

（1）体系的度量复杂性。体系研究的基础是体系的度量问题，只有明确体系如何度量、哪些可度量、哪些需要度量，才能有针对性地开展体系研究。

体系是一类特殊的复杂系统，不能只用简单系统的还原论思想对其进行度量，还需要从体系的整体特性出发研究体系的度量问题。当前对作战体系的度量主要从静态的能力和动态的效能出发，但是对于如何对体系的整体特性进行度量尚未有系统性的结论（主要集中在连通性、互操作等方面），对于体系能力指标和效能指标之间的定量关系研究也不够深入。以作战体系效能度量为例，目前对体系的传统度量指标主要是遵循还原论法则的4层指标体系（使命效能/任务效能/体系属性/系统属性），但因对该指标体系的研究在体系整体属性方面仍存在不足，故未提出整套作战体系整体度量的指标。体系仿真必须在明确体系度量指标后才能设计仿真实验、收集数据并支撑体系决策。

（2）体系建模的复杂性（体系描述复杂性）。体系的大规模性、层次性、涌现性、演化性等特征给传统的系统建模方法带来了巨大挑战，采用现有的系统建模方法对这些特征进行建模存在较大困难，尤其对于作战体系而言，由于作战的不确定性和过程演化性难以合理刻画，很难建立全体系的详细模型。因此，在体系模型的基础上对问题进行描述并开发仿真模型较为困难。

（3）体系仿真的需求复杂性。由于体系的规模大、层次多、行为复杂，建立全体系详细模型基本很难实现，体系问题本身的研究需求也难以形式化描述。而体系仿真需要面向体系问题研究的需求，为解决体系问题服务，但是由于体系需求的不明确性，难以对体系仿真需求进行形式化、明确化描述。因此，明确仿真要解决什么体系问题是一个难题。

（4）体系仿真的应用开发复杂性。应用开发复杂性主要包括以下两方面：一是根据体系仿真的需求建立体系仿真的应用开发框架；二是根据应用开发框架开发具体的想定文件、模型体系和实验设计文件。对体系仿真需求难以进行形式化描述，导致体系应用开发难度增加，并且体系仿真应用涉及的模型多、想定复杂、实验因素繁多，因此对仿真应用的开发需要较高的效率。一般来说，从头开发各种模型的工作量大，往往难以实现，因而需要对原有的仿真模型、想定等资源进行重用，但会涉及仿真资源的互操作、重用和可组合等问题。

（5）体系仿真的实验复杂性。仿真本质上是一种计算实验，即在给定的输入和实验设置条件下，通过执行仿真模型计算实验结果。从实验的角度来讲，如何设计实验和管理实验，使得仿真实验结果能够有效支撑体系研究是一个非常重要的问题。对于体系仿真来说，一般存在研究对象体系边界模糊、

知识不全面、数据匮乏等问题，导致仿真模型难以对研究对象进行一步到位的描述等问题，因此从总体上讲，体系仿真实验会是一个多阶段、多层次、多方面综合的过程，它需要不断根据需求的变化和所获取的新知识，改进仿真模型和仿真系统、调整实验方案，并以此为基础对研究问题进行持续深入的探索，提供更准确和合理的实验数据和结果，直到能够达到预定的实验目标。此外，对体系仿真结果进行分析并合理呈现给决策人员，从而提供有效的决策支持也是一个重要且复杂的问题。

2.4.1.3 需要重点发展的体系仿真实验技术

根据体系贡献率评估的需求，体系仿真实验技术的发展需要回答以下 3 方面的问题：

（1）为什么要执行体系仿真？体系仿真需要服务于体系工程问题的需求。具体来说，体系仿真应能为体系贡献率评估服务。因此，如何对体系贡献率评估研究的需求进行形式化描述以驱动体系仿真的应用开发和运行，如何对作战体系建立形式化的模型，以及如何构建体系贡献率评估的指标体系以指导体系仿真实验设计和结果采集显得尤为重要。

（2）如何执行体系仿真？体系仿真与系统仿真不同，其应用开发和实验管理的复杂性更强，如何研究相应的关键技术以支撑这两方面显得尤为重要。

（3）体系仿真的结果如何支撑装备发展决策？体系仿真在体系工程问题中发挥应有的作用，其关键在于如何对仿真结果进行分析、整理并以合适的方式呈献给决策人员。由于体系仿真设计的实体多、行为复杂，必须对仿真结果进行详细分析和因果机理挖掘，从而使决策者能够"知其然，知其所以然"。根据上述问题分析，归纳总结出以下几种需要重点发展的体系贡献率评估相关仿真技术。

1. 基于仿真实验的作战体系网络化指标体系构建

如何应对体系的度量复杂性是体系工程问题研究面临的首要问题，前文已经分析了度量复杂性的两个主要问题：一是如何对体系进行整体性的度量；二是如何建立能力-效能指标体系之间的定量关系，从而对体系的静态和动态属性进行综合评估。对于作战体系的整体性度量而言，只有在对抗、动态和整体三位一体的条件下才能实现，并且需要解决以上两个主要问题，

但是传统的定性分析和解析计算难以胜任，因为只采用这两种方法无法对体系整体规模的复杂性和动态对抗过程的复杂性进行有效描述。采用仿真实验的方法对体系问题进行探索性研究，不仅能在体系整体性的动态对抗仿真中获得效能数据，还能从对抗仿真中获得体系的新知识，从而形成定性分析和解析计算无法获得的度量指标，并根据仿真结果中的因果关系建立指标之间的定量关系。需要注意的是，体系指标之间的影响关系复杂，树状指标体系不能有效刻画指标之间的交叉影响关系，因而需要建立网络化的指标体系。

2. 基于 Agent 与复杂网络的体系架构建模

体系的结构和行为复杂性决定了对体系进行全面详细的建模是难以实现的，并且由于体系的演化性，这种全面详细建模的意义也不大。架构是体系组分的结构、组分的相互关系，以及控制组分设计和演化的原则和指南，也是体系的骨架和核心，贯穿于体系设计、开发和管理的全过程。体系架构是一种用于子系统集成的元结构，它关注的是如何根据体系目标的需求选择合适的子系统进行组合，以获得所需的性能和能力。因此体系结构与静态的系统结构不同，体系结构是由架构确定并随着目标和环境的变化而演化的。在体系工程中，只有抓住了体系架构这个核心，才能切实把握体系的结构演化特征和动态行为特点。

由于传统的系统建模方法难以对体系的大规模性、层次性、涌现性、演化性等特征进行有效刻画，对于体系的涌现性、演化性和独立性等特征，适合采用基于 Agent（主体）的建模方法。而体系作为子系统集成的关键在于子系统的网络化，因而适于采用复杂网络的建模方法进行描述。通过将 Agent 思想和复杂网络理论综合起来，能够对体系架构进行有效描述。例如，对于作战体系而言，可以将其建模为包括装备网络、任务网络和组织网络 3 类子网络的超网络。对于这 3 类子网络内的节点，可以采用不同量级的 Agent 方法进行建模，即采用简适性 Agent 对装备网络的节点进行描述，采用贯彻性 Agent 对任务网络的节点进行描述，采用研判性 Agent 对组织网络的节点进行描述。

在体系工程研究的不同阶段，体系架构可表现为不同的模型形态。例如，按照体系工程的研究过程，体系的需求论证、方案设计、原型开发和作战运行 4 个阶段分别对应体系能力需求架构、体系功能编成架构、体系测试原型架构和体系作战管理架构（也可以按照体系开发的基本过程分为概念架构、

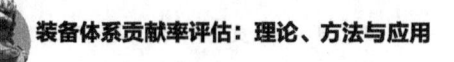

逻辑架构和物理架构）。体系架构的模型族可以作为体系设计、实现、管理的主线，贯穿于整个体系工程的过程。

3. 架构驱动的建模仿真体系化开发

架构模型是体系顶层关键要素及其关系的宏观描述，它能够作为体系开发的基线和驱动器来推动体系产品开发。军事领域架构驱动开发的典型代表是基于美国国防部架构（DoDAF）模型进行体系产品的设计和实现。建模与仿真产品是体系产品的重要组成部分，进行架构驱动的建模仿真开发既能将体系需求有效映射到建模仿真需求，又能基于架构模型的相关信息高效快速地开发仿真模型和仿真应用产品，还能根据架构模型和建模仿真产品的映射关系建立建模和仿真结果与体系工程问题的映射关系，从而可以利用建模仿真结果有效支撑体系工程的问题研究。架构驱动的建模仿真开发能够提高建模仿真的形式化水平和自动化程度，进而提高建模仿真的开发效率和产品质量。

体系一般包括多领域内的多个子系统，需要根据问题的特点对其进行多层次、多方面和多粒度的建模，并进行层次化、系列化和一体化仿真，因此需要对建模仿真应用进行体系化开发，形成体系化的模型和仿真应用产品。对于建模与仿真问题可以从建模和仿真两个角度进行研究，架构驱动的建模仿真体系化开发包括以下两方面：

1）基于架构的多层次、多方面（多领域）、多粒度仿真建模

架构模型描述了体系的"骨架"，可以作为体系模型族的开发基准。根据仿真研究的需求，在架构模型中提取相关信息，对体系的各个层次和各方面进行展开和详细建模，并根据研究问题的需求选取合适的分辨率建立不同粒度的模型。各层次、各方面和各种粒度的模型通过架构模型的基准性作用能够形成模型体系，并服务于各种类型的体系仿真问题，如基于仿真的贡献率评估。

2）架构驱动的层次化、系列化和一体化仿真

在前述仿真模型体系的基础上，从体系架构出发，可以构建层次化、系列化和一体化的仿真应用，从而为体系问题研究提供体系化的仿真支撑。

首先根据架构对体系问题的层次性描述构建不同层次的仿真应用，分别解决不同层次的体系问题。例如战略-战役-战术 3 个层次的仿真应用，其上层仿真对下层仿真具有需求牵引的作用，下层仿真又为上层仿真提供数据支撑，各个层次之间的仿真应用能够实现相互校验和支撑。

其次，根据作战体系的研究进程进行架构驱动的系列化仿真应用开发。例如，作战仿真可以先根据体系架构中的作战架构驱动体系作战流程仿真，在体系顶层分析体系对抗的主要过程；然后根据作战流程中分析得出的重点流程节点，选择系统架构中的关键装备进行系统效能仿真；最后在明确作战流程和重点装备效能的基础上开展体系效能仿真。

最后，在体系架构的基础上开展模拟-实拟-虚拟（LVC）一体化仿真。体系架构对体系全要素进行了顶层描述，但在仿真系统的技术手段方面，需要根据不同要素的实现特点和问题研究的需求，对体系的不同部分采用LVC仿真的方法，分别建立计算机仿真、实物/半实物仿真和人在回路的仿真，并根据体系架构所描述的要素关系建立各类仿真系统之间的交互接口，通过这些接口将各类仿真有效集成起来，形成一体化仿真系统。

4．基于认知计算的体系仿真实验推演

正如前文所述，体系仿真实验总体上是一个多阶段、多层次、多方面综合的过程，在仿真模型、实验方案、数据结果等方面很难一蹴而就，需要随着实验的逐步推进和知识的持续更新而不断动态改进。例如近年来根据仿真实验对象的复杂性所提出的探索性仿真实验、平行仿真实验、动态数据驱动仿真等方法，其本质都是利用逐步完善的仿真系统和多阶段的实验方法来应对研究对象的复杂性。在上述研究的基础上，提出基于认知计算的体系仿真实验推演方法，其核心思想是采用人在回路的推演方法对仿真结果进行认知计算，形成新的知识用于模型改进和决策支持，具体包括以下3方面：①基于仿真数据进行挖掘，形成因果知识模型；②引入人在回路的推演方法，融入专家知识，指导模型改进和实验方案完善；③融合定性定量知识，采用逐步迭代、螺旋上升的多阶段实验设计与管理方法。

在该方法中，认知计算是核心和关键，它包括4种模型和2个回路。4种模型分别是指标计算模型、因果推理模型、效能仿真模型和智能学习模型，2个回路是计算回路和认知回路。在计算回路中，指标计算模型提出体系计算的需求，因果推理模型根据此需求对体系网络进行解析计算，缩减体系计算率的方案空间，效能仿真模型能够对体系对抗进行更高精度的计算，最终指标计算模型根据效能仿真数据进行体系贡献率的指标体系计算，得出体系贡献率的数值。而在认知回路中，智能学习模型根据效能仿真模型生成的数据进行数据分析，挖掘潜在的因果模式，并反馈到因果推理模型中，以对前

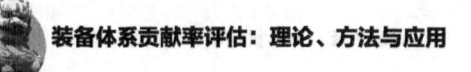

期的因果关系进行修正。如果体系贡献率的认知计算没有达到指定的要求，2个回路之间将不断进行重新计算，直到满足要求为止。

认知计算与人在回路的推演有机结合，即一方面在计算回路中采用人在回路的推演方法支持仿真数据的产生，另一方面采用认知计算对仿真数据进行模拟人类思维的机器学习。这需要建立人在回路的推演所遵循的机理与认知回路的机理之间的映射关系，确保仿真实验的有效性和回路收敛速度。

5. 建模与仿真的工程化技术

体系仿真的规模和复杂性比系统仿真有指数级的增长，这对于建模与仿真的开发效率和产品质量提出了更严苛的要求，因此需要大幅度提高建模与仿真的工程化水平，确保在实践中能够有效应对体系建模仿真的复杂性，从而有效支撑体系贡献率评估等体系工程问题的研究。体系仿真产品开发的关键是子系统的集成开发，因为这种开发一般是一个多阶段、多主体参与的过程。在这种情况下，建模仿真产品的互操作、重用和可组合对于体系的集成开发显得尤为重要。因此，提高体系仿真的工程化水平需要在以上4方面研究的基础上，从以下3方面着手：形式化、自动化、规范化。其中，形式化是指建模与仿真全寿命周期产品都要采用形式化的方法进行描述、表示与存储；自动化是指建模与仿真全寿命周期各个阶段产品之间的转换应尽量自动化，以提高开发效率；规范化是指建模与仿真全寿命周期产品要基于公认标准和便于工程实践的规范，从而能够有效支持不同类型、不同主体开发的仿真产品的互操作、重用和可组合。

在形式化、自动化、规范化的基础上开展体系建模与仿真产品的标准库建设，并根据体系贡献率的需求构建LVC多层次仿真体系、基于工业标准的多分辨率装备模型体系，以及基于标准数据格式的装备型号、战术规则、战场环境等数据库。

2.4.2 认知演化计算

2.4.2.1 大数据认知计算的定义和特性

认知这一术语指的是感知、意识、洞见、推理能力和判断的心理认识过程。认知计算通过使用计算学科的理论、方法和工具来模拟人类认知的建模过程。具体而言，它是一种自上而下的、全局性的统一理论研究，旨在解释

观察到的认知现象（思维），并且符合已知的自下而上的神经生物学事实（脑），既可以进行计算，也可以用数学原理解释。它寻求符合已知的且拥有脑神经生物学基础的计算机科学类的软、硬件，并用于处理感知、记忆、语言、智力和意识等心智过程。认知计算的一个目标是让计算机系统能够像人脑一样学习、思考，并进行正确的决策。人脑与计算机各有所长，而认知计算系统可以成为一个很好的辅助性工具，配合人类进行工作，解决人脑所不擅长的问题。在认知计算时代，计算机将成为人类能力的扩展和延伸。认知计算意味着更高效的信息处理能力、更自然的人机交互能力、以数据为中心的体系设计，以及类似于人脑的自主学习能力。由于认知系统的复杂性，需要在实现认知计算时横跨多个学科和研究领域。

人类的认知过程主要包括两个阶段：①通过人体自身的感觉器官来觉察周围的物理环境，并由此输入外部信息；②输入的信息被传输至大脑进行复杂处理，如存储、学习等，并将处理结果通过神经系统反馈给身体的各个部位。人的一生都在学习，当大脑的认知能力达到一定程度时，就能实现举一反三，即对信息进行不同维度的转化，其转化结果又能应用于其他维度，进而产生新信息和新观点。人类的认知过程通过运用生物和自然的手段——大脑和心灵来实现。认知计算系统在训练过程中模拟人的思维，通过持续学习不断增强智能性，从而逐步接近人类所具备的认知能力。

理想状态下的认知计算系统应具备以下特性：

（1）辅助功能。认知计算系统可以提供百科全书式的信息辅助和支撑能力，从而帮助人类利用广泛且深入的信息，并成为各个领域的"资深专家"。

（2）理解能力。认知计算系统应具有卓越的观察力和理解能力，能够帮助人类在纷繁的多源异构数据中发现不同信息之间的内在联系。

（3）决策能力。认知计算系统须具备快速的决策能力，能够帮助人类定量分析影响决策的各种因素，从而保障决策的精准性。认知计算系统也可以用来解决大数据的相关问题，例如通过分析大量的交通数据，找出解决交通拥堵的方法。

（4）洞察与发现。认知计算系统的真正价值在于其可以从大量数据和信息中归纳出人们所需的内容和知识，使计算系统具备类似于人脑的认知能力，从而帮助人类更快地发现新问题、新机遇和新价值。

从功能层面上讲，基于大数据的认知计算的目标是使计算系统具备人类的某些认知能力，从而能够出色完成大数据的发现、理解、推理、决策等特

定认知任务。认知计算是一项系统工程，也是实现智能的途径。而大数据是帮助人们获取对事物和问题更深层次的认知并做出决策的保障。基于认知计算实现智能决策，涉及多个领域的技术。随着大数据和智能时代的到来，为了实现数据认知目标，根据"数据获取—知识提取—认知决策"的逻辑，认知计算系统需要包括以下关键使能技术：

（1）数据挖掘。认识计算需要从大数据中提取知识。为实现基于认知计算的大数据智能决策，需要针对大数据的潜在问题，设计相应的数据挖掘技术。例如，多样性是构成大数据复杂性的主要因素之一，也是大数据智能决策面临的主要困难。当一项综合决策需要整合多方面的数据时，不同来源的大数据在类型、分布、频率及密度上可能各不相同，这对多源大数据融合分析、多源信息协同决策等构成巨大的挑战。目前，通过分布式知识获取与协同的方法可以有效实现多源异构数据的协同感知与交互。

日益加快的人、机、物之间的交互活动，使大数据呈现动态性。对于大数据的处理，使能技术不能只局限于闭环数据集，这些技术不能满足由于大数据的动态性所产生的决策及时和决策准确性的需求。目前，针对大数据这一特性，增量式机器学习方法相较于传统闭环场景下的机器学习方法，能够有效缓减大数据发生分布漂移、概念漂移的问题。

（2）机器学习/深度学习。认知计算用于解决理解和推理的问题，因此学习能力是认知系统的关键。机器学习/深度学习是实现该能力的重要支撑。机器学习涵盖概率论知识、统计学知识、近似理论知识和复杂算法知识，致力于实时真实模拟人类学习方式，并对现有内容进行知识结构划分，以有效提高学习效率。传统机器学习的研究内容主要包括决策树、随机森林、人工神经网络和贝叶斯学习等。

随着各行业对数据分析需求的持续增加，通过机器学习实现知识的高效获取，已逐渐成为当前机器学习技术发展的主要推动力。在大数据时代，数据的体量有了前所未有的增长，而需要分析的新的数据种类也在不断涌现，如文本的理解、文本情感的分析、图像的检索和理解、图形和网络数据的分析等，致使大数据机器学习和数据挖掘等智能计算技术在大数据智能化分析处理应用中占有极其重要的地位。

深度学习作为机器学习的重要分支，通过构建基于表示的多层机器学习模型，对海量数据进行训练并学习有用特征，以提升识别、分类或预测的准确性。深度学习模型包括输入层、隐藏层和输出层3部分，每层之间通过权

重连接，整个训练过程由前馈映射和反向传播学习实现。

（3）计算机视觉。它是指利用摄像机和计算机代替人眼对目标进行识别、跟踪和测量等机器视觉操作，并经图形处理生成更适合人眼观察或仪器检测的图像。作为一个科学学科，计算机视觉通过研究相关的理论和技术，试图建立能够从图像或者多维数据中获取信息的人工智能系统。计算机视觉技术赋予计算系统"看"的能力。人类通过眼睛直观地分辨周围的环境并做出判断。计算机视觉技术的出现则使计算机可以通过算法进行人类识别、图像识别、视频分析等，并根据识别结果为人类的判断和决策提供参考。

（4）自然语言处理。它是人机交互道路上使人类与计算机顺畅交流的重要依靠。自然语言处理技术以语言为对象，利用计算机技术来分析、理解和处理自然语言，即将计算机作为语言研究的强大工具，在其支持下对语言信息进行定量化的研究，并提供人与计算机之间可共用的语言描述。实现人机间的自然语言通信意味着计算机需要理解自然语言文本的意义，并能用自然语言文本来表达给定的意图、思想等。无论实现的是自然语言理解，还是自然语言生成，从现有的理论和技术情况来看，通用的、高质量的自然语言处理系统仍然是未来一段时间内的努力目标。

（5）知识图谱与知识推理。知识图谱融合了知识表示与推理、信息检索与抽取及数据挖掘等技术的交叉研究，是实现人工智能从"感知"跃升到"认知"的基础。知识图谱的本质是一种由关联性知识组成的网状知识结构，对机器表现为图谱，其形成过程即建立对行业或领域的理解和认知的方程，拥有规范的层次结构和强大的知识表示能力。在内容维度，知识图谱是一种表达规范、关联性强的高质量数据表示；在技术维度，知识图谱可解释为一种使用图结构描述知识和建模万物关联关系的技术方法；在价值维度，知识图谱实现了基于语义连接的知识融合和可解释性，成为人类思维与机器路径思维的转换器。此外，知识图谱借助概念上下位关系、属性类型及约束、图模型实体间关联关系，并结合业务场景定义的关系推理规则，实现对推理和决策的有力支撑。

在认知计算系统的研究中，知识推理扮演非常重要的角色，其任务是发掘知识、常识之间的逻辑关系，并为最终的知识决策提供逻辑依据。

2.4.2.2　仿真大数据认知演化计算方法

与知识紧密相联的是以认知系统为基础的人类自然智能，诸如人类的学习、推理等认知行为都是以知识为基础的。人类的思维过程是问题求解的根

本过程。Turchin 在提出元系统跃迁理论时指出"在人脑中运行试错方法比在现实中快很多",这说明通过对人类思维机制进行模拟,有望得到比基于自然选择机理的智能算法更高的求解效率。创造性思维是解决复杂问题的重要途径。钱学森在提出求解复杂问题的综合集成方法时指出"创造性思维是智慧的源泉"。近期的研究发现,通过计算机对创造性思维进行建模、模拟,有望使计算机达到并产生等同于人类水平的创新能力。这类研究被称为创新计算。借鉴认知心理学和创新计算的相关研究成果,使创造性问题求解的认知过程和行为算法化,从而提出一种新的可用于复杂问题求解的智能算法——认知演化算法(Cognition Evolutionary Algorithm,CEA)。

1. 知识-解互映射平行演化机制

任何思维成果的形成都是由其心理因素驱动的行为层面的研究与心理层面的研究相结合的过程,即解的演化过程受其心理目标演化过程的支配。问题求解过程没有采用从旧解到新解的直接演化机制。在演化形成新解的过程中存在一个从旧解到知识空间的映射过程,新解的产生则是一个由知识空间到解空间的映射过程。这种演化机制就是知识-解互映射平行演化机制,如图 2-8 所示。

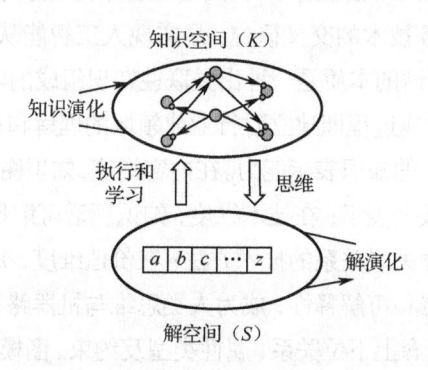

图 2-8 知识-解互映射平行演化机制

假设知识空间为 K,解空间为 S。执行和学习映射是指通过解的学习而形成知识,可表示为 ELM:$S \rightarrow K$。ELM 实际由两个映射合成:①执行映射将解作用于外部环境生成数据样本;②学习映射将数据样本映射为知识。

思维映射是指通过基于知识的思维过程产生新的解,可表示为 TM:$K \rightarrow S$。平行演化是指在 CEA 的执行过程中知识空间和解空间处于同时演化的状态,并且知识空间演化和解空间演化是相互关联的。这种关联性是由 ELM 和 TM

产成的，即通过 ELM 从旧解中产生新知识，使知识空间发生演化；通过 TM 在当前知识空间形态的基础上产生更为合理优化的解，使解空间发生演化。互映射是指从解空间到知识空间的执行和学习映射，以及从知识空间到解空间的思维映射。

2．认知演化算法的基本框架

创造性问题的求解可看成由记忆、学习、创造性思维和执行 4 部分组成的，其中创造性思维又包含两类思维技巧——发散思维和收敛思维。

CEA 可以用六元组进行描述，即 CEA=<L, M, V, D, C, E>。其中，L 为知识学习模块，M 为记忆模块，V 为价值体系模块，D 为发散思维模块，C 为收敛思维模块，E 为执行模块。图 2-9 所示为 CEA 的基本框架，其中已标明各模块之间的关系。

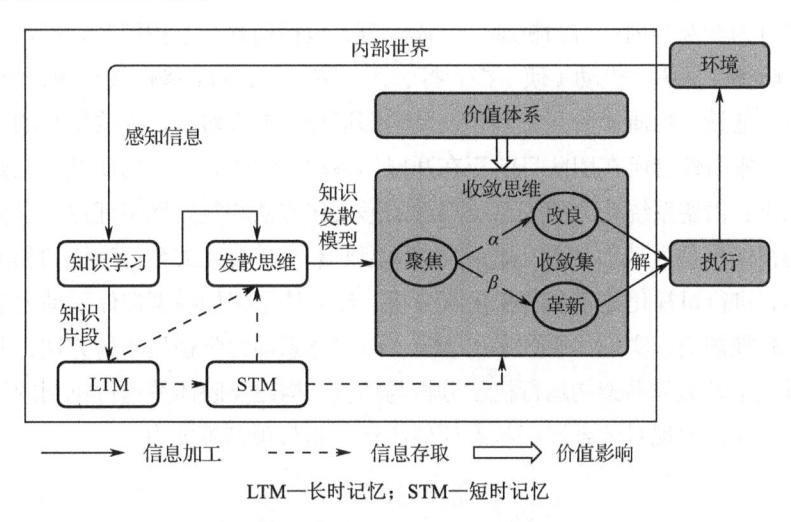

图 2-9　CEA 的基本框架

各模块的作用如下：

（1）知识学习模块通过学习从环境中感知的信息来形成知识。

（2）记忆模块对通过学习得到的知识进行组织和管理。

（3）价值体系模块是表征"思考者"价值取向的标准，用于对整个解或部分解进行价值评估。价值体系会对各思维模块产生影响。

（4）发散思维模块负责将已有的知识进行组合，以形成结构化的知识发散模型。该模型可以看成一个由人脑内部知识的自组织过程所形成的知识发散模型,也可看成一个包含若干可行解的集合。

(5)收敛思维模块是在发散思维模块得到的知识发散模型的基础上,按照一定的规则从中选取一个由若干可行解组成的收敛集,并创造性地进行改良或革新以得到新的解。

(6)执行模块将由收敛思维模块产生的新的解作用于环境。

2.4.3 体系动力学仿真

当前体系层仿真实验方法主要以兵棋推演、流程仿真和效能仿真为主,尚缺乏一种类似系统动力学的仿真方法,即采用解析形式对体系的主要行为特征及其机制机理进行建模描述与仿真实验。体系动力学主要关注基于体系静态结构框架和基本行为流程产生的行为模式及其内在机理。作战体系具有涌现、协同、演化、适应等行为特性,体系动力学聚焦装备作战系统之间的作战行为交互和内在行为机理,具体而言,包括侦察、指挥控制、打击、评估、防御、保障、机动(侦、控、打、评、防、保、动)等作战行为,数据、信息、能量、物质等交互关系,以及内部运行、外部对抗、克敌制胜的行为机理。本书作者所在团队目前正在开展体系动力学仿真方面的研究,主要思路如下:借鉴系统动力学等系统层次的形式化方法和复杂网络理论,以体系架构视图模型为基础,辨识体系关键模型要素及其交互关系行为机制和演化机理,进行可视化建模和解析仿真分析,建立体系架构模型向体系动力学模型的转换规则,实现体系数字化表征,研究体系动力学模型求解方法,并在此基础上开展体系架构运行机制分析与仿真,构建反映体系运行机制的评估模型,支撑实现对体系运行状态评估和运行趋势预判等能力。

第3章
体系贡献率评估的基准流程

评估流程是体系贡献率评估工程化落地的关键，它能够从可操作的角度实现评估理论和方法框架的落地。本章根据装备规划计划和立项论证的需求，建立了体系贡献率评估的基准流程（Contribution Ratio Assessment Process, CRAP），具体包括需求分析、方案设计、全局能力评估、重点效能评估、能效综合评估和结果分析六大步骤（28个分步骤）。在实际评估操作中，可以根据问题特点和现实情况对基准流程进行删减、细化和修改。在每个步骤中都有一系列提供技术支撑的方法，后续研究将建立评估的支撑方法和工具库，以供评估用户从中选择和组合，从而提高评估过程的效率。

3.1 体系贡献率评估需求分析

体系贡献率评估首先要明确装备系统评估的问题背景，从中提炼出评估的需求，即明确装备所服务的战略需求、所支撑的使命能力、所处的作战体系和作战环境、所完成的任务清单等。体系贡献率的问题背景与需求分析应以基于能力的评估为主线，建立国家安全战略需求分析—重要作战方向分析—体系使命能力分析—作战任务活动分析—装备功能要求分析—装备评估需求分析的分析线程（以下简称为贡献率评估需求分析线程），见表3-1。

表 3-1 贡献率评估需求分析线程

序号	具体步骤	输　入	输　出	方法/技术
1	国家安全战略需求分析	国家安全与军事战略	装备发展的总体原则和具体要求	以定性方法为主，以定量手段为辅

续表

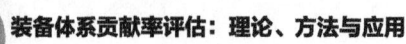

序号	具体步骤	输入	输出	方法/技术
2	重要作战方向分析	国家安全战略需求分析和主要战略方向担负使命任务	重要作战方向及其对作战体系构建和装备建设的总体要求	以定性方法为主,以定量手段为辅
3	体系使命能力分析	战略需求和作战方向划分	各个作战方向上的具体作战体系及其支撑的装备集合,以及各个作战体系的使命列表和能力需求列表	基于能力的评估、使命手段框架
4	作战任务活动分析	作战体系使命能力需求	作战活动与任务清单	层次化任务网络、使命手段框架、联合任务线程
5	装备功能要求分析	作战活动和任务功能需求、装备系统功能	作战任务-装备功能映射、能力差距清单	使命能力包分析、任务能力包分析、能力差距分析
6	装备评估需求分析	装备所在作战体系、装备功能需求	装备系统体系贡献率评估需求(装备相关的能力差距项和作战体系想定背景)	层次分析法、基于能力的评估

3.1.1 国家安全战略需求分析

国家安全战略需求分析是为实现国家安全与军事战略目标,对装备发展提出的宏观要求,其基本目的是使装备发展与战略目标保持一致。当前主要采取基于威胁的分析思路,从保卫国家主权安全和扩展国家核心利益两方面研究战略需求问题。它以国家安全与军事战略为输入,输出装备发展的总体原则和具体要求,研究方法以定性综合分析为主,可适当采用历史数据分析、专家知识定量化描述等定量手段作为辅助方法,具体过程如下:

(1) 国家安全需求分析。它主要包括3方面,其一是综合评估对己方构成威胁的战略对手,并对装备发展战略提出要求;其二是全面总结对己方构成威胁的样式,并对装备发展方向提出要求;其三是判断对己方构成威胁的时间和阶段及威胁程度,并对装备的重点目标和次序提出要求。

(2) 未来战争形态和发展趋势分析。着眼未来战争形态的特点和发展趋势以及由此而产生的作战方式的变化,从装备发展的时代性特征方面研究战

略需求问题，是提出装备发展构想的基本依据，主要从未来战争对装备发展提出的要求、未来战争力量构成对装备发展提出的要求、未来战争作战方式对装备发展提出的要求、未来军队体制编制对装备发展提出的要求，以及未来战争中实施保障对装备发展提出的要求几方面进行分析。

（3）战争的政治目的和战略指导原则分析。根据战争要达到的政治目的研究未来作战部队应该使用什么样的装备，以指导装备的发展，主要包括装备发展是否适应国际政治环境、是否符合我国的总体战略目标，以及能否完成党和国家赋予的任务等。

3.1.2 重要作战方向分析

重要战略方向是国家军事战略在平时和战时全局筹划与指导军事力量运用的主要空间指向，也是"对国家安全和战争全局具有决定意义的方向"。无论是在平时还是战时，重要战略方向都表现为敌我双方矛盾斗争的焦点、军事力量集中使用的重点及战略制导的关键点。因此，战略实施成功与否的标志之一，就是看其决策者在重要战略方向选择上的表现如何。重要作战方向（又称为战略方向）分析是国家安全战略需求分析的延伸，也是根据国家安全战略需求和面临威胁的军事、政治特征，对未来一个时期内可能面临的所有军事冲突场景的一种地缘划分，能够为军事斗争准备和装备建设提供各个方向上的具体要求。本部分内容着重分析各个作战方向上的作战部署、战场环境、作战对手和作战方式，把握各个作战方向之间的关系，明确其不同作战使命和装备建设要求，并对装备发展在各个作战方向上的作战需求适应性进行分析评估。

首先，确定主要战略方向的目标要素、空间要素和力量要素。战略方向包括目标、空间、力量三要素。战略目标是指国家军事战略在平时和战时全局筹划与指导"军事力量运用的目标"，它是对战争全局有重大影响或对达成战略构想有重要意义的打击或防卫对象。平时的战略目标主要是确定围绕军事安全所面临的各种威胁对象，而战时的战略目标主要是确定战略进攻或战略防御的打击目标和防御目标。

其次，确定主要战略方向的使命任务。围绕主要战略方向的目标、空间和力量要素分析结论，并结合军委赋予各战区、各军种的战略任务，确定各主要战略方向的使命任务。

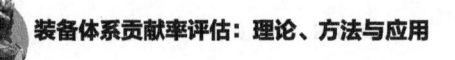

最后，根据使命任务确定作战体系构建和装备建设的总体要求。分析现有作战体系对于遂行赋予使命任务的满足情况，据此提出对作战体系的要求和对装备建设的要求。

重要作战方向分析以国家安全战略需求分析和主要战略方向担负使命任务为输入，输出重要作战方向及其对于作战体系构建和装备建设的总体要求，研究方法以定性方法为主，可适当采用历史数据分析、专家知识定量化描述等定量手段作为辅助方法。

3.1.3 体系使命能力分析

体系作战是现代战争的主要作战样式，作战体系建设是国防力量建设的核心内容之一。体系使命能力分析根据以上战略需求和作战方向划分，总结出各个作战方向上的具体作战体系及其支撑的装备集合，并给出各个作战体系的使命列表和能力需求列表。在此基础上，借鉴美军 JCIDS 中基于能力的评估（CBA）理论，根据使命能力对现有的装备体系和作战体系进行能力缺陷（差距）分析，确定未来装备发展的重要能力方向，具体过程如下：

（1）从作战体系使命能力要求出发，分析现有装备的基本体系结构（包括品种、系列、配套）的完善程度和存在的主要问题。

（2）分析新、旧装备的数量、质量和编配情况。

（3）分析现有装备的主要战术技术性能、整体作战效能及与未来体系作战要求、作战环境的适应程度。

（4）分析现有装备与未来作战对象的装备的主要差距。

（5）分析现有装备与世界先进装备的主要差距。

通过上述分析可知，分析人员需要具备以下能力：

（1）掌握敌情的能力，即能够准确估计多个潜在对手的情况。

（2）分析能力，即掌握一定的分析工具，熟悉评估理论知识，能够组织评估管理、预测项目费用，熟悉技术解决方案的可行性分析及相关政策，具有相关经历，能够为评估提供支持。

（3）沟通、协调能力。

能力评估分析的难点在于如何确保准确性，借鉴 CBA 理论，总结出能力评估分析中影响精度的因素，见表 3-2。

表 3-2 能力评估分析中影响精度的因素

程度	因素	程度
低/少/弱/轻微	想定（未来）的不确定性	高/多/强/严重
	作战失败的后果	
	评估分析的复杂性（或范围）	
	解决方案需要的资源	
	解决方案的费用、进度和性能风险	

低精度 ──────────────────────────► 高精度

3.1.4 作战任务活动分析

作战任务活动分析的工作主要是根据作战体系使命能力需求，将使命能力清单中的使命能力细分为支撑作战活动与作战任务序列，并采用层次化和标准化的分解思路，将作战任务活动分解至合适的层次和颗粒度，构建规范化的作战活动模块和标准化的任务清单。它可采取层次化任务网络（Hierarchical Task Network，HTN）、使命手段框架（Mission Means Framework）、联合任务线程等任务建模方法。借鉴美军的联合任务清单和军种任务清单，作战任务活动清单分析参考过程如下：

（1）确定任务清单领域。根据作战活动涉及领域确定所属任务归属领域，如联合作战领域、海军作战领域、陆军作战领域等，并确定对应的通用任务清单。

（2）根据通用任务清单找出任务序列和对应的子任务，并明确任务之间的依赖关系。

（3）制定子任务执行标准（或测量标准），具体包括任务的作战环境、执行时间要求、开始条件、终止条件和效能指标等。

例如，在美军于 2001 年发布的《通用海军任务清单》（2.0 版）中，仅战术任务清单中的 NTA1.4 反敌机动就有 8 项子任务，见表 3-3。

表 3-3 战术任务清单中的 NTA1.4 反敌机动子任务

任务编号	任务内容	子任务编号	子任务内容
NTA1.4	反敌机动	NTA1.4.1	布雷
		NTA1.4.2	放置栅栏和障碍物
		NTA1.4.3	给障碍物做标记

续表

任务编号	任务内容	子任务编号	子任务内容
NTA1.4	反敌机动	NTA1.4.4	引爆水雷/障碍物
		NTA1.4.5	封锁
		NTA1.4.6	海上拦截
		NTA1.4.7	加强区域的排他性
		NTA1.4.8	执行海上法规

此外，战术任务清单中还定义了 NTA1.4.5 封锁子任务的执行标准，见表 3-4。

表 3-4　NTA1.4.5 封锁子任务的执行标准

代　号	计量方式	内　　容
M1	百分比	被己方定位的船只
M2	百分比	被己方识别出的船只
M3	百分比	己方登临的船只
M4	百分比	被迫转向的船只
M5	百分比	与己方交战的船只
M6	数量	被确认装有违禁等物品的船只

3.1.5　装备功能要求分析

装备功能要求分析的工作主要是按照作战活动和任务清单的要求进行装备功能要求分析，根据作战活动和任务功能需求与装备系统功能之间的匹配关系建立作战任务-装备功能映射，明确待评估装备的功能在与之相关的作战和活动中的地位和作用，以及这些活动和任务与活动序列和任务清单的其他相关要素的关系，分析装备功能是否能够满足任务功能要求。它主要采用的方法有使命能力包分析、任务能力包分析、能力差距分析，具体过程如下：

（1）根据使命能力和任务清单，确定任务能力包所属类别。例如，可参考美军将联合指挥控制任务划分为 8 个通用使命能力包，即情报（Intelligence）能力包、态势感知（Situation Awareness）能力包、兵力准备（Force Readiness）能力包、兵力规划（Force Projection）能力包、兵力防护（Force Protection）能力包、空天兵力运用（Force Employment-Air&Space

Operation）能力包、机动火力兵力运用（Force Employment-Joint Fires/Maneuver）能力包及兵力维持（Force Sustainment）能力包的做法建立适合我军的使命能力包，确定其所属类别，并根据装备能力现状，进行能力差距分析。

（2）建立装备要求满足分解模型。装备功能要求是否得到满足不仅与装备的运用方式、运用水平和保障措施密切相关，还与装备的战术、技术水平及其配套情况密切相关。因此装备功能要求与现有装备之间存在函数关系 $S=f(c_1,c_2,c_3)$，其中 c_1 为装备功能要求；c_2 为现有装备功能；c_3 为装备功能实现的影响因素，包括装备体制编制、作战运用方式、作战训练水平、装备保障措施和人员教育训练等；S 为 c_2 对 c_1 的满足程度，通常有4种结果，即能力满足、能力缺失、能力不足和能力冗余。

（3）给出装备要求满足结论。当 S 为能力满足或能力冗余时，表明现有装备已经能够满足作战要求，不需要重新进行开发；当 S 为能力缺失时，表明现有装备在相关因素的影响下无法提供相应的作战能力，需要开发此项能力；当 S 为能力不足时，表明现有装备在相关因素的影响下能够提供相应的作战能力，但其能力值小于要求值，因而需要加强开发此项能力。

3.1.6 装备评估需求分析

装备功能要求是装备体系贡献率评估的直接需求，据此可分析装备系统自身的战术技术和系统融入作战体系的相关要求（包括物理接口要求和协同作战要求等）。在此基础上明确装备所服务的战略需求、所支撑的使命能力、所处的作战体系与作战环境，以及所完成的任务清单与任务效能。其主要采用层次分析法、基于能力的评估方法。

装备评估需求分析主要包括以下两方面内容：

（1）支持增、改、减、替装备系统的评估。对应装备功能要求分析结论中的能力满足、能力缺失、能力不足和能力冗余，对于能力不足的提出改、替方案，对于能力缺失的提出增、改方案，对于能力冗余的提出减、改方案。

（2）确定装备系统贡献率评估的体系背景。通过国家安全战略需求、重要作战方向、体系使命能力、作战任务活动、装备功能要求的分析，从中选取典型应用场景作为装备系统贡献率评估的体系背景。

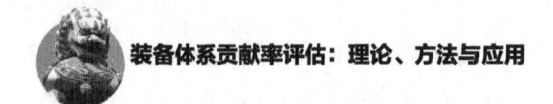

3.2 体系贡献率评估方案设计

本节根据上文提出的需求分析设计评估策略和明确评估问题对象,并构建体系贡献率的评估方案,从总体上对评估对象、评估想定、评估指标、评估计划进行规范化的说明,以指导体系贡献率评估的后续实施过程。体系贡献率评估方案设计的总体流程见表 3-5。

表 3-5 体系贡献率评估方案设计的总体流程

序号	具体步骤	输　　入	输　　出	方法/技术
1	明确评估问题对象	体系贡献率评估需求	情境作战体系设定及其 CCI-CTI 集合	能力试验方法论、层次分析法
2	设置军事作战想定	情境作战体系及其 CCI-CTI 集合	军事作战想定	统一形态分析想定开发、军事想定定义语言
3	构建评估指标框架	背景体系作战概念及其 CCI-CTI 集合、军事作战想定	4 层指标体系	QFD 矩阵分解、能力指标树、联合使命线程指标构建
4	拟制总体评估方案	情境体系作战概念及其 CCI-CTI 集合、军事作战想定、指标体系	总体评估方案	CTM 评估策略设计框架、实验战役规划

3.2.1 明确评估问题对象

体系贡献率评估的内容主要是装备系统对于作战体系的贡献程度。从评估的技术实施来看,其评估的是装备对于一系列与之相关的关键使命能力和关键作战任务的综合贡献。因此,体系贡献率评估需要将装备置于一定的作战体系配置中,在体系支撑的条件下考虑装备对于关键使命能力和关键作战任务所构成的有机整体的影响,并设计一系列关键能力问题和关键任务问题作为评估对象。关键能力问题（Critical Capability Issue,CCI）的定义是评估体系配置 Y 在条件集 A 下执行任务 X 达到使命效果 Z 的能力。它把预期的效果、途径和方法（联合能力或者体系）、任务有机联系起来,主要构成要素包括须执行的任务、使命预期效果、体系组成及条件（包含威胁和环境因素）。关键任务问题（Critical Task Issue,CTI）是指系统在规定的敌方对抗环境下执行指定作战任务的作战效能问题,主要用于评估系统能否完成上级下达的关键作战任务,主要

构成要素包括系统作战任务、待评估系统、威胁因子和环境因子。明确评估问题对象以待评估装备系统的体系贡献率评估需求为输入，输出情境作战体系设定及其 CCI-CTI 集合，主要采用能力试验方法论、层次分析法，具体过程如下：

（1）作战体系设定。根据前文给出的体系贡献率评估需求分析，明确待评估装备所处的作战体系，设定作战体系的使命任务、预期效果、作战任务和装备配系。

（2）关键能力问题评估分析。根据作战体系使命完成的关键能力需求梳理相关评估问题，形成关键能力问题的规范化描述，如图 3-1 所示。关键能力问题包括与能力相关的体系顶层任务、体系对抗环境和对手、体系配置方案和体系使命效能。

关键能力问题

评估体系配置Y在条件集A下执行任务X达到预期效果Z的能力

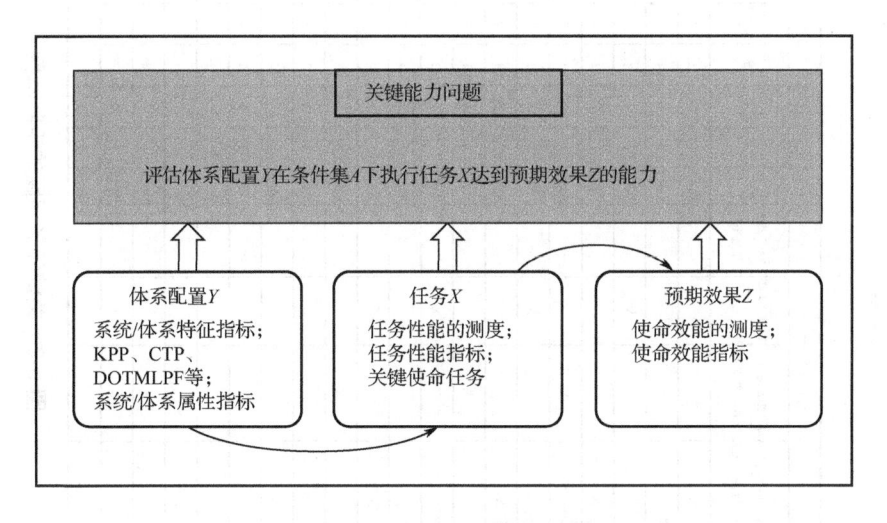

体系配置Y	任务X	预期效果Z
系统/体系特征指标；KPP、CTP、DOTMLPF等；系统/体系属性指标	任务性能的测度；任务性能指标；关键使命任务	使命效能的测度；使命效能指标

图 3-1 关键能力问题示意图

（3）关键任务问题评估分析。聚焦待评估的关键装备系统，评估支撑体系使命达成的系统作战任务，形成关键任务问题的规范化描述，如图 3-2 所示。关键任务问题包括待评估的装备系统、系统遂行的作战任务、遂行任务的作战环境和对手的关键评估要素。

图 3-2 关键任务问题的矩阵示例

关键能力问题	使命效果			使命任务				SoS 启动	SoS 组成因素					条件集	威胁因素					环境因素					
	销毁威胁部队（在区域内、进入区域，间接火力，ADA）	蓝方在联合作战区机动不受阻碍	蓝方在联合作战区的生存能力	TA 5.x 立即执行作战空间消除冲突	TA 3.2.2 进行近距离空中支援	TA 3.2.1 联合火力	TA 6.5 提供作战ID		因素1	因素2	因素3	因素4	因素5		因素1	因素2	因素3	因素4	因素5	因素1	因素2	因素3	因素4	因素5	因素6
CCI-1	X			X				SoS 1	1	1	1	2	2	C-1	1	1	2	2	1	1	2	1	2	1	1
CCI-2	X				X			SoS 1	1	1	2	1	2	C-2	2	2	1	1	2	2	1	2	1	2	2
CCI-3						X		SoS 1	1	1	1	2	2	C-1	1	1	2	2	1	1	2	1	2	1	1
CCI-4		X		X				SoS 1	1	2	1	1	2	C-2	2	2	1	1	2	2	1	2	1	2	2
CCI-5		X			X			SoS 1	1	1	2	2	1	C-1	1	1	2	2	1	1	2	1	2	1	1
CCI-6		X				X		SoS 1	1	1	1	2	2	C-2	2	2	1	1	2	2	1	2	1	2	2
CCI-7			X	X				SoS 1	2	1	2	1	2	C-1	1	1	2	2	1	1	2	1	2	1	1
CCI-8			X		X			SoS 1	2	1	1	2	2	C-2	2	2	1	1	2	2	1	2	1	2	2
CCI-9			X			X		SoS 1	2	1	2	1	2	C-1	1	1	2	2	1	1	2	1	2	1	1
CCI-10							X	SoS 1	1	2	1	1	2	C-2	2	2	1	1	2	2	1	2	1	2	2
CCI-11	X			X				SoS 2	2	1	2	2	1	C-1	1	1	2	2	1	1	2	1	2	1	1
CCI-12	X				X			SoS 2	2	2	1	1	2	C-2	2	2	1	1	2	2	1	2	1	2	2
CCI-13	X					X		SoS 2	2	2	2	2	1	C-1	1	1	2	2	1	1	2	1	2	1	1
CCI-14		X		X				SoS 2	2	2	1	1	2	C-2	2	2	1	1	2	2	1	2	1	2	2
CCI-15		X			X			SoS 2	2	2	2	2	1	C-1	1	1	2	2	1	1	2	1	2	1	1
CCI-16		X				X		SoS 2	2	2	1	1	2	C-2	2	2	1	1	2	2	1	2	1	2	2
CCI-17			X	X				SoS 2	2	2	2	2	1	C-1	1	1	2	2	1	1	2	1	2	1	1
CCI-18			X		X			SoS 2	2	2	1	1	2	C-2	2	2	1	1	2	2	1	2	1	2	2
CCI-19			X			X		SoS 2	2	2	2	2	1	C-1	1	1	2	2	1	1	2	1	2	1	1
CCI-20							X	SoS 2	2	2	1	1	2	C-2	2	2	1	1	2	2	1	2	1	2	2

3.2.2 设置军事作战想定

设置军事作战想定的工作主要是根据 CCI-CTI 集合的评估需求,针对作战体系的使命任务构建一系列相应的军事作战想定。军事作战想定是指为了满足装备论证问题研究的需求,对特定时间框架内的作战区域、作战环境、作战手段、作战目标及关键作战事件所作的描述,它是对体系贡献率评估问题研究范围的具体限定,主要包含以下 4 方面的信息:想定背景(地缘政治、军事、社会态势特征)、想定主体(包括其意图、能力)、想定环境(自然环境与作战环境)、想定事件(体系作战关键事件)。设置军事作战想定以待评估装备系统所在的作战体系(情境作战体系)及其 CCI-CTI 集合为输入,输出军事作战想定,主要采用基于统一形态分析(General Morphological Analysis,GMA)的概念想定开发(简称统一形态分析想定开发)方法、基于军事想定定义语言(Military Scenario Definition Language,MSDL)的作战想定开发(简称军事想定定义语言)方法。

这里以北大西洋公约组织(简称北约)给出的想定框架(见表 3-6)为例,在该想定框架的前两个层次中,主要描述想定外部因素和主体能力,涉及国家安全利益、政治/历史/军事态势、与敌我双方相关的行动假设、边界条件、限制因素等;在第三个层次中,重点对想定的使命任务环境提出规定,无论这个环境是抽象的地理环境,还是具体的作战地域。想定框架的中间层次是最具挑战的,因为在该层次中,实际的论证问题会被转换为作战任务、作战兵力及可用的作战资源。这一系列军事想定应具备典型性和代表性,能够充分满足 3.1 节中提及的战略需求分析和作战方向分析所提出的要求,并能支撑 3.2.1 节中提出的 CCI-CTI 评估。

表 3-6 想定框架

	外部环境	作战目标	使命任务
层次一: 外部因素	经济环境/军事环境 政治环境/社会环境 历史演化/当前态势	使命任务约束 限制	作战任务
	国家安全利益			
层次二: 主体能力	组织结构、作战序列、指挥控制、条令条例、相关资源 武器装备 后勤保障 作战人员素质与士气			
	友军兵力	敌军兵力	中立兵力	非作战兵力

续表

层次三： 想定环境	地理地形环境
	气候气象环境
	交通、通信、能源基础设施

设置军事作战想定的具体过程如下：

（1）想定背景设计，即对与作战体系评估问题的政治、军事、社会等方面有关的具体作战背景进行描述。

（2）想定环境设计，即对体系对抗所处的地理地形环境、气候气象环境及交通、通信、能源基础实施进行描述。

（3）兵力配系设计，即根据贡献率计算的需求，考虑增、减、改、替各种情况下的不同兵力组成方案，对各方作战体系的指挥控制组织、兵力编成、装备资源等进行刻画，并描述各兵力单元的作战使命。

（4）初始态势设计，即对参战各方的初始部署、起始行动方案和对抗态势进行描述。

（5）行动序列设计，即对参战体系的主要兵力的作战行动序列进行描述。

（6）使命效果设计，即对参战体系使命的预期效果和目标状态进行描述。

3.2.3 构建评估指标框架

构建评估指标框架的工作主要是针对具体的军事想定和评估对象的 CCI-CTI 集合，根据相关指标体系构建原则设计具体的评估指标框架。指标体系包括基于能力的指标和基于效能的指标两类，并初步建立能力和效能指标之间的定性关联关系。指标体系的构建须紧扣评估的具体军事想定，充分考虑静态战技指标和动态使命任务指标的综合，根据体系各个层次的涌现行为特征设计整体性指标，最终构建体系机理刻画充分、成本能效多因素综合的指标体系。构建评估指标框架以待评估装备系统所在的体系作战概念（背景体系作战概念）及其 CCI-CTI 集合、军事作战想定为输入，输出相应的 4 层指标体系，主要采用 QFD 矩阵分解、能力指标树、联合使命线程指标构建方法，具体过程如下：

（1）体系使命效能指标设计。针对作战概念和使命能力需求进行使命效能分解，即将使命能力需求在使命层逐级向下分解为使命描述、预期效果、使命属性和使命指标。

（2）系统任务效能指标设计。基于使命进行作战任务或者作战活动分解，

建立任务的属性及其效能测度指标。

（3）体系属性指标设计。根据作战任务的功能要求设定体系的功能属性，并设计相应的测度指标。

（4）系统属性指标设计。根据作战任务的功能要求设定系统的功能属性，并设计相应的测度指标。

（5）指标体系与 CCI-CTI 集合的关联关系分析。根据 CCI 与 CTI 所涉及的使命、任务效能和体系、系统属性指标，建立整体指标体系与 CCI-CTI 集合的关联关系，如图 3-3 所示。其中，CCI 与使命效能、体系属性、任务效能相关；CTI 主要与任务效能、系统属性相关。

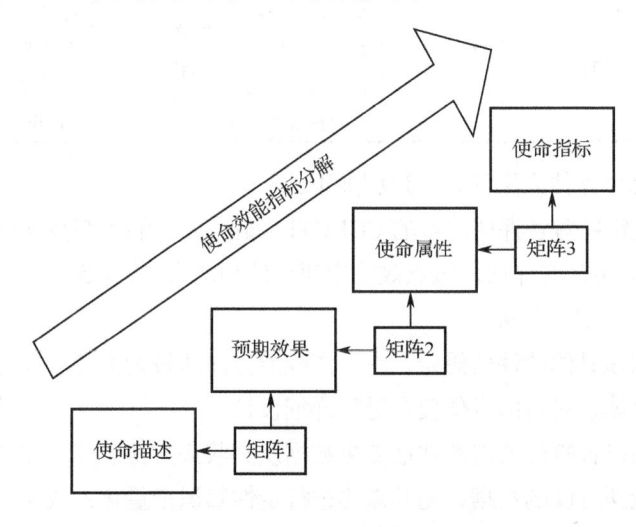

图 3-3　使命效能指标分解示意图

3.2.4　拟制总体评估方案

拟制总体评估方案的工作主要是根据评估问题的要求和特点，综合考虑已有的评估条件，如模型、数据、专家知识、仿真系统等成果积累，拟制总体的评估方案。总体评估方案主要包括对全局能力初步评估、重点效能专项评估、能力-效能综合评估 3 个阶段的评估方案及其输入与输出关系进行总体设计，确定评估活动实施的问题、指标、方法、模型、数据、结果、责任部门和权责攸关方（见表 3-7）。拟制总体评估方案以待评估装备系统所在的情境体系作战概念及其 CCI-CTI 集合、军事作战想定、指标体系为输入，输出总体评估方案，主要采用的方法有 CTM 评估策略设计框架、实验战役规划。

表 3-7　总体评估方案示例

评估阶段	评估问题集合	评估想定	输入数据	评估模型与支撑工具	输出指标	评估部门
全局能力初步评估	CCI-CTI 集合 1	想定 1、2，因子组合 1	历史经验数据	网络化能力解析模型、网络分析工具	体系能力指标模型 1	部门 1、2
重点效能专项评估	CCI-CTI 集合 2	想定 3、4，因子组合 2	效能计算模型所需的输入数据	效能仿真模型、效能仿真工具	体系效能指标模型 1，系统效能指标模型 2、3	部门 3、4
能力-效能综合评估	CCI-CTI 集合 3	想定 5，因子组合 3	能力、效能初步评估数据，能效关系定性定量数据	能效综合模型、认知计算工具	体系能力指标模型 1，体系效能指标模型 1	部门 1、3

拟制总体评估方案的具体过程如下：

（1）设定针对各评估阶段的 CCI-CTI 问题。全局能力初步评估应支持整个 CCI-CTI 集合的评估，重点效能专项评估和能力-效能综合评估应主要针对重点的 CCI-CTI 子集。

（2）构建具体的评估想定。由于作战能力评估较为宽泛，效能仿真实验想定必须对体系对抗的具体要素进行详细设计。

（3）明确各阶段所需的评估支撑数据及其收集方法。能力评估需要收集定性和定量两方面的数据，尤其需要进行定性知识定量化；效能评估则需要收集体系对抗和作战过程的相关数据。

（4）初步设计评估指标框架。根据上述 3 个阶段的评估问题及其与 4 层指标（体系使命效能、系统任务效能、体系属性、系统属性）的关联关系，初步设计相应的能力、效能、能效综合指标体系，并明确各类指标的关联关系。

（5）选定评估模型类型及其支撑工具。根据各阶段评估的要求，确定模型类型、相互之间的关联关系及其支撑工具。

（6）确定各阶段的评估部门。设定各阶段评估的主责部门和权责攸关方。

3.3　体系贡献率全局能力评估

近年来，武器装备发展的一个重要特点是由基于威胁的规划向基于能力

的规划转变。装备系统对于作战体系的贡献率应从能力出发，全面考虑装备系统在各个相关的作战方向和作战体系中对作战能力的贡献程度。首先应该根据贡献率评估需求分析线程的思路，在评估方案的指导下，基于体系能力评估模型进行贡献率的全局初步评估。由于体系贡献率评估的问题空间较大、要素数量多且相互关系复杂，不适合针对体系贡献率评估的各方面和各层次建立分辨率较高的效能仿真模型，而应从体系贡献率评估问题全局出发，把握体系能力评估的顶层特点，建立能够刻画作战体系能力生成基本原理和各个军事想定下的作战体系基本特征的能力评估模型，从体系能力增量和装备成本损耗的角度得出初步的贡献率评估结果。体系贡献率全局能力评估的总体流程见表 3-8。

表 3-8　体系贡献率全局能力评估的总体流程

序号	具体步骤	输　　入	输　　出	方法/技术
1	能力评估模型构建	评估需求、评估指标框架和总体评估方案	量化的能力评估模型	能力需求满足度、QFD、AHP、价值中心法
2	多源数据获取融合	评估模型、各类数据来源	模型计算支撑数据	基于证据推理算法的信度规则库推理（RIMER）、灰靶理论
3	能力评估模型解算	总体评估方案、评估模型、评估数据	能力评估模型计算结果	能力评估实验设计方法、参数估计法
4	能力贡献结果解算	能力评估模型计算结果、贡献率指标体系	体系贡献率结果	AHP、QFD
5	能力评估结果分析	能力评估模型计算结果和体系贡献率结果	体系能力因果解析模型和能力评估重难点问题及其建议	作战环分析、复杂网络分析

3.3.1　能力评估模型构建

围绕关键能力问题和关键任务问题，针对各个想定的作战体系（包括对方体系），根据指标体系的解算需求，建立考虑体系对抗要求但不对对抗过程进行具体描述的能力评估模型。某些关键能力问题可能会在多个想定中被研究，而一个关键能力问题一般包含多个关键任务问题，因此需要对能力、想定和任务进行综合考虑，建立全面的评估模型，从而能够有效支撑指标体系各项指标的解算。能力评估模型构建以评估需求、评估指标框架和总体评

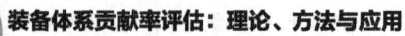

估方案为输入,输出量化的能力评估模型,主要采用的方法有能力需求满足度、QFD、AHP及价值中心法等。

装备的作战使用和战术运用是作战体系的关键要素之一。战术问题对于体系贡献率有着直接的影响。在采用计算模型对贡献率进行评估时,必须综合考虑装备的战术技术问题。当前的贡献率评估并不专门研究战术运用问题,而是通过设定合理的战术运用基线来对战术因素进行合理且适度的反映。因此,在解析和仿真模型中,如何根据问题的特点充分考虑装备的战术运用问题,并且结合装备的使用性能论证对战术问题进行合理建模,对于体系贡献率评估结果的准确性和适用性具有重要意义。

能力评估模型构建的具体过程如下:

(1)构建使命能力顶层模型。以关键能力问题为主要线索,从CCI集合的使命能力要求出发构建顶层的任务活动序列或者分解能力要求,并根据3.2.3节中的指标体系选择相应的度量指标(以使命能力的顶层指标为主)。

(2)层次化任务模型结构设计。以关键任务问题为主要线索,从CTI集合出发进行任务的层次化分解和具体化设计,并根据3.2.3节中的指标体系给出每个任务的度量指标(以任务效能指标为主)。

(3)体系与系统属性设计。能力评估模型最终要落实到与待评价系统相关的体系与系统属性(战技指标)上,根据3.2.3节中的指标体系和体系/系统功能对于任务的满足情况,设计任务要素对应的体系与系统属性及相应的战技指标。

(4)各层次要素连接关系设计。综合各个想定的要求给出模型约束,设计3个层次(关键能力问题、关键任务问题、体系/系统属性)内部和层次之间的模型要素的定量关系参数。

3.3.2 多源数据获取融合

由于能力评估涉及的问题范围广、数据来源复杂、可用数据少,获取支撑评估模型计算的数据是一个难点问题。基于能力的体系贡献率评估须遵循定性与定量相结合的思想,通过各种途径来收集各种来源的定性定量数据,并进行数据融合,形成能够支撑评估模型解算的数据库。多源数据获取融合以评估模型、各类数据来源为输入,输出模型计算支撑数据,主要采用基于证据推理算法的信度规则库推理(RIMER)、灰靶理论方法,具体过程如下:

（1）定性定量原始数据收集。广泛搜集演习、训练、作战等历史数据和对方作战体系的相关资料，尤其需要根据评估问题的需求，采取调查问卷、会议研讨等形式获取相关领域专家的经验与知识。

（2）定性数据的定量化处理。特别重视专家知识和经验在本阶段的重要作用，采用科学合理的方法对专家的定性知识进行定量化处理。

（3）数据清洗、分类与预处理。根据评估计划和能力评估模型进行数据清洗、分类与预处理等操作，使收集的数据能够去粗存精、去伪存真，并消除干扰和噪声数据。

（4）多类型、多来源数据的融合。采用数据融合方法对多种来源的数据进行处理，消除冲突，通过多方面整合形成整体性知识。

（5）针对能力评估模型的数据处理与初步校验。根据能力评估模型解算的要求建立数据集合，初步校验全模型计算所需的各项数据是否充足。

3.3.3 能力评估模型解算

能力评估模型解算的工作主要是根据体系贡献率评估的需求，设计能力评估模型的输入变量、实验变量和约束变量，并代入评估模型计算输出值。它以总体评估方案、评估模型、评估数据为输入，输出能力评估模型计算结果，主要采用能力评估实验设计方法、参数估计法，具体过程如下：

（1）评估想定设计与评估数据样本选择。根据评估计划设计需要计算的评估想定集合，并依次选择相应的评估数据样本。

（2）能力评估实验设计。根据评估想定设计输入变量、实验因子、约束变量和输出变量，采用合适的实验设计方法确定实验因子的水平值及其组合。

（3）模型约束与参数的实例化。根据评估想定和数据样本确定模型的具体约束，并计算模型参数的具体数值。

（4）输入数据代入与模型计算。将输入数据代入能力评估模型中，对模型进行解算。

（5）计算结果收集与输出值统计。收集能力评估模型计算结果，并对收集的输出值进行统计。

3.3.4 能力贡献结果计算

能力贡献结果计算的工作主要是针对多个体系使命的多想定能力评估

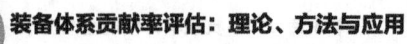

结果进行分析，综合计算体系贡献率。它以能力评估模型计算结果和贡献率指标体系为输入，输出体系贡献率结果，主要采用 AHP、QFD 方法，具体过程如下：

（1）单使命任务贡献率计算。针对某种使命能力下各想定的任务序列、能力数据进行综合解算，得到装备系统对于各个作战体系的贡献率。

（2）多使命贡献率综合解算。根据各个作战方向、作战体系和作战任务能力、任务权重进行综合计算，得到体系贡献率的初步评估结果，并在此基础上给出体系贡献率的基本结论。

3.3.5 能力评估结果分析

能力评估结果分析的工作主要是根据体系贡献率指标解算的结果对体系贡献率进行初步的全面分析，形成初步机理模型，并辨识出评估重点和难点，为基于效能的重点专项评估指明方向。它以能力评估模型计算结果和体系贡献率结果为输入，输出体系能力因果解析模型和能力评估重难点问题及其建议，主要采用作战环分析、复杂网络分析方法，具体过程如下：

（1）体系贡献率能力因果关系分析。根据能力评估模型分析待评估装备对于作战体系的因果影响，例如装备系统对于作战任务的影响关系及其成因，作战任务对于体系使命的影响关系及其成因，以及装备系统对于侦、控、打、评、保等作战要素的影响关系及其成因等。

（2）体系贡献率解析因果模型构建。从作战体系能力生成机理、运行机理和制胜机理出发，建立基于能力的体系贡献率解析因果模型，阐明装备系统及其战技指标对于体系能力的定量关系。

（3）体系贡献率评估重点、难点辨识。以能力评估过程和结果为参考，对体系贡献率解析因果模型进行全面广度探索，并从综合数据获取难易程度、各部分相对重要程度和熟悉程度等出发，辨识出体系贡献率评估中的哪些方向、使命、任务在能力评估阶段未能充分展开，尤其需要辨识出不通过对抗过程展开就无法形成有效结论的 CCI-CTI 部分，作为全局初步评估的重难点问题。

（4）重点专项评估方向建议。根据重难点问题及其相应的 CCI-CTI 集合给出重难点专项评估方向的建议，具体包括这些重点问题对应的能力评估结果、重要度及遇到的技术难题等内容。

3.4 体系贡献率重点效能评估

全局初步评估对贡献率评估问题给出了初步的全局性结果，但评估结果的数据支撑和结果可信度不足，难以形成对贡献率问题的深层次认识。本节从体系贡献率的全局初步评估结果出发，根据问题特点和已有的效能评估研究基础，选定体系贡献率的评估重点，有针对性地开展基于多层次效能仿真的专项评估。效能评估模型分为解析模型和仿真模型两类，能够对体系对抗的作战过程进行（相对于能力而言）较高分辨率的建模，从而有效支撑贡献率的解算和结果的因果解释。对于体系效能评估而言，效能仿真评估方法比解析效能评估方法更能刻画体系对抗的复杂性，因此本节主要考虑效能仿真评估方法。而在具体的评估实践中，可以根据实际情况进行选择或者综合应用。这里仅介绍效能仿真评估的实施步骤（参照表3-9），解析效能评估的步骤与表3-8介绍的能力评估类似。

表3-9 体系贡献率重点效能仿真评估的总体流程

序号	具体步骤	输入	输出	方法/技术
1	效能评估方案制定	总体评估方案和初步能力评估结果	基于效能的重点专项评估方案	能力试验方法论（CTM）、效能仿真评估
2	效能仿真想定设置	军事想定方案和重点专项评估方案	效能仿真想定	基于统一形态分析（GMA）的仿真想定开发方法、基于MSDL的仿真想定开发方法、基于仿真模型可移植性规范（SMP2）的仿真想定开发方法
3	效能仿真实验设计	重点专项评估方案和仿真想定	实验设计方案和仿真所需数据库	近正交超拉丁方实验设计方法、离散事件系统规范（DEVS）实验框架设计方法
4	仿真模型开发集成	仿真想定和仿真数据库	仿真应用及其模型组件库	组合建模、模型驱动的开发、模型框架自动生成
5	仿真实验运行表现	仿真想定、仿真数据库、仿真应用及其模型组件库、仿真实验设计文件	仿真实验数据、仿真表现可视化图像	交互式智能仿真实验方法、人在回路的仿真推演方法
6	效能贡献率计算分析	仿真实验数据、指标计算模型	基于效能的贡献率计算结果、装备效能-贡献率结果影响关系模型	贝叶斯网络建模分析、事件图建模分析

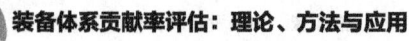

3.4.1 效能评估方案制定

效能评估方案制定的工作主要是根据总体评估方案和初步能力评估结果，以全局初步评估中明确的重难点 CCI 和 CTI 为依据，制定基于效能的重点专项评估方案。它以总体评估方案和初步能力评估结果为输入，输出基于效能的重点专项评估方案，主要采用的方法有能力试验方法论（CTM）、效能仿真评估，具体过程如下：

（1）重难点 CCI 和 CTI 梳理。重点面向效能仿真的技术要求，厘清各个 CCI 和 CTI 之间的内在逻辑关系，给出适合各个效能仿真应用评估的 CCI-CTI 序列。

（2）效能仿真总体实验方案设计。根据 CCI-CTI 序列与效能仿真的对应关系，确定效能仿真的想定设计和实验设计原则，设定效能仿真平台层次（体系层、系统层）和模型分辨率。

（3）效能仿真数据采集与分析方案设计。根据贡献率指标体系和 CCI-CTI 要求，设计效能仿真的数据采集项和结果数据分析方法。

3.4.2 效能仿真想定设置

从方案需求出发，根据 3.2.2 节中的军事作战想定设计仿真想定，采用半形式化的方式描述效能仿真体系对抗各方所处的具体作战背景、作战环境、各方兵力编成与作战使命、初始的兵力态势。仿真想定设计是从计算实验的角度对军事作战想定相关信息的剪裁和细化，它将作战想定信息转化为仿真系统运行所需的形式，即将作战想定转化为仿真想定。仿真想定可以为仿真模型系统提供结构、参数和外部激励信息。仿真想定应有典型性和代表性，并能基本覆盖 CCI-CTI 集合所构成的问题空间。效能仿真想定设置以军事作战想定方案和重点专项评估方案为输入，输出效能仿真想定，主要采用基于 GMA 的仿真想定开发方法、基于 MSDL 的仿真想定开发方法、基于仿真模型可移植性规范（SMP2）的仿真想定开发方法，具体过程如下：

（1）效能指标设计。根据军事作战想定的使命效果给出仿真想定的效能指标。

（2）模型实体设计。根据军事作战想定中的兵力配系方案，设计效能仿真所包含的兵力实体（和装备系统）模型。

（3）仿真对抗环境设计。根据军事作战想定的对抗环境描述，设定体系对抗效能仿真所要考虑的模型因素及其可能的取值范围。

（4）仿真初始化设计。根据军事作战想定的初始态势，设定各兵力模型的初始部署位置、初始作战状态并进行详细描述。

（5）仿真行为设计。根据军事作战想定中的行动序列，设计兵力模型的仿真交互行为基本样式和关键仿真实践。

（6）战术仿真基线设计。根据仿真问题的需求和前文所述的战术基线设定基本的战术样式和行为模式，作为战术仿真基线，效能仿真中的战术行为就是以它为依据的，并将战术看作常量，不对战术本身进行研究。

3.4.3 效能仿真实验设计

效能仿真实验设计的工作主要是根据 CCI-CTI 和指标体系设定仿真实验的约束、数据采集项、实验因子，确定仿真次数和终止条件，选定实验设计方法用于设计实验方案，并在此基础上准备仿真所需的基础数据。它以重点专项评估方案和仿真想定为输入，输出实验设计方案和仿真所需数据库，主要采用近正交超拉丁方实验设计方法、离散事件系统规范（DEVS）实验框架设计方法，具体过程如下：

（1）实验变量的辨识和分类。仿真实验设计不仅要考虑作为实验设计因子的独立变量和作为实验响应的因变量（输出），还要考虑噪声变量和中间变量，并以此确定仿真实验的约束和数据采集项。

（2）仿真实验设计。根据问题特点和实验要求选择合适的实验设计方法，确定实验因子、水平的组合、仿真实验终止条件和实验次数。

（3）仿真数据准备。准备仿真所需的装备型号数据、作战规则数据、环境数据等基础数据。

3.4.4 仿真模型开发集成

仿真模型开发集成的工作主要是根据仿真想定中的模型框架开发仿真模型，并集成到仿真应用中。需要注意的是，战术建模是体系仿真建模中的关键问题，需要按照 3.4.2 节中所述，合理设定战术基线。仿真模型开发集成以仿真想定和仿真数据库为输入，输出仿真应用文件及其模型组件库。由于其工作量大、难度大，需要运用先进的体系建模与仿真技术，如组合建模、模型驱动的开发、模型框架自动生成等技术，以提高建模和仿真应用开发效率。仿真模型开发集成的具体过程如下：

（1）模型框架开发。根据仿真想定给出的兵力组成和装备资源进行模型

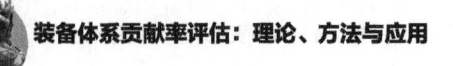

框架开发，规范化地设计仿真模型的基本类型及其交互接口。

（2）模型组件开发。对各类模型组件进行详细开发，包括模型的结构、行为及其核心算法。

（3）仿真应用集成。针对不同的仿真想定在模型框架下集成相应的模型组件，实例化交互接口，装配模型参数，组合成仿真应用。

3.4.5 仿真实验运行表现

仿真实验运行表现的工作主要是根据实验设计方案在仿真平台中导入仿真模型并开展仿真实验，在实验运行过程中可以通过二维或三维表现系统对仿真过程和重要事件进行图像化动态呈现，这有助于对体系对抗过程形成直观认识和发现新知识。此外，还可采用人在回路的仿真和推演方法，对效能的过程机理进行反复学习。仿真实验运行表现以仿真想定、仿真数据库、仿真应用及其模型组件库、仿真实验设计文件为输入，输出仿真实验数据、仿真表现图像，主要采用交互式智能仿真实验方法、人在回路的仿真推演方法，具体过程如下：

（1）仿真实验运行文件准备。将仿真应用相关模型组件、实验设计文件、仿真想定文件、模型数据文件等导入仿真平台中。

（2）仿真运行控制。启动仿真引擎，导入相关文件，进行仿真实验，对于复杂问题可引入人在回路的推演方法提高系列仿真实验的探索能力。

（3）仿真过程表现。启动二维或三维仿真表现系统，对仿真过程进行可视化表现。

（4）仿真数据收集。在仿真实验结束后，收集各组仿真过程和结果的数据。

3.4.6 效能贡献计算分析

效能贡献计算分析的工作主要是对仿真结果数据进行分析、处理，计算相应的贡献率指标，对装备在解决 CCI 和 CTI 中发挥的具体作用进行分析，并从作战角度给出因果机理解释。它以仿真实验数据、指标计算模型为输入，输出基于效能的贡献率计算结果、装备效能-贡献率结果影响关系模型，主要采用的方法有贝叶斯网络建模分析、事件图建模分析，具体过程如下：

（1）仿真数据分析。对仿真过程数据和结果数据进行分类处理，梳理各

个实验设计方案中自变量和因变量的对应关系,并对照体系贡献率指标体系准备所需的数据项。

(2)贡献率结果解算。在基于效能的贡献率指标体系解算模型中导入效能仿真的相关数据,计算基于效能的贡献率结果,一般思路是在相同的使命任务场景下,计算某型装备增、减、改、替的体系效能变化。

(3)贡献率评估结果分析与效能影响关系建模。对贡献率结果-实验设计方案-仿真过程/结果数据进行关联性分析,辨识出待评估装备在体系对抗仿真中产生的关键事件和效能及其对 CTI-CCI 的影响,并建立相应的影响关系模型。

3.5 体系贡献率能效综合评估

3.3.4 节和 3.4.6 节分别从能力和效能角度对装备系统的全局贡献和相对于重点作战体系的贡献进行了评估,但其研究成果尚未有机综合,没有形成一个总体性的贡献率评估结果。本节介绍的体系贡献率能效综合评估将在以上两个研究的基础上,将能力评估和效能评估综合起来,运用重点专项评估的可信度更高、分辨率更高的结果进一步支撑全局评估,对各个使命任务、作战方向和体系层次的评估结果进行分析综合,从整体上形成一个装备系统对作战体系的综合贡献率。需要说明的是,综合评估是一个闭环过程,需要根据评估结果是否满足评估问题要求和评估目标,确定是否需要重新开展全局能力评估(3.3 节)和重点效能评估(3.4 节)。体系贡献率重点能效评估的总体流程见表 3-10。

表 3-10 体系贡献率重点效能评估的总体流程

序号	具体步骤	输入	输出	方法/技术
1	效能-能力聚合评估	效能评估结果数据、能力评估结果数据、专家知识、经验数据、CCI-CTI 指标模型	基于效能评估数据的能力评估优化模型	数据融合、参数估计、定性定量数据转换分析
2	能力-效能迭代评估	效能评估结果数据、能力评估结果数据、专家知识、经验数据、校准后的能力评估优化模型	最终的能力和效能评估结果数据	认知计算
3	能力-效能定量建模	效能评估和能力评估的最终结果数据、专家知识、经验数据	能力-效能定量模型	结构方程模型(SEM)方法、OODA 作战环综合评估法、体系价值综合评估法

续表

序号	具体步骤	输　　入	输　　出	方法/技术
4	综合贡献评估解算	能力-效能定量模型	综合贡献率评估值	AHP、QFD

3.5.1 效能-能力聚合评估

效能-能力聚合评估的工作主要是选取典型的效能评估结果，采取自底向上聚合评估的思路，从系统 CTI 层次和体系 CCI 层次对能力评估结果进行验证与校准，最终综合多种来源数据，在体系能力层次建立效能评估结果对能力评估结果的支撑关系。它以效能评估结果数据、能力评估结果数据、专家知识、经验数据、CCI-CTI 指标模型为输入，输出基于效能评估数据的能力评估优化模型，主要采用的方法有数据融合、参数估计及定性定量数据转换分析，具体过程如下：

（1）面向 CTI-CCI 的评估数据结果处理。对照 CTI 和 CCI 的相关效能和能力指标，梳理已有效能评估结果和能力分析结果与这些指标的关系，并明确效能评估数据对于能力评估指标的结构和参数支撑关系，建立效能数据-能力数据-CCI/CTI 指标的关联矩阵。

（2）CTI 能效评估结果局部聚合与一致性分析。根据关联矩阵分析效能评估结果，判断各项效能指标在数据和结构上是否与能力指标模型一致，若存在差异，则可根据效能评估数据校准和优化能力指标模型。

（3）CCI 能效评估结果全局聚合与一致性分析。根据 CTI 对 CCI 的支撑关系，通过效能仿真数据给出的 CTI 对 CCI 的定量关系比对能力评估模型的 CTI-CCI 关系，判断其是否满足一致性要求，如果不满足，则依据效能数据对能力评估模型进行校准和优化，例如通过效能仿真来重新计算某个 CCI 中各项 CTI 的相对权重值。这种自底向上的聚合主要是建立 CTI 的各项指标对上层 CCI 指标的定量支撑关系。但需要注意的是，CTI 的指标数值和相关结果只能够局部支撑 CCI，还需要综合专家知识、历史数据等对 CCI 进行全面研判和分析。

3.5.2 能力-效能迭代评估

能力-效能迭代评估的工作主要是根据校准后的能力模型分析 CCI-CTI 模型是否与已有的能效评估结果相一致，如果不一致，则根据顶层 CCI 要求开展自顶向下的能力-效能重评估。它以效能评估结果数据、能力评估结果

数据、专家知识、经验数据、校准后的能力评估优化模型为输入，输出最终的能力和效能评估结果数据，由于是一个多阶段迭代的过程，可采用认知计算的方法，并在重评估的过程中使用 3.3 节、3.4 节及 3.5.1 节中的相关方法或技术，具体过程如下：

（1）体系能力模型分析。根据校准后的 CCI-CTI 模型（通过 3.5.1 节的效能-能力聚合评估步骤），从体系运行机理和制胜机理角度理解体系能力和效能评估结果，重点关注现有 CCI 的选取和支撑 CTI 设置是否合理，现有效能仿真想定是否具备代表性和典型性，以及包括体系使命效能、系统任务效能、体系和系统战技指标在内的现有相关能效指标数据能否支撑 CCI-CTI 定量指标体系解算等。

（2）体系能力重评估。根据上一步的分析结果，如果其对 CCI 或者支撑 CCI 的系列 CTI 评估提出了新的要求，则需要转到 3.3.1 节～3.3.5 节的相关步骤，开始新一轮的能力和效能评估。

（3）体系效能重评估。根据能力评估结果判定原有的重点效能评估方案和结果能否满足能力与效能一致性判据，如果不能满足，则转到 3.4.1 节～3.4.6 节的相关步骤，重新开始重点效能评估。

（4）重复以上 3 个步骤，直到能力-效能评估方案能够满足设定的一致性判据。

3.5.3　能力-效能定量建模

能力-效能定量建模的工作主要是融合能力效能评估数据和专家经验知识，建立能力-效能的定量关联模型，定量描述 CTI 和 CCI 集合及其相互关系，并支撑综合贡献率解算。它以效能评估和能力评估的最终结果数据、专家知识、经验数据为输入，输出能力-效能定量模型，主要采用结构方程模型（SEM）方法、OODA 作战环综合评估法及体系价值综合评估法，具体过程如下：

（1）基础机理设置。能力-效能定量模型的构建必须以体系机理为基础，选择能力满足度、体系价值理论、作战环理论等作为定量模型的机理主线，指导模型构建，从而为体系贡献率评估提供机理支撑。

（2）模型结构设计。综合指标体系和 CCI-CTI 关系，根据能力指标和效能指标之间的机理关联和数据校准关系设计效能-能力模型的结构和参数。

（3）模型参数估计。根据能力评估结果和数据评估结果，综合专家经验和历史数据等进行模型参数估计，尤其需要根据多个想定下的多层次仿真实验结果进行综合，根据机理的指导给出静态能力模型参数的合理数值。

3.5.4 综合贡献评估解算

综合贡献评估解算的工作主要是根据能力-效能定量模型解算体系贡献率指标体系，得出综合贡献率。综合贡献率的解算充分考虑了各个想定下的效能仿真贡献率和各项能力指标的贡献率，是对系统贡献的全面综合评价，能够为装备系统发展决策提供最终的贡献率结果支持。它以能力-效能定量模型为输入，输出综合贡献率评估值，主要采用的方法有 AHP、QFD。需要说明的是，综合贡献率和效能、能力等贡献率各有其适用范围，并不能简单地用综合贡献率来替代其他贡献率，而应根据问题的需求考察相应的贡献率评估过程和结果。

3.6 体系贡献率评估结果分析

体系贡献率评估的根本目的是为装备发展决策服务，因此需要让决策者知其然并知其所以然，方能提高决策支持的准确度和可信度。装备对体系的贡献率与经济学等领域中的贡献率概念并不一样，需要从体系机理的角度考虑贡献率的成因。例如，从体系的层次性角度考虑装备对上级作战单元的重要度、对同级作战单元（系统）的协同性，以及下级作战单元（系统）对自身的涌现性等，或从体系涌现性、演化性等方面考虑装备对于体系能力和效能的影响。在此基础上明确装备对于体系的结构重组、成本增益、效率提高、链路优化等方面的贡献，让决策者获得机理知识支撑，从而为装备发展决策提供明确的机理支持，见表 3-11。

表 3-11 体系贡献率评估结果分析流程

序号	具体步骤	输　入	输　出	方法/技术
1	评估结果机理分析	体系贡献率评估结果、能量-效能定量模型、CCI-CTI 集合	装备系统对体系贡献率的机理分析结果	复杂网络分析方法、仿真数据挖掘方法、仿真元模型方法、作战链路分析方法
2	评估结果多维展现	体系贡献率评估相关结果数据	体系贡献率结果展示文档	JMP、MATLAB、Visio 等的图形化展示
3	评估结果决策支持	体系贡献率评估结果数据、机理分析结果、体系贡献率评估展示文档	体系贡献率评估结果与决策支持报告	CTM、体系因果网络分析

3.6.1 评估结果机理分析

评估结果机理分析的工作主要是根据体系贡献率评估过程中获取的数据和建立的模型，分析装备在作战体系背景下，解决 CCI-CTI 集合的机理和结果，尤其是从体系能力生成机理的角度说明适应度、影响度和重要度指标数值及其成因。它以体系贡献率评估结果、能力-效能定量模型、CCI-CTI 集合为输入，输出装备系统对体系贡献率的机理分析结果，主要采用复杂网络分析方法、仿真数据挖掘方法、仿真元模型方法、作战链路分析方法，具体过程如下：

（1）体系运行机理分析。着重在不考虑具体敌方对抗的情况下，从体系内部正常运行的角度分析装备系统加入体系后对体系能力的影响，包括体系的部署、机动、侦察、指挥控制、通信、保障等运行能力。

（2）体系对抗机理分析。着重在考虑具体敌方对抗的情况下，从体系针对敌方目标的侦察、指挥控制、打击、评估和保障等环节分析装备系统对于体系对抗结果的影响，辨识出装备系统的作战行为对于体系效能增长的关键环节，可以采用效能仿真数据事件追溯的方法来探索装备系统的关键事件对于体系对抗的结果影响。

（3）体系制胜机理分析。综合装备系统对体系静态使命能力和动态对抗效能两方面的影响，尤其需要根据能力-效能定量模型来分析装备对于体系使命达成的影响机理，给出装备系统与体系制胜相关的关键环节与路径，并在此基础上综合考虑装备系统对于 CCI-CTI 集合的影响。例如，可以采用主动元模型的方法对主要因果关系进行定量描述，支持决策者对装备发展问题进行高层次的快速认识，从而回答"己方体系为什么能战胜对方体系""待评装备在体系中发挥了何种作用、做出何种贡献"等问题。

3.6.2 评估结果多维展现

评估结果的表现方法和形式，对于评估结果能否为决策者所用和在多大程度上为决策者所用有着非常重要的影响。评估结果多维展现的工作主要是根据机理分析的结果，对贡献率结果以简明扼要且直观的形式进行梳理、总结与呈现，使决策者能够迅速把握核心关系和关键数据结果。它以体系贡献率评估相关结果数据为输入，输出体系贡献率结果展示文档，可借鉴 JMP、MATLAB、Visio 等的图形化展示技术。

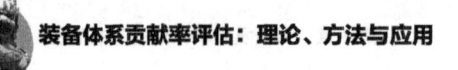

评估结果展现包括以下 4 方面：

（1）体系能力评估角度的贡献率结果展现。它主要展现装备加入体系后对体系各项能力的影响程度，例如以柱状图、饼状图等形式对比有无装备体系的能力变化情况。

（2）体系效能评估角度的贡献率结果展现。它主要展现装备对于体系作战过程和杀伤链的影响情况，例如采用多种图形（直方图、饼状图、响应曲面模型）形式表示装备的不同规模、战术方案、不同对手情况下的体系效能结果，以此展现装备系统在体系运行和对抗过程中的相关贡献及其作用途径。

（3）能效综合评估角度的贡献率结果展现。它以简洁明了的方式展现装备系统对于体系的贡献，主要体现装备对于关键效能指标、能力指标和 CCI-CTI 的影响关系。

（4）多视角贡献率结果展现。如果评估过程中除了能力、效能还采用技术进步、经济成本等方面的评估指标，可采用多个视角对贡献率评估结果进行全面展现。

3.6.3　评估结果决策支持

评估结果决策支持的工作主要是根据装备发展的需求和决策者密切关心的问题，对整个评估过程和评估结果进行总结，撰写基于体系机理分析的贡献率评估与结果分析报告，提出支持装备发展决策的意见与建议。它以体系贡献率评估结果数据、机理分析结果、体系贡献率评估展示文档为输入，输出体系贡献率评估结果与决策支持报告，主要采用的方法有 CTM、体系因果网络分析方法。

本部分着重根据以下决策人员关心的 5 方面问题进行梳理和总结，并提供决策支持意见与建议：

一是装备系统在哪些作战体系里能用。该问题明确阐述装备系统的情境作战体系，包括其作战想定、使命能力和兵力配置等。

二是装备系统在这些作战体系里运用需要配套使用什么能力要素，如装备系统的侦、控、打、评、保等作战要素支撑，战场设施保障配套，以及组织编制人员配套等。

三是装备系统对体系其他装备和兵力有什么样的影响。例如待评估装备系统对其他装备的任务协同、资源竞争等正面和负面的影响。

四是与同类型或者类似功能的其他装备系统相比，待评估装备系统对其进行增、减、改、替分别会带来什么样的增益。该问题从体系能效增长和成本风险的角度综合分析待评估装备系统的战技指标改进对于体系的增益，进一步阐明装备发展的必要性。

五是装备系统在这些作战体系里具备什么样的贡献，这些贡献又是如何产生的。该问题主要从能力和效能两个角度，针对装备系统对作战体系 CCI 和 CTI 的贡献进行分析总结。

第4章
体系贡献率评估指标框架

指标框架设置是体系贡献率评估研究的重要问题，指标框架在一定程度上决定了体系贡献率评估模型的类型和数据来源，它是体系贡献率评估方法研究的重要基础。从当前的研究状况来看，虽然已经存在很多针对具体装备的特定体系贡献率评估指标，也有学者提出了体系贡献率指标设置的一般性原则，但是仍缺乏对于评估指标设置的基础理论研究，难以说清设置指标的理论依据，对于如何构建具有通用性的指标体系框架也缺乏足够的认识，难以保证指标体系的系统性和全面性。本章首先从能力和效能两个维度介绍当前体系贡献率评估指标框架构建的一些典型成果，然后从能力生成机理角度出发，提出指标体系构建的基本原则和综合性指标框架的构建方法。

4.1 基于体系能力的指标框架

体系能力是衡量装备系统对作战体系贡献的重要维度，基于体系能力增量构建贡献率评估指标框架是当前较为常用的方法。本节以 2.3.1 节中提出的体系能力评估理论为基础，重点介绍当前典型的体系贡献率评估指标框架构建研究，具体包括支持贡献率评估的体系能力模型、面向全域关键能力的体系贡献率评估指标框架、基于功能-能力聚合的体系贡献率评估指标框架和基于改进结构方程模型的体系作战能力评估指标框架。

4.1.1 支持贡献率评估的体系能力模型

这里主要介绍张先超等在《体系能力模型与装备体系贡献率测度方法》一文中提出的体系能力模型。该文献针对在作战体系建设与运用中评估体系能力与装备对其作用的需求，研究体系能力模型与装备在体系中的贡献率测

度方法。通常将体系能够完成特定的使命或任务的本领称为"能力"，它是体系"涌现"的结果，不仅取决于要素及其结构，还取决于体系的决策水平。体系与能力结合在一起，体系具有能力，能力则通过体系来实现。作战体系具有能够完成作战任务的能力，可以运用使对手丧失战斗能力的程度来衡量。在实际作战过程中，作战体系面临多样的变化的任务，其能力应包含对多样作战任务的适应性，这就要求作战体系的结构具有一定的柔性。

作战体系能力是体系作为整体在对抗中实现的，它具有涌现性、多域性、对抗性和非线性等特点，在多数情况下，能力的形式化表征较为困难，难以构建解析模型。通过对体系对抗的观测数据进行统计分析，建立体系能力的统计回归模型，可以分析对体系能力的影响因素，指导体系设计和作战运用。设体系 S 的能力为 c，考虑侦察、打击、防护、保障4类要素，对决策水平、结构柔性及4类要素性能分别用 t、m、a、k、s、g 表示，即可得到如下形式化表征：

$$c = f(t,m,a,k,s,g) \quad (4\text{-}1)$$

装备对体系贡献的外在形态是对形成各系统及其结构的作用，本质上是对决策水平、结构柔性和要素性能的作用。设装备 E 是体系 S 的组成部分，则其贡献率为

$$R_E(S) = R_E^S(t) + R_E^S(m) + R_E^S(a) + R_E^S(k) + R_E^S(s) + R_E^S(g) \quad (4\text{-}2)$$

式中，$R_E^S(t)$、$R_E^S(m)$、$R_E^S(a)$、$R_E^S(k)$、$R_E^S(s)$、$R_E^S(g)$ 分别为装备 E 对体系 S 中决策、柔性、侦察、打击、防护、保障的贡献率。

根据逻辑回归的应用方式，设在作战中，体系 S 的作战结果为 Y，Y 取 1 或 0，分别表示胜利和失败。令 c 表示体系 S 的作战能力，即其在作战中获胜的概率，于是可得

$$c = P\{Y=1 \mid t,m,a,k,s,g\} \quad (4\text{-}3)$$

根据式（4-1），建立体系作战能力方程，即

$$\ln \frac{c}{1-c} = \alpha + \beta \cdot t + \gamma \cdot m + x_1 \cdot a + x_2 \cdot k + x_3 \cdot s + x_4 \cdot g \quad (4\text{-}4)$$

式中，$\alpha, \beta, \gamma, x_1, x_2, x_3$ 和 x_4 是待估计的参数。

根据式（4-3）可得

$$c = \frac{\exp(\alpha + \beta \cdot t + \gamma \cdot m + x_1 \cdot a + x_2 \cdot k + x_3 \cdot s + x_4 \cdot g)}{1 + \exp(\alpha + \beta \cdot t + \gamma \cdot m + x_1 \cdot a + x_2 \cdot k + x_3 \cdot s + x_4 \cdot g)} \quad (4\text{-}5)$$

最小二乘法作为回归模型参数拟合的常用方法，通常适用于线性回归模型。极大似然估计既适用于线性模型，也适用于更复杂的非线性估计，下面采用极大似然估计方法来估计式（4-4）中的参数。

设开展 n 次独立的试验，第 $i(i=1,2,\cdots,n)$ 次的作战结果为 Y_i，获胜记为 $Y_i=1$，否则记为 $Y_i=0$，则获胜概率为

$$c_i = P\{Y_i=1 | t_i, m_i, a_i, k_i, s_i, g_i\}$$
$$= \frac{\exp(\alpha+\beta\cdot t_i+\gamma\cdot m_i+x_1\cdot a_i+x_2\cdot k_i+x_3\cdot s_i+x_4\cdot g_i)}{1+\exp(\alpha+\beta\cdot t_i+\gamma\cdot m_i+x_1\cdot a_i+x_2\cdot k_i+x_3\cdot s_i+x_4\cdot g_i)} \quad (4\text{-}6)$$

构建似然函数：

$$L(\theta) = \prod_{i=1}^{n} c_i^{y_i}(1-c_i)^{1-y_i} \quad (4\text{-}7)$$

于是可得

$$\ln L(\theta) = \sum_{i=1}^{n} [y_i \cdot (\alpha+\beta\cdot t_i+\gamma\cdot m_i+x_1\cdot a_i+x_2\cdot k_i+x_3\cdot s_i+x_4\cdot g_i) - \ln(1+e^{\alpha+\beta\cdot t_i+\gamma\cdot m_i+x_1\cdot a_i+x_2\cdot k_i+x_3\cdot s_i+x_4\cdot g_i})] \quad (4\text{-}8)$$

式中，$\theta=(\alpha,\beta,\gamma,x_1,x_2,x_3,x_4)$。根据式（4-7）的似然函数，构造似然方程组，并采用迭代方法求解，得到估计值 $\hat{\alpha}$、$\hat{\beta}$、$\hat{\gamma}$、$\hat{x}_1$、$\hat{x}_2$、$\hat{x}_3$ 和 $\hat{x}_4$。

根据式（4-4），可得体系能力为

$$c = \frac{\exp(\hat{\alpha}+\hat{\beta}\cdot t+\hat{\gamma}\cdot m+\hat{x}_1\cdot a+\hat{x}_2\cdot k+\hat{x}_3\cdot s+\hat{x}_4\cdot g)}{1+\exp(\hat{\alpha}+\hat{\beta}\cdot t+\hat{\gamma}\cdot m+\hat{x}_1\cdot a+\hat{x}_2\cdot k+\hat{x}_3\cdot s+\hat{x}_4\cdot g)} \quad (4\text{-}9)$$

根据式（4-9），可得体系 S 的能力，即其在对抗中能够获胜的概率。根据上述公式，本节开头提及的文献给出了基于体系能力模型的装备贡献率测度方法，方程组构建和测度方法的详细内容可参见该文献。

4.1.2 面向全域关键能力的体系贡献率评估指标框架

钱晓超等在《面向关键能力的陆军全域作战体系贡献率评估》一文中分析了影响陆军全域作战装备体系作战效能的关键能力，提出了一种基于关键能力的体系贡献率评估模型，下面主要基于该文献介绍面向全域关键能力的体系贡献率评估指标框架。陆军是重要的国防威慑力量，也是多种作战样式中的主体力量，还是联合作战中的重要部分，对维护国家战略利益具有十分重要的作用。随着国际环境的变化，以及我国战略利益的拓展，未来战争形式和作战模式必将发生本质性变化，这对未来陆军作战使命和能力也将提出更全面的要求。在全域作战的背景下，面对作战对手、威胁、作战环境和任务的高度不确定性，能力具有相对稳定的内涵和结构，因此，基于能力的评估是指导陆军全域作战装备发展的理想途径。

面对新形势下的威胁与挑战，陆军作战方式将由大规模作战向中远程、

非接触、非线性的精确方式转变。陆军全域作战装备体系将实现以多维侦察感知信息系统为触角,以一体化通用指挥控制系统为核心,具备系列化精确打击火力和复杂电磁环境下的空天威胁防护平台的一体化联合作战装备体系,满足国家战略利益拓展对陆军使命任务提出的要求。面对新的使命任务,陆军全域作战装备体系应具备以下关键能力:

(1)多源战役战术情报获取能力——利用战术侦察卫星、预警机、侦察无人机、巡飞弹系统获得的侦察信息对作战指挥决策和武器制导进行支撑的能力。

(2)体系互联、信息共享和一体化指挥控制(以下简称指控)能力——利用联合指挥方舱、军用 4G 通信基站、通信中继无人机等新型指挥控制通信装备对陆军作战进行支撑的能力。

(3)复杂电磁环境下的空天目标拦截能力——利用新型防空装备开展复杂电磁环境下的空天目标拦截的能力。

(4)远程精确打击和火力遮断能力——利用远程精确打击装备打击敌方机场、发射阵地、指挥机构等纵深关键点,遮断敌方后续梯队,打击敌方战役保障、战役机动、战役支援的能力。

(5)高效时敏目标打击能力——利用具备监视-决策-打击-评估循环的武器装备对时敏目标进行高效打击的能力。

根据体系能力的定义,将陆军全域作战装备体系能力分解为感知能力、指控能力、防护能力、打击能力、机动能力和保障能力。针对以上每种能力,继续细分为若干层级的子能力,建立图 4-1 所示的能力评估指标框架,并给出该评估指标框架底层各指标的计算公式,建立体系能力的计算模型,即

$$c = \sum_{i=1}^{k} w_i I_i \tag{4-10}$$

式中,w_i 为用层次分析法(AHP)生成的效能评估指标框架中第 i 个底层指标的权重;I_i 为第 i 个底层指标的指标值。

根据底层指标的类型,当要求指标不超过某个值时,指标值采用上限型满意度函数来计算,即

$$I(x) = \begin{cases} 1, & x \geq x_L \\ 1 - \dfrac{x_L - x}{d}, & x_L - d \leq x < x_L \\ 0, & x < x_L - d \end{cases} \tag{4-11}$$

当要求指标不小于某个值时,指标值采用下限型满意度函数来计算,即

$$I(x) = \begin{cases} 1, & x \leq x_U \\ 1 - \dfrac{x - x_U}{d}, & x_U < x \leq x_U + d \\ 0, & x > x_U + d \end{cases} \quad (4\text{-}12)$$

式中，I 代表一个底层指标的指标值（如拦截成功率的满意度）；x 代表指标的度量值（如拦截成功率）；x_U 代表上限型指标的度量值阈值；x_L 代表下限型指标的度量值阈值；d 代表一个给定的度量值变化区间。指标的度量值 x 可通过仿真实验或装备性能参数获得。

在图 4-1 所示的评估指标框架基础上，提出一种基于关键能力的体系贡献率评估模型，从评价一型装备的体系贡献率到评价一项关键能力对陆军全域作战装备体系的贡献率。依照陆军全域作战装备体系关键能力，构建以下体系贡献率评估模型：

$$\Delta c = \frac{c_1 - c_0}{c_0} \times 100\%, \quad c_0 \neq 0$$

式中，c_0 为具备某项关键能力前体系的属性值（体系能力和体系效能两方面）；c_1 为具备某项关键能力后体系的属性值。Δc 反映了具备某项关键能力前后体系属性值的变化情况，即关键能力对体系的贡献率。

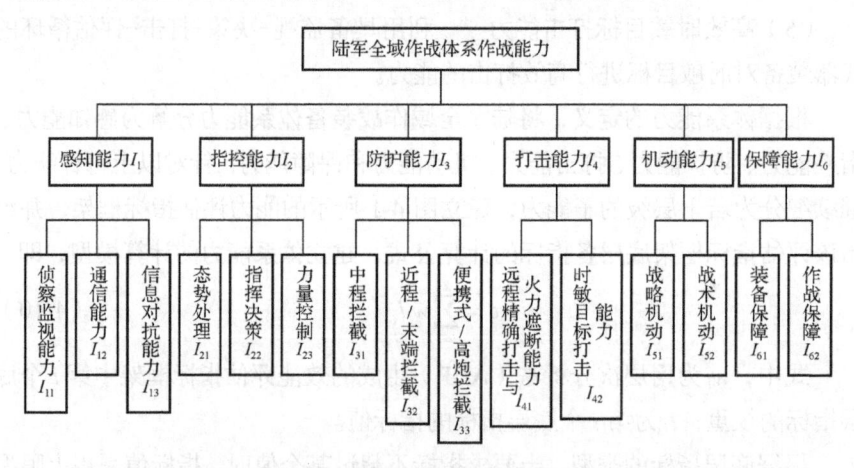

图 4-1　陆军全域作战体系作战能力评估指标框架

4.1.3　基于功能-能力聚合的体系贡献率评估指标框架

本部分内容主要介绍陈斯诺等在《基于深度置信网络的装备体系贡献度评估方法》一文中提出的功能-能力聚合体系贡献率评估指标框架。该框架先根据体系作战过程的相关需求，分析体系所需的作战能力，再确定支持各

项作战能力的武器装备及其所需具备的功能，最后结合专家经验，建立自上而下涵盖能力层和功能层的空战装备体系贡献率评估指标框架，如图 4-2 所示。该指标框架以空战为问题背景，提出了预警侦察能力、信息共享能力、态势感知能力、火力打击能力和生存保障能力 5 类能力，每类能力都包括相应的支撑功能。例如，预警侦察能力包括歼击机、预警机和侦察机 3 类预警侦察功能。针对每一类能力所包含的功能，建立以装备战术技术参数为输入的功能分析模型，并通过 AHP 建立功能指标与能力指标之间的聚合关系。在此基础上，通过深度置信网络训练上述 5 类能力与整体作战效能之间的定量关系，计算体系效能值，最终通过效能值变化计算体系贡献率。

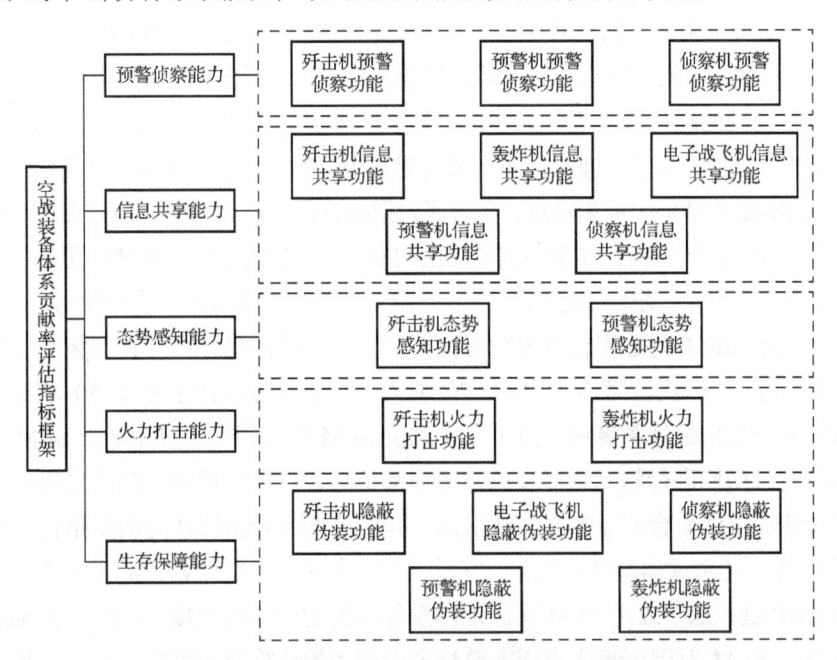

图 4-2 空战装备体系贡献率评估指标框架

4.1.4 基于改进结构方程模型的体系作战能力评估指标框架

沈丙振等在《基于改进结构方程模型的陆军武器装备体系作战能力评估模型》一文中，通过分析基于改进结构方程模型的陆军武器装备体系作战能力评估步骤，构建了陆军武器装备体系作战能力评估指标框架，下面就该文献对基于改进结构方程模型的体系作战能力评估指标框架进行简要介绍。

当前体系作战能力的评估方法主要包括"分解－聚合"评估方法和整体性评估方法。其中，"分解－聚合"评估方法主要有线性加权和、线性加权积和层

次分析法等。这些评估方法首先从火力、机动、保障、防护、指挥控制、信息等方面，将武器装备体系的各项作战能力分别分解到底层的可测量指标上，然后通过聚合算法将底层指标评估值聚合到对应的作战能力评估值。由于"分解-聚合"评估方法很难将体系结构关系对体系作战能力的影响考虑进去，其对于造成复杂系统涌现性的结构效应也就难以体现。近年来，结构方程模型（SEM）在武器装备体系作战能力评估中得到了应用，它是一种典型的整体性评估方法，能够表达各项作战能力之间的关系。SEM 通过分析体系作战能力之间的相互关系而构建的指标体系为网状结构，这种结构能够表达树状结构指标体系无法表达的信息，例如评估指标之间的相互影响关系和基于这些复杂交互关系产生的涌现性效应。由此可知，网状结构的作战能力指标体系更能反映体系各项作战能力之间的级联影响关系，对体系作战能力的评估也更合理。

从前期的研究结果来看，当 SEM 直接用于陆军旅级规模的武器装备体系作战能力评估时，由于装备类型多，需要建立更多的能力指标反映整个陆军武器装备体系的作战能力要素特点，各级能力指标总数达 400 余个，待估参数也有很多；同时，随着指标体系中测量变量的增加，所需的数据样本变得更多，其计算模型更复杂，求解过程也不容易快速收敛，导致 SEM 难以发挥优势。

改进 SEM 就是将较多的测量指标聚合成较少的聚合指标，并将其作为测量指标进行陆军武器装备体系作战能力评估。这里设计了包含 50 项测量指标的一套指标体系算例，用于探索改进 SEM 的可行性。首先基于 SEM 对这些测量指标进行陆军武器装备体系作战能力评估，然后将这些测量指标通过线性加权法聚合成 10 项聚合指标，并将这些聚合指标作为测量指标利用 SEM 进行陆军武器装备体系作战能力评估。其中，权值计算分别采用熵权法和 AHP 赋权法。改进 SEM 在保证体系作战能力评估可信度的同时，大幅度减少了 SEM 对因测量变量样本数量多而产生的计算资源需求，系统计算时间大大缩减，使得 SEM 在面临大规模指标体系时的评估优势得以发挥。最后，通过结合具体算例，比较了改进 SEM 与传统 SEM 的综合评估结果，验证了改进 SEM 的可行性和合理性。综上所述，通过对中等规模指标体系的改进 SEM 探索，可以验证改进 SEM 适用于大规模指标体系。

图 4-3 所示为经过多次 SEM 模型修正后的陆军武器装备体系作战能力评估指标体系。具体的 SEM 模型修正过程（包括检验不通过的测量变量的删除及潜变量之间路径的修改）不再赘述。如图 4-3 所示，1 级指标为网状结构，体现了作战能力指标之间的相互关系。首先，火力打击能力受到体

第4章 体系贡献率评估指标框架

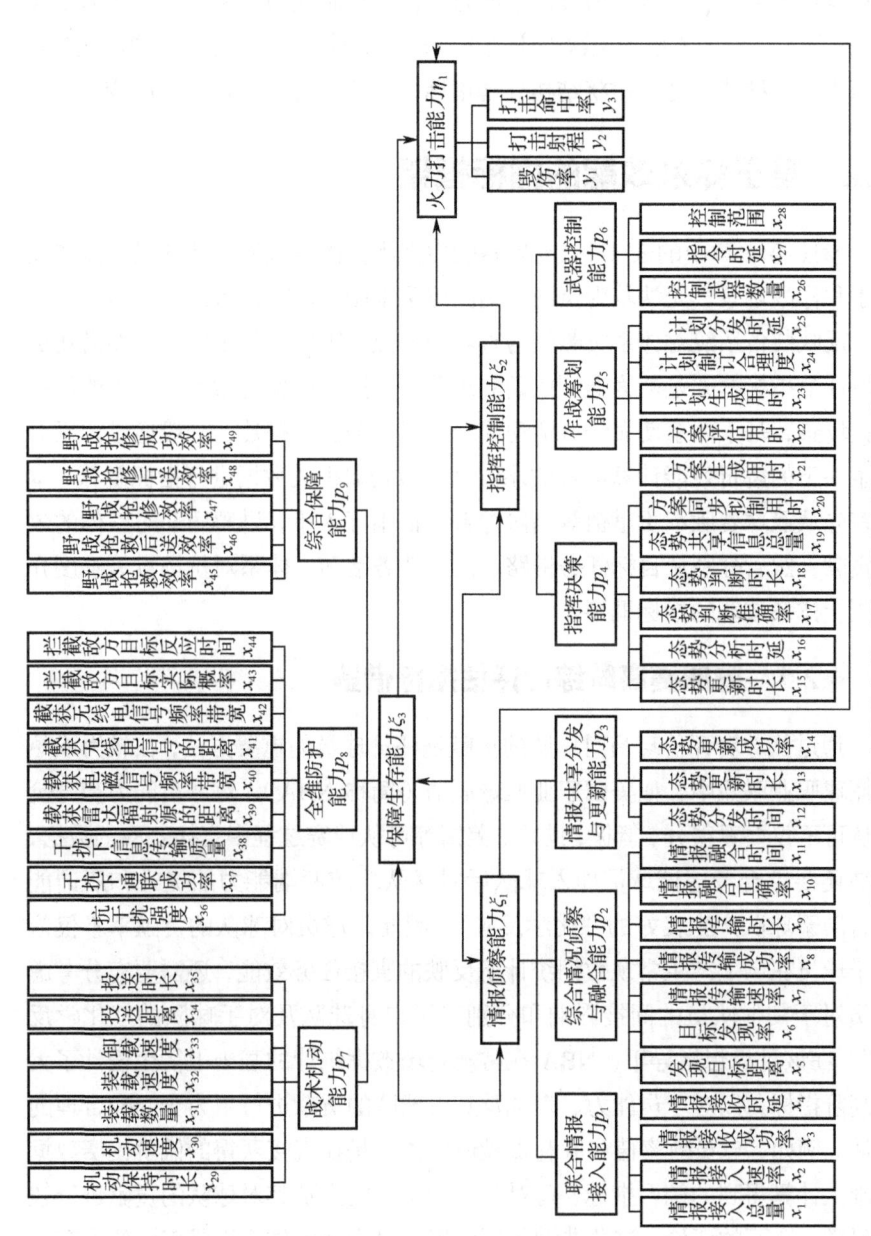

图4-3 陆军武器装备体系作战能力评估指标体系

系中其他作战能力的级联影响，但与它对其他几种作战能力的作用相比，这种影响可不体现；其次，情报侦察能力、指挥控制能力、保障生存能力相互影响；最后，指标体系的层次性主要由功能组成体现。情报侦察、指挥控制、保障生存3种能力通过树状结构分解指标，其底层指标为可测量的变量。

4.2 基于体系效能的指标框架

参照第1章中的表1-1，与体系能力相比，体系效能虽然依赖具体作战对手和作战场景，无法较为全面地刻画体系本领，但其具备结果数据可靠性高、反映装备系统对体系贡献较为直观等特点。因此，基于体系效能搭建贡献率评估指标框架是较为典型的研究思路，其指标框架通常考虑具体的体系对抗场景，基于体系使命任务活动或者作战任务链路搭建，一般通过体系对抗条件下的解析效能计算或者效能仿真实验获取相关数据进行指标解算。本节首先从篮球赛胜利贡献值等高阶综合评估指标入手，讲解局部对整体的效能贡献，然后分别从目标任务链路、使命任务活动、体系对抗场景等维度介绍基于体系效能的指标框架。

4.2.1 篮球赛高阶综合评估指标借鉴

通过篮球赛评价球员对球队的贡献是评价球员的重要方法，在较为成熟的篮球职业联盟中，如美国职业篮球联盟（简称NBA），对球员能力和身价的认可不仅要看得分、篮板、助攻、盖帽等可从球赛过程中直接获取的数据，往往还要综合考虑该球员加入球队后对球队攻防两端能力的提升和所谓能否有助于球队产生良好的"化学反应"。因此，球员对球队的贡献率不仅依赖于球员在场上产生常规数据统计所反映的直接任务效能，还需要充分考虑球员对于其他队员的间接影响和分别对于自身球队及对手球队的"化学反应"。在该种思想指导下，NBA在常规赛场数据统计的基础上衍生设计了大量高阶指标，以对球员能力、表现及其对球队的贡献进行更为全面和合理的评估。例如，球员效率值和胜利贡献值等指标是在直接获得的低阶比赛数据基础上计算得到的综合指标，可对球员的综合能力及其对球队的贡献进行较为科学、全面的评价，这些典型的评估指标对于装备体系贡献率评估也有重要的借鉴意义。

1. 球员效率值

John Hollinger 提出的球员效率值（Player Efficiency Rating，PER）计算方法如下：利用 PER 将球员的所有表现记录下来，并通过加权综合计算，就可以对不同位置、不同年代的球员进行比较。该方法以得分、投篮命中数、投篮次数、罚球命中数、罚球次数、进攻篮板、防守篮板、抢断、助攻、封盖、犯规及失误 12 项统计数据为基本运算指标，通过加权综合算出数值，该数值有助于客观地对不同位置、不同年龄的球员的攻防能力进行全面性评价，是最常见的一个综合数据评价指数，其计算公式如下：

PER=得分+0.4×投篮命中数-0.7×投篮次数- 0.4×（罚球次数-罚球命中数）+0.7×进攻篮板+0.3×防守篮板+抢断+0.7×（助攻+封盖）-0.4×犯规-失误

2. 胜利贡献值

胜利贡献值（Win Share，WS）也可以表示为一个球员对比赛胜利贡献的比重，具体计算方法如下：

$$进攻\ WS=\frac{球员得分-0.92\times 联盟每回合得分\times 球员进攻回合数}{0.32\times 联盟每场比赛得分}\times \frac{球队节奏}{联盟节奏}$$

$$防守\ WS=\frac{球员上场时间}{球队比赛总时间}\times 球队防守回合数\times \frac{1.08\times 联盟每回合得分-\dfrac{防守评分}{100}}{0.32\times 联盟每场比赛得分}\times \frac{球队节奏}{联盟节奏}$$

总 WS=进攻 WS+防守 WS

3. 借鉴意义

球员数据是在对抗条件下得到的，它考虑了不同对手的多场球赛数据、进攻和防守、直接数据和间接数据、不同对手和球队的整体情况，以及相对性而非绝对技术统计指标。虽然这些数据在具体系数和基础数据采集方面仍需要进一步细化，但其为如何在多场景、多对手、综合考虑己方其他组成部分和对手不同特征下的效能综合评估提供了很好的思路。

4.2.2 基于目标任务链路效能的指标框架

体系效能评估的基本单元是针对作战目标形成的侦察、指挥控制（以下简称指控）、打击、评估（侦控打评）任务链路效能。目标任务链路是体系对抗微观层面的任务效能，直接与相应的装备系统关联。下面从基于观察-判断-决策-行动（OODA）的作战环和侦-控-打-评杀伤链出发，主要参考金丛镇的硕士学位论文《基于 MMF-OODA 的海军装备体系贡献度评估方法研究》[1]，介绍基于目标任务链路效能的指标框架。

体系贡献率评估一般是有条件的，针对不同的作战样式和作战使命条件，所能做出的贡献往往不一样，装备的体系贡献率评估值也不同。因此，为了符合客观条件要求，同时兼顾评估的统一规范，需要建立一套可灵活扩展的效能评估指标框架，具体步骤如下：

（1）给定通用的指标体系。

（2）选定待评估的装备。

（3）给定作战使命。

（4）结合装备和作战使命，在原有通用指标体系的基础上进行扩展。

（5）形成一套扩展后最终的效能评估指标框架。

基于 OODA 的海军装备通用效能评估指标框架如图 4-4 所示。需要注意的是，图 4-4 所示的指标框架适用于平台型的装备，如驱逐舰、战斗机等，并不适用于单元型的武器装备，如导弹、侦察卫星，因为这类装备只出现在 OODA 4 个环节中的某

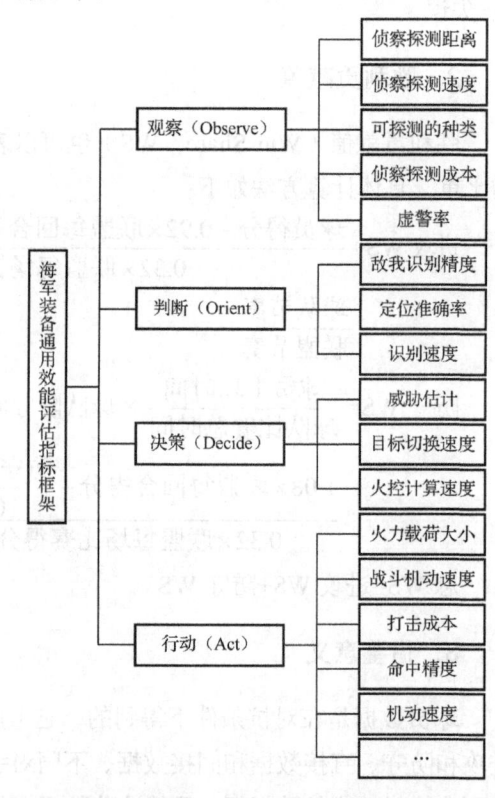

图 4-4 基于 OODA 的海军装备通用效能评估指标框架

---

① 贡献率在部分文献中又称为贡献度，两者含义相同。

一个里，无法基于 OODA 构建其效能指标。

在通用指标体系的基础上扩展得到给定作战使命下的装备效能评估指标框架。后续问题是如何由装备指标体系得到体系效能评估指标框架。在作战体系中的信息系统、指控系统及数据链等功能的支撑下，各装备的各 OODA 环相互嵌套，形成整个作战体系的 OODA 作战网络。基于叠加的 OODA 环形成的作战体系效能评估指标框架如图 4-5 所示。

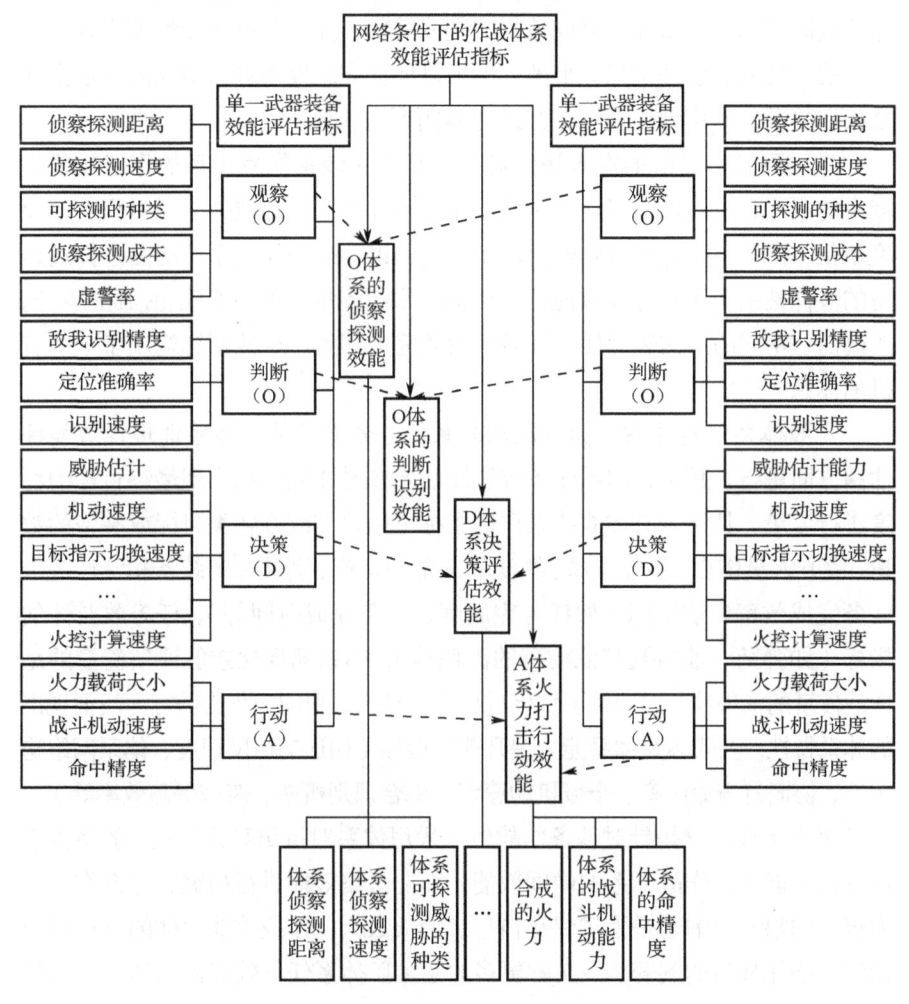

图 4-5 基于叠加的 OODA 环形成的作战体系效能评估指标框架

4.2.3 基于使命任务活动效能的指标框架

使命任务活动是体系为完成使命目标所需遂行的体系作战任务序列，与

目标任务链路侧重微观层面的作战效能不同，使命任务活动效能可以从宏观层面刻画体系使命目标的完成情况。下面参考缪建明等撰写的论文《一种基于任务完成度的体系贡献率评估方法》，介绍基于使命任务活动效能的指标框架。

装备的体系贡献率评估以装备体系完成某一特定作战任务条件下的作战效能评估为核心。上述文献把装备体系完成作战任务的程度作为衡量体系作战效能的基础，从任务完成效果、完成效率、完成效益3个维度出发，构建作战任务完成度评估指标框架，提出以任务完成度为考核指标的评估指标框架和体系贡献率评估模型，并进行案例评估验证。

体系贡献率评估的本质是针对单装平台对装备作战体系的作战效能贡献率的量化，作战效能则是针对特定作战条件下完成规定作战任务程度的尺度量化，评估指标是作战效能得以量化的基准。装备作战系统的复杂性及运用的多样性决定了其作战效能评估指标通常有多项，不同的效能指标从不同的侧面、不同的层次表明使命任务的有效完成程度，这些指标构成了一个有机的体系。

一般体系效能评估指标可以从体系任务效能评估和体系涌现性效能评估两方面进行。其中，体系任务效能评估旨在对作战体系实现最终目标的程度进行度量，其代表有作战效果评估指标（如毁伤敌方各类目标或装备的数量、敌方人员伤亡、被俘人员、缴获的装备和资产、遭破坏的装备和资产等）、任务完成效率评估指标（如任务完成度、任务完成时间等）、任务效益评估指标（如弹药、油料及其他物资的消耗等）；体系涌现性效能评估衡量的是作战体系的涌现性，强调体系演化过程中在结构、功能和行为等方面所涌现出的体系特性，其代表是体系能力提升评估指标（如通信组网速度、体系网络稳定性、协同打击命中率、全域机动速率、综合识别概率、跨域保障效率等）。

因为上述文献是针对装备作战体系采用体系对抗仿真方法的，故将体系涌现性效能作为作战体系的中间效能，而非最终效能进行研究，体系作战能力提升的根本目的还是为了保存自己、消灭敌人，作战效能评估的重点必须始终围绕作战目的展开。该文献更多的是参照体系任务效能评估指标进行装备作战体系效能评估指标框架的构建，同时兼顾体系对抗仿真目前能够真实获得的仿真过程和结果数据，重点从作战效果、任务完成、任务效益3个维度出发，将评估指标具体落实到仿真采集项中，最终得到的评估指标框架如图4-6所示。

第4章 体系贡献率评估指标框架

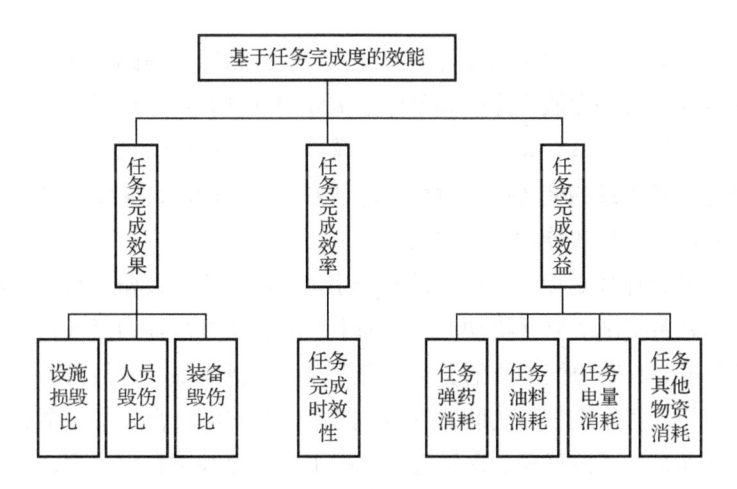

```
                    基于任务完成度的效能
                            │
        ┌───────────────────┼───────────────────┐
     任务完成效果         任务完成效率         任务完成效益
        │                   │                   │
   ┌────┼────┐              │         ┌────┬────┬────┬────┐
 设施  人员  装备         任务完成    任务  任务  任务  任务
 损毁  毁伤  毁伤          时效性    弹药  油料  电量  其他
  比   比    比                      消耗  消耗  消耗  物资
                                                      消耗
```

图 4-6　基于任务完成度的评估指标框架

图 4-6 所示 3 项指标的具体计算方法如下：

（1）任务完成效果。从毁伤、攻占、防御等作战任务角度出发，将装备作战体系细分为摧毁敌方基础设施（含碉堡、工事等）、杀伤敌方人员（包括杀死、杀伤等）、毁坏敌方装备等方面，该部分一般多用敌我双方毁伤比进行作战效能评估，详细的计算公式参见前述文献。

（2）任务完成效率。从任务完成时间的角度出发，需要预先设定作战任务完成时间的一个基准水平（如最优完成任务时限值），可将作战时间理论最小值 $T_{\min}$ 作为参考基准，然后将整个装备作战体系完成任务的作战时间 T 与参考基准 $T_{\min}$ 进行对比量化计算，得到装备作战体系在任务完成时间指标上的量化评估值，在与无待评估装备的装备作战体系的任务完成时间 T' 的量化评估值进行对比后，参照参考基准即可得到待评估装备在作战完成时间指标上的贡献程度量化值。任务完成时间贡献率的量化值 $P_T = \dfrac{T - T'}{T_{\min}}$。

（3）任务完成效益。从作战任务完成效益的角度出发，将装备作战体系效益指标细分为弹药、油料、电量和其他物资消耗，该部分通过每个装备作战任务过程中物资和能源的使用情况进行作战效能评估，详细的计算公式参见前述文献。

4.2.4　基于体系对抗场景效能的指标框架

体系效能评估通常需要考虑不同的使命任务、作战环境、作战对手等多种任务场景，装备系统对作战体系的贡献率需要综合不同任务场景的效能贡

献情况，才能给出较为全面和可信的结论。孔德鹏等撰写的论文《面向不确定多任务场景的海上联合作战装备体系贡献率评估方法》针对海上联合作战装备型种多样、体系构成复杂、能力生成涉及因素多的特点，提出了一种面向不确定任务场景的装备体系贡献率评估方法。下面以该文献为基础，介绍基于体系对抗场景效能的指标框架。

海上联合作战是以水面舰艇装备为主体，联合空中装备、水下装备和天基、岸基装备实施的立体机动作战。海上作战装备体系较为复杂，它包含针对多种任务、具有协同能力的装备。海上作战装备体系的评估目的主要是针对海上作战任务确定相应的装备发展。采用传统方法进行装备体系贡献率评估主要面向某一确定任务，由于海上作战平台的复杂性和综合性，海上作战装备体系在海上联合作战的实际过程中通常会担负多种作战任务，每种作战任务可能会出现多种不确定的作战场景。因此，面向多任务不确定作战场景的综合评估是反映装备体系贡献率的重要方式。对于不确定型多任务场景，目前常用概率描述和模糊描述两种方式进行处理，由于实际作战中的任务场景概率难以获取和确定，利用模糊集进行描述是一种较为方便的方式，在应用中也取得了较好的效果。海上作战装备体系所担负的任务具有多种类型，如远海要域夺控、防空反导、对海对陆打击、保交护航等，每种任务类型在作战过程中又可能面临多种任务场景。因此，全面衡量装备体系的效能，需要考虑不同任务和不同作战场景的需求。

装备体系效能评估是装备体系贡献率评估的核心问题，建立合理的评估指标框架是其实施的基础。评估指标框架的建立需要考虑作战需求和适应性，既能够满足装备体系效能评估的需求，又能够简化问题的处理。上述文献针对海上联合作战的特点，结合已有的理论成果，主要从装备体系作战效能、装备体系结构效能和装备体系运用效能3方面进行评估指标体系的构建，如图4-7所示。

该体系包括以下3方面内容：

（1）装备体系作战效能主要从作战OODA过程进行评估。OODA环从作战过程的角度描述装备体系的作战能力，其在效能评估中得到广泛采用，是评估装备体系作战效能的一种有效方式。基于OODA过程，装备体系作战效能又分为4个二级指标，即观察能力f_1、调整能力f_2、决策能力f_3、行动能力f_4。

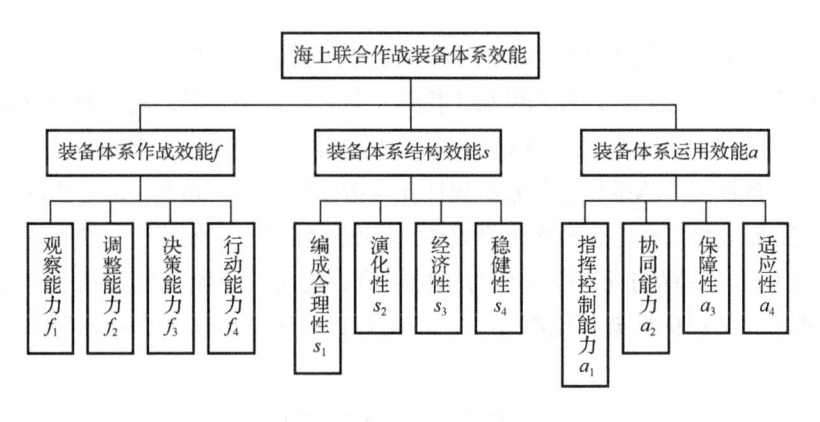

```
                    海上联合作战装备体系效能
         ┌─────────────────┬─────────────────┐
    装备体系作战效能 f   装备体系结构效能 s   装备体系运用效能 a
   ┌──┬──┬──┬──┐   ┌──┬──┬──┬──┐   ┌──┬──┬──┬──┐
   观  调  决  行     编  演  经  稳     指  协  保  适
   察  整  策  动     成  化  济  健     挥  同  障  应
   能  能  能  能     合  性  性  性     控  能  性  性
   力  力  力  力     理       s₃  s₄    制  力  a₃  a₄
   f₁  f₂  f₃  f₄    性  s₂                能  a₂
                     s₁                    力
                                           a₁
```

图 4-7 装备体系效能评估指标体系

（2）装备体系结构效能主要从体系结构的角度考虑装备体系效能，其对装备体系构成、发展、经济性、稳定性等方面的评估具有重要作用。装备体系结构效能又分为 4 个二级指标，即编成合理性 s_1、演化性 s_2、经济性 s_3、稳健性 s_4。

（3）装备体系运用效能是指装备体系在执行相关任务时的基本能力，它是装备体系能力在作战过程中的具体体现。通过设置装备体系运用效能指标，能够全面分析评价装备体系实际运用过程中的能力，它又分为 4 个二级指标，即指挥控制能力 a_1、协同能力 a_2、保障性 a_3、适应性 a_4。根据以上指标体系计算单场景下装备系统对体系效能的贡献率，最后采用直觉模糊综合评估方法对多场景效能进行综合计算，给出最终的体系贡献率。

4.3 基于能力生成机理的指标框架

本节以前两节的研究成果为基础，在 2.2.3 节体系贡献率成因机理的指导下，提出基于能力生成机理的指标框架。作战体系能力是一种针对复杂使命领域要求，通过各要素协同、层次化涌现和环境敏捷适应所形成的完成使命任务的本领。其中，复杂使命领域包含两个含义，分别是针对不同空间维度的多种威胁目标、针对不同时间特性的目标；敏捷适应能力是指针对不同的使命作战对象和作战环境具有组合应用的能力，以及针对不同的目标具有动态组合能力和网络化的体系适应能力。根据 2.2.3 节的内容，体系能力生成机理分为协同机理、适应机理和涌现机理 3 方面。

体系贡献率评估指标框架的构建应该遵循体系能力生成机理和相关特

性，在各指标之间建立有机的因果联系，以支持评估结果的因果追溯，帮助评估人员从指标解算过程和结果中提炼贡献率的因果解释，从而为决策人员提供有效的装备发展决策支持。本节在借鉴能力试验方法论提出的使命效能、任务性能、体系属性和系统属性4层指标框架的基础上，以适应度、影响度和重要度为核心，遵循体系整体论思想，将能力和效能指标结合，将静态战术技术指标与动态使命任务指标综合，提出基于能力生成机理的体系贡献率评估指标框架（见图4-8），下面对其设计原则包含的6方面内容进行介绍。

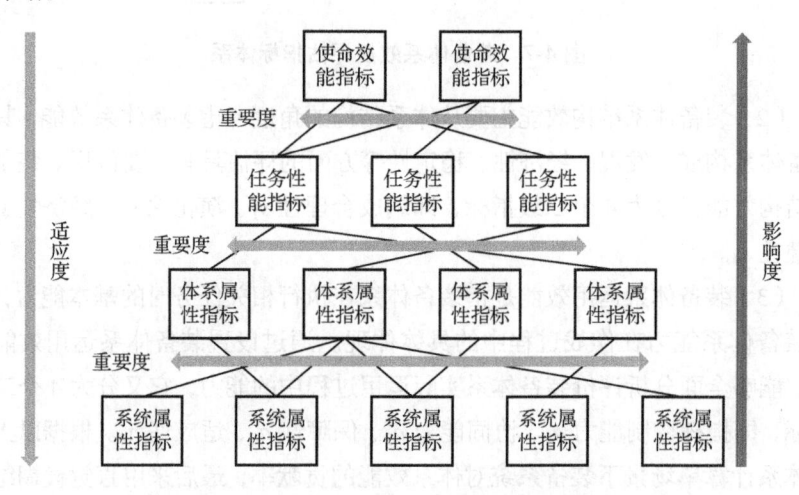

图 4-8 基于能力生成机理的体系贡献率评估指标框架

4.3.1 紧扣体系能力生成机理，以适应度、影响度和重要度为核心

根据前文提出的体系能力生成机理，分别考虑体系贡献率评估的指标框架设置问题。基于协同机理研究体系贡献率，不能单独评估一个装备系统的作战效能，而要把系统放入体系及其作战链路中去度量装备系统的体系贡献率；基于适应机理考虑体系贡献率，不同的体系使命所需的体系能力是不一致的，因而需要从使命需求出发，自顶向下将体系使命能力需求分解到系统对应的任务效能上，从而度量系统对其所对应体系的能力贡献率；基于层次机理考虑体系贡献率，在考虑适应机理的纵向能力分解的同时，也需要横向考虑较低层次的系统之间、功能链路之间存在的交互涌现行为对于上层系统和链路的影响关系。

根据以上分析，应建立以下 3 方面的指标来支撑体系贡献率的评估：

（1）从横向来看，根据体系同层次要素之间的协同关系，考察装备系统对于同层次或者同一个作战链路的其他要素的效能影响关系，以及由此衍生出的对于上层要素的效能，综合以上两方面得出该系统在同层次元素中的重要度。

（2）基于适应性机理纵向自顶向下看，与能力需求满足度研究类似，不同的使命对应于不同的作战体系，并可以分解为不同的任务序列，考察装备系统对于作战体系的适应性（对于支撑体系的兼容性）和对于作战任务的作战效能，综合得出装备系统对于体系使命的适应度指标。

（3）基于涌现机理自底向上看，考察下级单元对于上级单元的影响度，并通过逐层聚合得到作战体系的影响度。需要说明的是，这种影响度的计算依赖于对涌现行为进行度量的上层单元整体性指标。

4.3.2 能力与效能指标相结合，基于效能进行能力评估与验证

从当前的研究状况来看，主要有两类评估指标：一是基于体系能力指标来度量贡献率；二是基于体系效能指标来度量贡献率。体系能力指标能够从宏观总体的角度（通过计算所有任务清单中的贡献率）来度量贡献率，但指标的精确量化和数据来源问题较难解决。而体系效能指标能够明确度量装备对某个具体作战体系的使命任务的贡献率，数据来源可以通过解析、仿真等计算模型得到。

但是在对贡献率进行综合评估时，往往难以用局部代替整体，即以装备对某些具体作战体系的使命任务贡献率来说明装备对全军作战体系或者整个军兵种作战体系的贡献率。因此，如何将能力和效能两类指标体系结合起来，采用定性-定量综合、解析-仿真综合的方法，建立从数据易于获取、量化较好的体系效能指标到全局描述性好的体系能力指标之间的定量关系模型，从而能够对贡献率进行全局性、综合性评估是一个亟待解决的问题。虽然目前对体系能力的度量还存在很多问题，但应在不断积累效能数据和加深对体系认识的基础上积累体系能力的评估手段和方法。

可采用仿真手段来获取典型想定下的体系作战效能数据，作为定性定量结合的数据基础，综合集成仿真效能数据和专家知识对各种使命和任务清单中的各项任务的能力指标进行加权计算，得到综合贡献率。

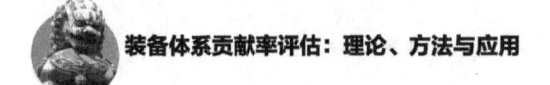

4.3.3　静态战术技术指标与动态使命任务指标综合

体系贡献率的评估不仅要看树状装备体系中各个装备的静态战术技术指标，更要看在体系作战过程中完成多样化使命和关键任务的能力与效能，充分考虑作战对象的特点和所考察装备的体系作战支撑，在体系对抗过程中计算贡献率。

静态战术技术指标一般用于装备论证和设计阶段，它是对装备自身能力的基础性度量。但是从现阶段的实际情况来看，主要考虑的是技术指标，导致缺乏实际可行的战术指标，尤其缺少根据作战体系的使命任务需求所提出的相应战术指标。此外，这些战术技术指标是依据标准的作战环境提出的，没有充分考虑作战环境的复杂性，尤其没有考虑不同作战对手和各种类型使命任务的差异化要求。因此，在具体的作战体系中和各种作战运用条件下，只依靠装备的战术技术指标不能支撑装备的作战使用，也难以对作战能力和效能进行有效评估。只有在基本战术技术的基础上，结合作战体系的对抗过程，依据体系的使命和任务指标进行评估，才能把装备系统对于作战体系的贡献计算清楚。尤其对于作战体系而言，体系作战过程可以分解为系列化的任务链路，体系对抗的实质是任务链路之间的对抗，因此，对体系任务链路的能力和效能进行评估能够为体系贡献率评估提供直接有效的支撑。

从评估解算的手段来看，解析计算一般适用于静态战术技术评估，对于动态的使命任务效能则难以计算。有些指标必须通过仿真实验过程推演才能提炼出来，不将体系作战过程沿时间基动态展开，则难以发现那些任务链路效能指标。这些指标对于作战体系的贡献具有直接且可追溯的影响关系，只有通过仿真推演、训练演习这类体系对抗行为实验才能得到（在装备论证阶段，仿真是唯一手段）。

4.3.4　基于整体论思想探索体系整体性指标

体系是一类特殊的复杂系统，不能仅用简单系统的还原论思想对体系进行度量，还需要从体系的整体特性出发研究体系的度量问题。体系贡献率评估问题的本质是体系局部对于体系整体的贡献评价问题，因而需要构建作战体系的整体性指标，从体系全局角度考虑装备系统局部所产生的影响。作战体系的整体性度量必须建立在对抗、动态和整体三位一体的条件下才能得

到。体系整体性指标可以从体系作战要素的协同、态势共享、互操作性（网络互联程度）、体系生存性、作战节奏、信息质量、杀伤率等方面进行衡量。

虽然目前已经提出了一些体系整体性指标，但是还没有构建出一套系统的作战体系整体度量指标。体系作战是一个近年来出现的新问题，对体系作战的整体性度量不应局限于已有的指标，而应随着作战体系研究的不断深入继续提出新的指标，以完善整体性指标体系。

对于信息化条件下我军的联合作战而言，作战体系的核心要义是网聚能力，基础支撑是信息系统，作用机理是信息主导，生成模式是集成融合，实现途径是重塑重组。作战能力构成由两方面组成：一是要素能力，包括侦察预警、指挥控制（以下简称指控）、立体机动、信息攻防、兵力夺控、整体防护、综合保障等方面的能力；二是信息基础支撑能力，包括信息传输、信息处理、信息存储、信息分发管理、信息安全保密等能力。

作战体系的形成基础是子系统的网络化集成，体系作战能力形成的关键是信息化，体系完成使命任务的核心手段是针对体系目标所形成的一系列作战链路，因此可以从网络化、信息化、链路化的角度对体系进行整体性度量。

（1）体系的网络化测度指标。美军的网络中心战提出了一系列体系网络化指标，基本按照网络化对于态势感知—信息共享—指控协同—作战节奏—作战效能这一体系作战基本过程的影响的思路，但是很多指标只停留在概念层次，缺乏相应的数据支撑，难以度量和计算，需要在具体的体系作战研究中落实。其中一种可行的方法是从各作战要素网络化的角度出发，建立衡量各类作战要素所构成的子网络（如探测、火力、指控、保障网络）的整体度量指标（不仅考虑各要素的互联互通，还要形成有效的互操作）。例如，刘兴和蓝羽石等在《网络中心化联合作战体系作战能力及其计算》一文中提出的多传感器状态融合指标，可以采用这些指标对探测网络的整体探测精度进行度量。

（2）体系的信息化测度指标。信息化是当前作战体系的重要特征，信息的获取、传输和处理能力是体系的支撑性能力之一，从整体上度量体系的信息化水平是体系评估的重要问题，可用改进信息熵对信息传播损失进行度量。

（3）体系的链路化测度指标。体系作战的过程实质上是体系作战链路随时间展开的过程，因此，从整体上度量体系作战链路的数量、速度和质量能够很好地刻画作战体系的全局特征。例如，王维平教授提出采用体系动量对体系链路的整体质量进行评估，体系动量为体系作战中形成的所有链路的动量的综合。

4.3.5 综合考虑成本效益等方面的因素，构建全面的指标框架

体系贡献率评估是当前装备体系化发展和运用的重要抓手，应将其作为装备体系发展评估的重要依据，必须遵循辩证唯物主义原则和系统工程整体论思想，要从单纯考虑装备战技性能的老思路中转变过来，不能只看贡献和收益，而不看成本和风险。针对装备项目研制和装备系统研发的体系化要求，在聚焦作战体系能效提升的同时，综合考虑装备在体系作战对抗要求下的研制成本、技术风险、作战损耗、体系配套、体系贡献等方面的因素，总体权衡直接贡献与间接贡献、直接成本与配套成本、直接损失与间接损失等。针对装备项目建设的体系贡献率评估问题，不仅要考虑装备项目建设绩效形成的体系贡献，还要考虑项目研制的技术风险、配套要求、工业基础、成本资源等制约性因素，建立与贡献率正相关、与成本代价负相关的贡价比指标框架，确保装备"研得起、建得值"。针对装备系统运用的体系贡献率评估问题，不仅要考虑装备系统融入作战体系的能效提升，还要考虑作战运用中的损失损耗、能源消耗、链路支撑、设施配套等制约性因素，建立与贡献率正相关、与战损消耗负相关的贡费比指标框架，确保装备"打得起、耗得值"。

4.3.6 根据装备种类、问题层次和发展阶段有针对性地建立具体的综合性指标框架

上述5方面内容从体系能力生成机理角度给出了体系贡献率评估综合性指标框架构建的一般原则，但是对于具体的体系贡献率评估问题，其指标体系因装备种类（如主战、电子信息、保障）、装备贡献率问题层次（如战略、战役、战术）、装备发展阶段（规划计划、立项论证、研制验收、训练作战）的不同而存在差异，建立一个能够解决所有装备类型和问题的大而全的通用指标框架不可行也缺乏适用性。因此，本节提出的只是体系贡献率评估指标的理论参考框架，而在具体问题研究和实践中可根据此框架的指导，针对具体的装备种类、问题层次和装备发展阶段建立有针对性的指标框架，将各项抽象指标具体化为数据易获取的、与具体装备和作战问题紧密结合的应用性指标。

第二篇 体系贡献率评估方法

第5章

典型装备系统体系贡献率评估方法

体系贡献率评估方法是体系贡献率评估研究的核心，也是相关研究的重点。本章主要从能力、效能和综合3个角度介绍部分研究团队和学者的典型评估方法，同时也是第6~8章作者团队提出方法的基础和借鉴。

5.1 基于能力的体系贡献率评估方法

5.1.1 基于作战网络的能力贡献率评估方法

李际超在其硕士学位论文《基于作战网络模型的装备体系贡献度研究》[①]（以下简称论文）中提出了基于作战网络模型的装备体系贡献度研究框架，界定了装备体系作战网络的概念并对其特征进行了分析，提出用粒度层次模型刻画作战网络模型结构，并给出了装备体系贡献度的概念。下面基于该论文介绍基于作战网络的能力贡献率评估方法。

1. 方法流程

分析装备体系中装备对体系的能力贡献度，首先需要评估体系作战能力。装备体系最基本的任务是对敌方目标实施打击，削弱敌方目标作战能力直至完全丧失。因此，在对一个装备体系作战网络进行作战能力评估时，应将重点放在己方装备体系对敌方目标的影响能力上，论文提出将基于作战环的体系作战能力综合评估指数作为装备体系作战能力评估指标。体系作战能

---

① 该论文中的贡献度同贡献率，只是名称不同，因此，5.1.1 节中主要使用贡献度进行表述。

力综合评估指数是装备战技指标聚合形成的能力值。在体系中除去某一装备后，体系作战能力发生变化，于是重新计算体系作战能力，并根据得到的相对作战能力差值计算该装备对体系作战能力的贡献度。装备对体系作战能力贡献度的分析流程如下：

（1）明确作战任务。

（2）构建 WSoS 功能作战网络。

（3）确定评估体系作战能力所涉及的装备战技指标并进行归一化处理。

（4）根据装备战技指标进行能力聚合。

（5）根据聚合后的装备能力值计算功能作战网络体系作战能力。

（6）移除装备后重构 WSoS 功能作战网络。

（7）重新计算功能作战网络体系作战能力。

（8）对比除去某装备前后功能作战网络体系作战能力的变化，计算该装备对体系作战能力的贡献度。

2. 基于作战环的体系作战能力评估

在装备体系功能作战网络中，每条作战环代表对敌方目标的打击方式，由于参与组成作战环的装备性能存在差异，作战环能力值也不相同。通过对功能作战网络中的作战环能力值进行聚合，可以求得体系作战能力。论文提出将基于作战环的体系作战能力综合评估指数 h 作为装备体系作战能力评估指标，下面对其进行介绍。

为了计算体系作战能力综合评估指数 h，首先给出作战环能力与装备体系对特定目标影响力的定义。

设某作战环 ol 含有敌方目标 $T=\{t\}$，元侦察功能节点集 $S=\{s\}$，元指控（指挥控制的简称）功能节点集 $D=\{d\}$，元影响功能节点集 $I=\{i\}$，定义作战环能力（C_{ol}）为

$$C_{ol}=\frac{\prod p_s \cdot \prod p_d \cdot \prod p_i}{\prod p_t} \quad (5\text{-}1)$$

式中，p_s、p_d、p_i 分别表示元侦察、元指控、元影响能力向量聚合值；p_t 表示敌方目标生存能力向量聚合值。

设装备体系功能作战网络中包含敌方目标 v^T 的所有作战环集合为 $\{ol_k^T\}$，$k=1,2,\cdots,m$，其中 m 为装备体系包含敌方目标 v^T 的所有作战环数目，定义装备体系对特定目标 v^T 的影响力（Ef_{v^T}）为

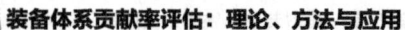

$$\mathrm{Ef}_{v^T} = \sum (C_{\mathrm{ol}_k^T}) \qquad (5\text{-}2)$$

式中，$C_{\mathrm{ol}_k^T}$ 表示作战环 ol_k^T 的能力值。

体系作战能力综合评估指数 h 可以表示为装备体系功能作战网络中体系对敌方目标影响力的加权和。敌方目标的重要度不同，其实是指敌方目标所占的权重不同。设敌方目标 v^T 所占的权重为 w_{v^T}，则体系作战能力综合评估指数 h 可以表示为

$$h = \sum (w_{v^T} \cdot \mathrm{Ef}_{v^T}) \qquad (5\text{-}3)$$

3. 装备体系作战能力贡献度评估指标

对于装备体系作战能力贡献度的一个直观理解如下：若某装备从装备体系中被移除或摧毁后，剩余装备体系对敌方目标的作战能力大大降低，则表示该装备对体系作战能力的贡献度较高；若对敌方目标的作战能力并无明显影响，则表示该装备对体系作战能力的贡献度较低。装备体系作战能力贡献度又分为绝对贡献度与相对贡献度，下文未经特殊说明均为相对贡献度。装备体系作战能力贡献度可以考虑装备体系中某一装备对体系作战能力的贡献度，也可以考虑某类装备对体系作战能力的贡献度，下面分别进行讨论。

1）单装备对体系作战能力的贡献度

论文将有无某装备的体系作战能力之差与原体系作战能力之比作为衡量某装备对体系作战能力贡献度的评估指标，即

$$\mathrm{con}_v^C = \frac{h_G - h_{G_{-v}}}{h_G} \qquad (5\text{-}4)$$

式中，con_v^C 表示装备 v 对体系作战能力贡献度的评估指标；G 表示原装备体系功能作战网络；G_{-v} 表示将装备 v 从 G 中移除后构成的新体系功能作战网络；h_G 表示原体系作战能力综合评估指数；$h_{G_{-v}}$ 表示新体系作战能力综合评估指数。

2）某类装备对体系作战能力的贡献度

在装备论证过程中，论证的装备往往是某一类型号装备，它也是按照编制批量投入使用的。在分析某一类装备的体系贡献度时，不仅要考虑个体装备能力的强弱，还要考虑装备间的协同配合及装备的数量。

设某体系中含有的某类装备为集合 $\{v\}$。论文将有无该类装备的体系作战能力之差与原体系作战能力之比作为衡量某类装备对体系作战能力贡献

度的评估指标，即

$$\mathrm{con}_{\{v\}}^{C} = \frac{h_G - h_{G_{-\{v\}}}}{h_G} \quad (5\text{-}5)$$

式中，$\mathrm{con}_{\{v\}}^{C}$ 表示某类装备 $\{v\}$ 对体系作战能力贡献度的评估指标；$G_{-\{v\}}$ 表示将某类装备 $\{v\}$ 从 G 中移除后构成的新体系功能作战网络；$h_{G_{-\{v\}}}$ 表示新体系作战能力综合评估指数。

5.1.2 基于结构的能力贡献率评估方法

魏东涛等在其论文《基于 DSM 与信息熵的装备体系结构贡献率分析》中针对装备体系构成复杂等特点，构建了基于设计结构矩阵（Design Structure Matrix，DSM）和信息熵的装备体系结构贡献率评估模型。首先基于"整体、动态、对抗"的思想，建立装备体系贡献率评估的动态-静态 DSM 评价模型；其次，以单一能力最小为粒度对作战过程进行分解，并依据元活动序列对装备体系能力结构进行网络化建模；最后，采用信息熵方法计算装备能力灵敏度。下面根据该论文对基于结构的能力贡献率评估方法进行简要介绍。

装备体系是由不同类型装备通过一定的方式综合集成的具有更高结构层次的系统，基于整体观点，将装备体系视为一个复杂装备系统，并将装备看成体系的"部件"，各"部件"之间互联、互通、信息共享，即装备体系是由具有相对独立功能的"部件"组成的一个复杂系统。由于能力是装备体系的整体特性和固有属性，可以通过度量部件之间能力的输入/输出关系来表示装备间的关联强度，建立相应的装备体系设计结构矩阵。DSM 中的每一行表示该行所对应的装备需要其他各列装备的支持信息，每一列表示该列装备对其他各行装备的输出或者支持信息，行与列的信息之和反映了该装备在整个装备体系中的重要性，其值越大，表示该装备越重要，即装备的体系结构贡献率越大。以装备 A 和装备 B 为例，其协同 DSM 如图 5-1 所示，图中左边装备间的依赖关系可以表示为右边的 DSM。

作战任务的执行和完成需要体系中各装备的协同合作，这种协同合作关系主要包括 3 种类型：依赖型、独立型、耦合型。装备协同 DSM 是一个 $m \times m$ 矩阵（m 为装备的个数），对角线元素"0"表示装备对自身的依赖关系，非对角线元素"空"表示装备之间没有依赖关系，其所对应的行列两个装备是独立型关系，"*"则表示装备之间存在依赖关系，其所对应的行列两个装备是依赖型关系或耦合性关系。为了适应装备体系结构的动态变化和装备多

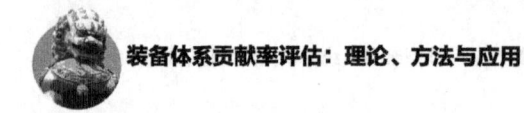

功能特性，基于动态观念，将传统的 DSM 扩展成两个视图，如图 5-2 所示。

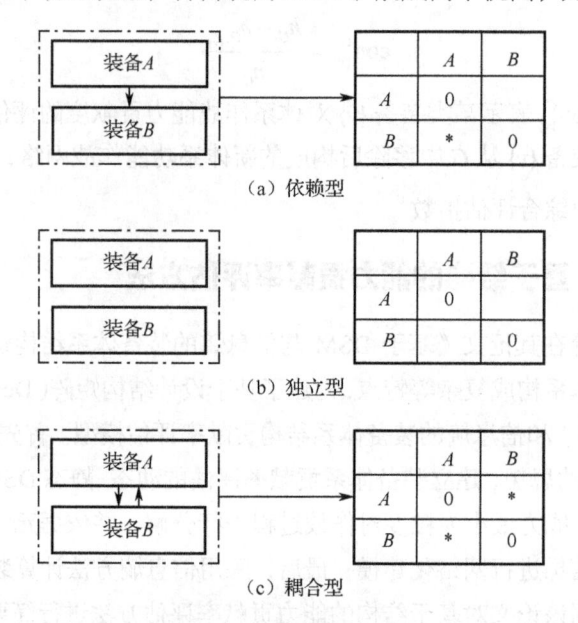

（a）依赖型

（b）独立型

（c）耦合型

图 5-1　装备协同 DSM

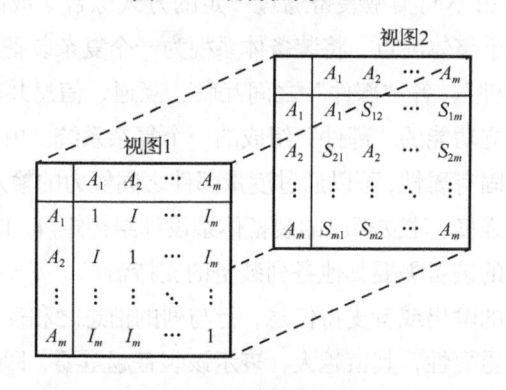

图 5-2　DSM 扩展图

在视图 1 中，$S_{ij}(i,j \in [1,m])$ 表示装备 A_j 对装备 A_i 的重要度，称为静态 DSM。在视图 2 中，S_{ij} 为装备 A_j 对装备 A_i 输出的关键能力集合，随着装备能力改变或关键设计参数改变而变更，称为动态 DSM。

通过计算装备输入关键能力的灵敏度，建立视图 2 与视图 1 的映射关系，具体步骤如下：

（1）检索动态 DSM 中第 i 行的非零和非对角元素，得到向装备 A_i 输入的关键能力集合 $S=\{S_{i1}, S_{i2}, \cdots, S_{im}\}$，其中 $S_{ik}=\{c_1, c_2, \cdots, c_{a_k}\}$，$1 \leq k \leq m$，$a_k$ 为装备

A_k 向装备 A_i 输入关键能力的数量。

（2）基于"对抗"观点，采用信息熵方法，计算 S 中每种装备能力对装备 A_i 的绝对灵敏度 p_{lj}^i。p_{lj}^i 表示装备 A_j 的第 l 种能力的绝对灵敏度，$1 \leq l \leq a_j$。

（3）计算 S 中装备 A_j 对装备 A_i 的重要度 I_{ij}，即

$$I_{ij} = \sum_{l=1}^{a_j} p_{lj}^i \quad (5-6)$$

（4）通过上述步骤计算其他装备之间的能力灵敏度，完成动态 DSM 向静态 DSM 的映射。

（5）计算装备体系结构贡献率 $\mathrm{con}A_i$，即

$$\mathrm{con}A_i = \frac{\sum_{j=1}^{m} I_{ij} + \sum_{i=1}^{m} I_{ji}}{\sum_{i=1,j=1}^{m} I_{ij}}$$

5.1.3 基于 RIMER 的能力贡献率评估方法

和钰的硕士学位论文《基于 RIMER 的反导武器装备体系作战能力贡献率研究》在总结武器装备体系贡献率相关研究的基础上，提出了反导体系作战能力层次化建模和反导体系作战能力贡献率评估流程，下面根据该论文介绍基于 RIMER 的能力贡献率评估方法。

基于证据推理算法的信度规则库推理方法（Belief Rule-based Inference Methodology using the Evidential Reasoning，简称 RIMER 方法）是由英国曼彻斯特大学教授杨建波提出的能够在统一框架下综合利用各种不确定信息对复杂系统进行评估和优化的评估论证方法，该方法集成了证据理论、多属性决策理论、模糊理论和 If-Then 专家系统等理论，具有对模糊数据、主观数据、概率型数据及无知信息等进行建模和分析的能力。

通过对反导体系作战能力贡献率研究问题的分析，并结合反导体系的不确定性特点及 RIMER 方法在处理不确定性方面的优势，上述论文提出了基于 RIMER 方法的反导体系作战能力贡献率评估方法，具体步骤如下：

1）对体系作战能力进行层次化建模

对体系作战能力评估指标进行层次化建模，是对反导体系作战能力贡献率进行评估的基础，只有获得科学、完整的体系作战能力模型，才能在后续推理计算中得到准确的贡献率评估结果。

2）计算体系作战能力值

根据体系作战能力模型进行推理计算，得到体系作战能力值并将其作为后续贡献率评估模型的输入。具体方法是先结合 RIMER 方法中的信度规则库理论，建立底层战技指标到体系作战能力的信度规则库；然后利用信度规则库的方式将体系作战能力模型中的输入——底层战技指标和输出——顶层体系作战能力联系起来；最后按照证据推理算法得到各类体系作战能力的值，作为后续贡献率评估模型的输入。

3）构建体系作战能力贡献率评估模型

反导体系作战能力贡献率问题的评估模型输入为步骤2）中求得的体系作战能力值，而评估模型需要将体系作战能力与作战任务完成概率联系起来。因此，同样采用 RIMER 方法，以"能力-作战任务完成概率"映射关系为模板，建立以体系作战能力值为前提、以作战任务完成概率为结论的信度规则库，使体系作战能力的改变可以反映到作战任务完成概率的变化上，从而可以得到作战任务完成概率的变化情况。最后通过一般的数学方法对作战任务完成概率的变化情况进行分析，得到贡献率问题的评估结果。

因为评估模型中作战完成概率的信度规则库主要由专家知识经验给出，所以其具有一定的主观性和局限性。为了避免主观性和局限性影响作战完成情况的评估，同时提高描述体系作战能力对作战任务完成概率影响的精确性，这里采用对信度规则库中的权重、备选值等参数进行优化的方法来优化该信度规则库，从而得到更全面的信度规则库。

4）建立不同的评估方案作为输入

体系贡献率评估需要在贡献者改变的情况下对受益者的变化情况进行研究，因此要建立不同的体系作战能力方案，以研究其对作战任务完成概率的影响。可以采用控制变量、替换结合新式武器装备的方法建立不同的体系作战能力指标输入方案，对体系作战能力及作战任务完成概率进行更新。利用方案改变前后作战任务完成概率值的不同，对体系作战能力贡献率进行定量分析，以达到对反导体系作战能力贡献率进行评估的目的。

5.1.4 基于架构与矩阵范数的多维度能力贡献率评估方法

任天助等在论文《体系能力多维度评估建模方法》中针对当前各领域体系能力评估难以达到全面、客观和可信要求的问题，提出了一种改进的体系能力多维度评估建模方法，从效能、灵活性、稳健性和经济性4个维度建立

评估模型。该模型用多个映射矩阵统一表示体系各维度，并创新性地采用矩阵范数计算各个维度下的能力评估值与贡献度值。下面根据该论文介绍基于架构与矩阵范数的多维度能力贡献率评估方法。

为了解决体系评估中量化程度低、评价体系缺乏数学化描述导致难以进一步进行分析优化的问题，上述论文提出以向量和矩阵的形式进行数学建模，并借助矩阵范数等工具作为评估值计算的手段。相较于直观的体系视图模型，多维度下的体系评估模型能够更为深刻、全面地反映体系内外部的特征，为进行体系方案的决策研究提供可信依据。如图 5-3 所示，利用美国国防部 DoDAF 框架中的部分能力视图、活动视图和系统视图信息作为体系评估方法的输入。通过 DoDAF 模型视图，获取体系的要素信息与任务-能力-系统的关联映射关系，以数学矩阵的方式构建体系任务-能力-系统关系，并建立效能矩阵 P、灵活性矩阵 Y 和稳健性矩阵 E。

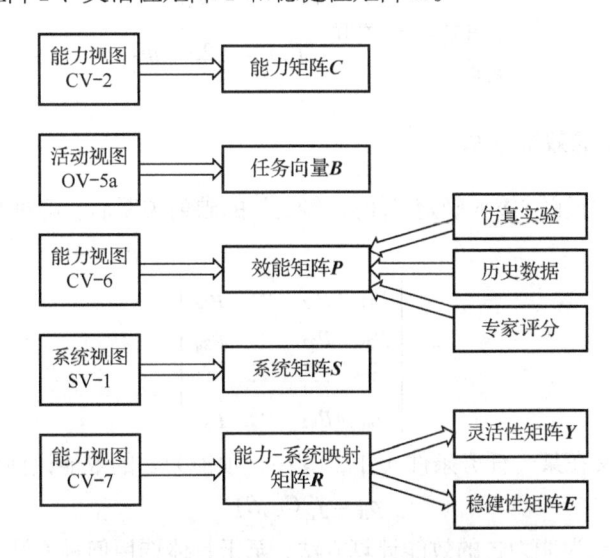

图 5-3　体系设计视图与体系评估矩阵的关系

1. 体系评估模型的任务-能力-系统建模

（1）任务建模。被评估体系 SoS 需要考虑 q 类任务场景，任务场景用任务向量 B 表示，即

$$B = [b_1 \quad b_2 \quad \cdots \quad b_q]^H$$

某一任务场景可用变量 b_k（$k=1,2,\cdots,q$）来表示。

（2）能力建模。设被评估体系 SoS 具备 n 种能力，用 $\bar{c}_i$ 表示第 i 种能力，

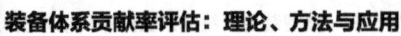

则体系所具备的能力及能力组合关系可用能力矩阵 C 来表示，即

$$C = \begin{bmatrix} c_{11} & c_{12} & \cdots & c_{1n} \\ c_{21} & c_{22} & \cdots & c_{2n} \\ \vdots & \vdots & \ddots & \vdots \\ c_{n1} & c_{n2} & \cdots & c_{nn} \end{bmatrix}$$

其中，$c_{i_1 i_2} = \begin{cases} 1, & \bar{c}_{i_1} \text{ 由 } \bar{c}_{i_2} \text{ 组成} \\ 0, & \text{其他} \end{cases}$，$i_1, i_2 = 1, 2, \cdots, n$。

（3）系统建模。设 SoS 由 m 个分系统组成，用 $\bar{s}_j$ 表示第 j 个系统，则体系中的系统要素及其关系可用系统矩阵 S 来表示，即

$$S = \begin{bmatrix} s_{11} & s_{12} & \cdots & s_{1m} \\ s_{21} & s_{22} & \cdots & s_{2m} \\ \vdots & \vdots & \ddots & \vdots \\ s_{m1} & s_{m2} & \cdots & s_{mm} \end{bmatrix}$$

其中，$s_{j_1 j_2} = \begin{cases} 1, & \bar{s}_{j_1} \text{ 和 } \bar{s}_{j_2} \text{ 存在关联} \\ 0, & \text{其他} \end{cases}$，$j_1, j_2 = 1, 2, \cdots, m$。

2. 体系的效能建模

根据能力视图 CV-6 确定"任务-能力"的映射关系后，可对 SoS 建立效能矩阵 P，即

$$P = \begin{bmatrix} p_{11} & p_{12} & \cdots & p_{1q} \\ p_{21} & p_{22} & \cdots & p_{2q} \\ \vdots & \vdots & \ddots & \vdots \\ p_{n1} & p_{n2} & \cdots & p_{nq} \end{bmatrix}$$

这里定义在某一任务条件 b_k 下，其中一项能力 $\bar{c}_i$ 的效能评估值 p_{ik} 为

$$p_{ik} = f_{c_i}(b_k, S) \tag{5-7}$$

式中，f_{c_i} 为能力 $\bar{c}_i$ 的效能计算方法，至于具体选用何种方法，以及该方法属于解析计算的形式还是仿真、经验等，取决于具体研究问题的能力种类。

在矩阵分析中，往往采用范数来表示多维映射的集合间的大小关系，这里利用范数的这种性质来表示评估值的大小，体系整体的效能评估值可用效能矩阵的 F-范数表示：

$$\|P\|_F = \sqrt{\sum_{i=1}^{n} \sum_{k=1}^{q} |p_{ik}|^2}$$

因此，系统 $\bar{s}_j$ 对 SoS 的总效能贡献度可由以下公式计算：

$$\mathrm{Contr}\boldsymbol{P}_{\bar{s}_j} = \frac{\|\tilde{\boldsymbol{P}}\|_F - \|\tilde{\boldsymbol{P}}_{\bar{s}_j}\|_F}{\|\tilde{\boldsymbol{P}}\|_F} \qquad (5\text{-}8)$$

式中，$\tilde{\boldsymbol{P}}_{\bar{s}_j}$ 代表体系中含有系统 $\bar{s}_j$ 的体系效能矩阵；$\tilde{\boldsymbol{P}}$ 代表不含有系统 $\bar{s}_j$ 的基准体系效能矩阵。

此外，对体系的效能贡献度还可以进一步细分为系统对某一项能力的贡献度和系统对某一项任务的贡献度，即可以取矩阵 $\boldsymbol{P}$ 中的第 i 行作为行向量 $\boldsymbol{P}^{c_i} = [p_{i1}, p_{i2}, \cdots, p_{iq}]$，计算其二范数，可以得到能力 $\bar{c}_i$ 的效能评估值；取矩阵 $\boldsymbol{P}$ 中的第 k 列作为列向量 $\boldsymbol{P}^{b_k} = [p_{1k}, p_{2k}, \cdots, p_{nk}]^{\mathrm{T}}$ 计算二范数，从而得到任务 $\bar{b}_i$ 的效能评估值，这样可以更全面地评估系统对体系某一项任务或某一项能力的贡献。系统 $\bar{s}_j$ 对能力 $\bar{c}_i$ 的贡献度计算公式为

$$\mathrm{Contr}\boldsymbol{P}_{\bar{s}_j}^{c_i} = \frac{\|\tilde{\boldsymbol{P}}^{c_i}\|_2 - \|\tilde{\boldsymbol{P}}_{\bar{s}_j}^{c_i}\|_2}{\|\tilde{\boldsymbol{P}}^{c_i}\|_2} \qquad (5\text{-}9)$$

系统 $\bar{s}_j$ 对任务 b_k 的贡献度计算公式为

$$\mathrm{Contr}\boldsymbol{P}_{\bar{s}_j}^{b_k} = \frac{\|\tilde{\boldsymbol{P}}^{b_k}\|_2 - \|\tilde{\boldsymbol{P}}_{\bar{s}_j}^{b_k}\|_2}{\|\tilde{\boldsymbol{P}}^{b_k}\|_2} \qquad (5\text{-}10)$$

3. 体系的灵活性建模

体系的灵活性可用体系能力-系统映射矩阵 $\boldsymbol{R}$ 来表示，即

$$\boldsymbol{R} = \begin{bmatrix} r_{11} & r_{12} & \cdots & r_{1m} \\ r_{21} & r_{22} & \cdots & r_{2m} \\ \vdots & \vdots & \ddots & \vdots \\ r_{n1} & r_{n2} & \cdots & r_{nm} \end{bmatrix}$$

其中，$r_{ij} = \begin{cases} 1, \text{能力} i \text{由系统} j \text{实现} \\ 0, \text{其他} \end{cases}$，$i = 1, 2, \cdots, m$，$j = 1, 2, \cdots, n$。

由前文关于体系灵活性的定义可知，形成一项能力所对应的可选择系统组合方案越多，该体系的灵活性越强。有些能力只需要单一的系统就能实现，有些则需要不同系统的组合，因此在设计能力时，需要对不同系统组合的能力进行解耦，确保系统能独立支撑一项能力。

将解耦后的映射矩阵重新组织成 h 项基本能力，此时可用 $\boldsymbol{Y}$ 表示灵活性矩阵，即

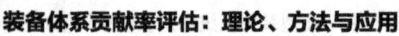

$$Y = \begin{bmatrix} y_{11} & y_{12} & \cdots & y_{1m} \\ y_{21} & y_{22} & \cdots & y_{2m} \\ \vdots & \vdots & \ddots & \vdots \\ y_{h1} & y_{h2} & \cdots & y_{hm} \end{bmatrix}$$

其中，$y_{ij} = \begin{cases} 1, \overline{c_i}由\overline{s_j}独立实现 \\ 0, 其他 \end{cases}$, $i=1,2\cdots,m, j=1,2,\cdots,h$。

通过计算矩阵 Y 的 F-范数分析体系的灵活性，各行的数值"1"越多，组合方案就越多。系统 $\overline{s_j}$ 对体系 SoS 的灵活性贡献度可由下式计算：

$$\text{Contr}Y_{\overline{s_j}} = \frac{\|\tilde{Y}\|_F - \|\tilde{Y}_{\overline{s_j}}\|_F}{\|\tilde{Y}\|_F} \tag{5-11}$$

式中，$\tilde{Y}_{\overline{s_j}}$ 代表体系中含有系统 $\overline{s_j}$ 的体系灵活性矩阵；$\tilde{Y}$ 代表不含有系统 $\overline{s_j}$ 的基准体系灵活性矩阵。

4. 体系的稳健性建模

根据稳健性的概念，整个体系的稳健性由各种能力的稳健性构成，直接的计算方法是把体系内的各个系统进行组合，分别计算体系在各种系统故障组合下每种能力的效能评估值，并与所有系统的组合数相除，即可得到平均效能评估值。但是这种计算方法并不容易实现，计算成本也比较高。在实际情况中，可以通过进一步简化能力-系统映射矩阵进行求解。

对于矩阵 Y，确保能力只对应一个系统，即每行只有一个元素"1"，将其他元素都是"0"的行去掉。这样做的原因是在对应的系统发生故障时，使能力无法发挥，从而不用进行其他计算。将简化后的矩阵设为 E，将简化后的系统个数设为 $\overline{m}$，则有

$$E = \begin{bmatrix} e_{11} & e_{12} & \cdots & e_{1\overline{m}} \\ e_{21} & e_{22} & \cdots & e_{2\overline{m}} \\ \vdots & \vdots & \ddots & \vdots \\ e_{n1} & e_{n2} & \cdots & e_{n\overline{m}} \end{bmatrix}$$

其中，$e_{ij} = \begin{cases} 1, \overline{c_i}由\overline{s_j}独立实现 \\ 0, 其他 \end{cases}$, $i=1,2\cdots,\overline{m}, j=1,2,\cdots,n$。

体系的稳健性由各种能力的稳健性构成，需要计算各种能力在所支持系统的所有排列条件下，所有可能存在的故障情况及效能的平均值。$\overline{c_i}$ 在 b_k 下效能的稳健性计算公式为

$$\hat{p}_{ik} = \frac{\sum_{j=1}^{\bar{m}} \bar{e}_{ij} f_{c_i}(b_k, \hat{S}(\bar{s}_j)) + \sum_{j_1=1}^{\bar{m}-1}\sum_{j_2=j_1+1}^{\bar{m}} \bar{e}_{ij_1}\bar{e}_{ij_2} f_{c_i}(b_k, \hat{S}(\bar{s}_{j_1}, \bar{s}_{j_2})) \cdots + f_{c_i}(b_k, \hat{S}(\bar{s}_1, \cdots, \bar{s}_m)) \cdot \prod_{j=1}^{\bar{m}} \bar{e}_{ij}}{\sum_{j=1}^{\bar{m}} \bar{e}_{ij} + \sum_{j_1=1}^{\bar{m}-1}\sum_{j_2=j_1+1}^{\bar{m}} \bar{e}_{ij_1}\bar{e}_{ij_2} + \cdots + \prod_{j=1}^{\bar{m}} \bar{e}_{ij}}$$

（5-12）

式中，$\hat{S}(\bar{s}_j)$ 代表体系去掉系统 $\bar{s}_j$ 后的组成。由上式可得稳健性测试之后的效能矩阵 $\hat{P}$，即

$$\hat{P} = \begin{bmatrix} \hat{p}_{11} & \hat{p}_{12} & \cdots & \hat{p}_{1q} \\ \hat{p}_{21} & \hat{p}_{22} & \cdots & \hat{p}_{2q} \\ \vdots & \vdots & \ddots & \vdots \\ \hat{p}_{m1} & \hat{p}_{m2} & \cdots & \hat{p}_{mq} \end{bmatrix}$$

这里同样可以用归一化后的稳健性矩阵的 F-范数表示，即用稳健性测试后的效能值除以正常状态下的评估值得到稳健性评价指标，具体如下：

$$\text{Robst} = \frac{\|\hat{P}\|_F}{\|\bar{P}\|_F} \quad (5\text{-}13)$$

式中，$\bar{P}$ 为包含全部系统且均工作正常的体系的效能矩阵。

综上所述，系统 $\bar{s}_j$ 对体系 SoS 的稳健性贡献度可由下式求得：

$$\text{ContrR}_{\bar{s}_j} = \frac{\text{Robst}_{\bar{s}_j} - \text{Robst}}{\text{Robst}} \quad (5\text{-}14)$$

式中，$\text{Robst}_{\bar{s}_j}$ 代表体系不含有系统 $\bar{s}_j$ 的稳健性评估值；Robst 代表含有系统 $\bar{s}_j$ 的基准体系稳健性评估值。

5. 体系的经济性建模

体系的总成本可由各个系统带来的成本叠加而成。设系统 $\bar{s}_j$ 的成本为 Cost_{s_j}，总成本用 Cost_{SoS} 表示，则有

$$\text{Cost}_{\text{SoS}} = \sum_{j=1}^{m} \text{Cost}_{s_j} \quad (5\text{-}15)$$

经济性贡献度 ContrEco 可用不计系统 $\bar{s}_j$ 的体系成本占体系总成本的百分比来表示，即该系统给其他系统留下的预算空间越多，该系统对体系的经济性贡献度越大，其计算公式为

$$\text{ContrEco} = \frac{\text{Cost}_{\text{SoS}} - \text{Cost}_{\bar{s}_j}}{\text{Cost}_{\text{SoS}}} \quad (5\text{-}16)$$

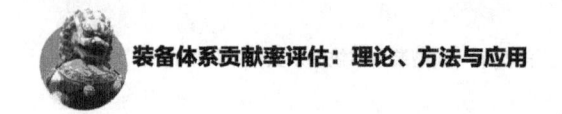

5.2 基于效能的体系贡献率评估方法

5.2.1 基于系统动力学的效能贡献率评估方法

潘星等在其论文《基于系统动力学的装备体系贡献率评估方法》中，以装备体系结构与效能指标分析为基础，对装备体系效能的涌现进行了分析，并利用系统动力学模型进行装备体系效能的仿真评估，提出了装备体系贡献率评估方法。下面根据该论文大致介绍基于系统动力学的效能贡献率评估方法。

从效能角度研究装备体系贡献率的难点之一就是量化分析因装备系统相互作用而在整体层面涌现出的效能对装备体系的影响。因此，上述论文瞄准装备体系效能评估和贡献率分析问题，以导弹装备体系为研究背景，通过系统动力学方法对装备体系效能和贡献率进行仿真研究，在基于美国国防部体系结构框架（Department of Defense Architecture Framework，DoDAF）对装备体系结构和效能评估指标进行详细分析的基础上，借鉴涌现理论对装备体系贡献率进行分析并提出计算方法，并以效能为指标构建装备体系系统动力学仿真模型，对导弹装备体系在典型任务场景下的装备体系贡献率评估过程进行案例分析。

装备体系贡献率描述了装备之间关系及装备对装备体系的重要程度，对其进行评估不仅有利于装备的选择和体系结构优化，还能从技术角度分析装备的潜在价值及可持续性，并作为研发与技术发展决策的依据。从效能角度对装备体系贡献率进行分析，可以反映装备对装备体系完成作战任务和目标的影响程度，并对装备体系进行优化。从系统工程角度来看，装备体系效能的形成是系统涌现的结果，由此可知，从涌现角度对装备体系贡献率进行分析，有利于厘清装备体系贡献率的概念并进行科学的评估。

装备体系贡献率是装备所做贡献的度量，也是装备体系效能涌现效应的度量。涌现性是系统，尤其是复杂系统的一种重要特性。通过对装备体系效能的涌现特点进行分析，可以更好地对装备体系效能进行量化评估。系统涌现要素包括个体、规则、输入、反馈，涌现是自主个体根据环境的输入，以自身逻辑执行不同规则，进行影响叠加后形成系统特性，继续对个体进行反馈影响。通过对上述 4 个系统涌现要素进行分析，能够更好地建立系统仿真模型并用于效能评估。此外，在装备体系中，涌现不只有一次，而是在各个

层次中逐层涌现，即涌现的层次性。若以体系作为最大研究对象，可将装备体系涌现分为 4 个层次：个体涌现、系统涌现、体系涌现（内部）、体系与环境（作战过程，外部）涌现。这 4 个层次的涌现，对于装备体系效能评估指标层级的构建有直接指导作用。

综上所述，要想对装备体系进行效能评估并分析其贡献率，必须认识到涌现行为与系统模型的行为具有一致性，通过解构装备体系效能形成过程中的涌现机理，可以形成效能评估指标框架，并用于指导装备体系效能评估和贡献率分析。上述论文基于系统动力学仿真对装备体系效能进行评估，其基于涌现行为的仿真框架如图 5-4 所示。

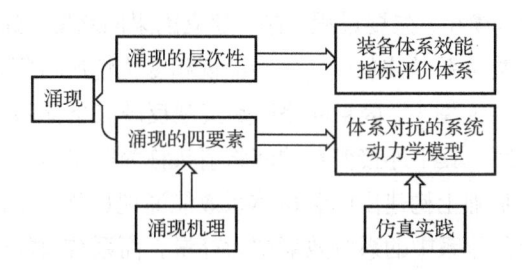

图 5-4 基于涌现行为的装备体系效能仿真框架

为了对装备体系效能和贡献率进行分析，需要对装备体系作战效果进行模拟。借助系统动力学模型可对装备体系效能涌现问题进行仿真分析，通过调整量化关系及参数，可对实际作战态势进行近似判断，以发现体系结构的优缺点。整个系统动力学建模过程包括：确认底层指标的相互关系、确认顶层指标的相互关系、根据指标间的相互关系建立因果回路图、基于因果回路图建立存量流量图、在仿真中迭代调整微分方程等。

1. 模型相互关系的确定

为了构建装备体系系统动力学因果关系，首先需要确认指标之间的相互关系，而在装备体系贡献率评估中主要需要确定以下两类关系。

1）底层指标的相互关系

底层指标主要包括装备级效能指标和装备内的各项指标。由于各项指标的相互关系及重要程度不易界定，指标间的函数关系也难以确定，无法使用现有公式直接计算，因而可采用指数法对各项指标进行量化描述：确认现有指标的基准值→依据基准值划分判断区间→对落在不同区间内的值赋予不

同指数。之后，可用加权赋值法得到上层指数公式，并根据相关文献资料及专家意见进行评分，确定上层指标权重，进而确定上层指标相对指数。

2）顶层指标的相互关系

为了全面考虑各项指标间的影响关系，需要先建立相关性矩阵，确认指标之间是否存在关系、影响为增强效应还是减弱效应，以及关联为单向还是双向。可以通过专家分析得出模糊评价的关系。

2. 系统动力学模型的构建

基于装备体系效能涌现分析，可以将涌现的四要素与系统动力学模型相对应，以建立仿真模型，主要过程包括：建立因果回路图、建立存量流量图，以及依据存量流量关系对装备体系效能涌现和变化情况进行量化分析。

在系统动力学模型中，因果回路图是直观反映装备体系效能涌现过程中反馈结构的关系图，其中连接变量的回路箭头称为因果链，而存量流量图是在因果回路图的基础上构建出的装备体系效能涌现量化关系图。通过分析存量流量图，将装备体系中的系统效能视为存量，而系统效能的变化率，即相应的流量会受到其他各系统效能的综合影响，这正好与前述系统顶层指标的相互关系相对应。此外，系统内的装备是系统发挥效能的基础，系统效能的变化率还应受到本系统内装备的综合影响，即前述的底层指标的相互关系。为了对系统效能进行合理描述，这里假定装备效能在初始时就决定了系统效能的变化率，并假定系统效能以线性方式影响效能变化率。

通过以上分析，即可构建系统效能的动力学模型，这样既能进行定性分析，又能参与定量计算。其中，存量流量的数学关系往往需要先根据经验进行初步判断，再在不断的仿真模拟中进行调整以符合实际情况。

5.2.2 基于作战环的效能贡献率评估方法

周琛等在其论文《基于作战环的航空武器装备体系贡献率评估》中针对空战等领域中存在的高对抗性武器装备体系效能和贡献率评估问题，对作战环方法进行了改进，结合网络可靠度思想给出了基于深度优先搜索的蒙特卡罗方法，对体系效能进行了计算，并给出了多功能装备参与下的面向多种评估对象的通用贡献率计算方法。下面根据该论文大致介绍基于作战环的效能贡献率评估方法。

装备体系的效能是指其完成预定作战任务能力的大小。在体系的作战环

模型中，常使用包含目标节点的作战环连通性来衡量体系效能，即当装备体系网络中至少存在一个正常工作的作战环时，可以认为装备体系能顺利完成针对目标的作战任务。若在此时为边和节点权值赋予概率意义，则作战环网络的效能就是在只考虑边和节点随机失效的条件下，作战环网络中存在连通回路的概率，从而使效能问题转化为网路可靠度问题。网络可靠度的相关算法一般讨论两端点或者多端点之间网络线路的连通概率。因此，对于此处讨论的作战环网络，需要先进行等价变形，才能采用适当的方法对网络可靠度，即作战环网络效能进行求解，其等价变换过程如图 5-5 所示。

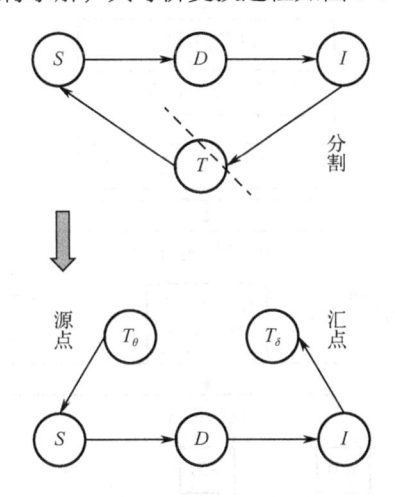

图 5-5　作战环网络等价变换过程

在图 5-5 中，目标节点 T 被拆解为源点 T_θ 和汇点 T_δ 两个虚拟目标节点，分别继承 T 的流出和流入连接。通过上述变换，可将网络回路连通性的问题转化为求解 T_θ 到 T_δ 的二端可靠度问题。当前采用的二端可靠度相关方法主要有解析法、定界法和近似法。其中，近似法适用于不同规模的网络，使用较为灵活，经典代表是蒙特卡罗方法。该方法一般需要与判断连通性的方法结合使用，如基于最小路集或最小割集方法、深度优先搜索算法、广度优先搜索算法、响应曲面法，也可以结合一些机器学习算法，如神经网络方法等。上述论文选用基于深度优先搜索（DFS）的蒙特卡罗方法对作战环网络效能进行求解。蒙特卡罗方法一般分为 2 个步骤：状态抽样和状态判定。由于这里在作战环建模中引入了多功能装备，装备模块层的节点失效由装备层的节点状态决定，因此在状态抽样环节需要分步进行：首先对装备层的节点进行状态抽样，移除失效状态装备，并在装备模块层移除其映射节点和相关联的边；然后对装备模块层中保留的边进行状态抽样，并生成邻接矩阵。

而在状态判定环节，根据上一步生成的邻接矩阵，使用 DFS 算法对该状态下的作战环网络进行连通性判断，该算法的基本原理是使用递归思想，选取源点 T_0 作为起始点，沿着深度方向遍历网络节点，直到到达汇点 T_δ 返回"1"或遍历完所有未知节点返回"0"。利用基于 DFS 的蒙特卡罗方法求解作战环网络效能的过程如图 5-6 所示。

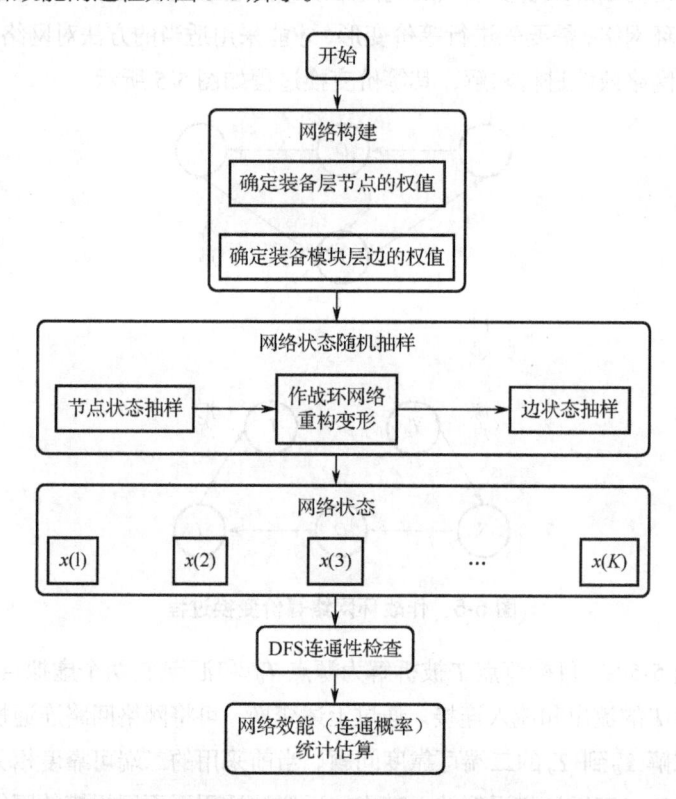

图 5-6 利用基于 DFS 的蒙特卡罗方法求解作战环网络效能的过程

对于装备、技术或其他评估对象对体系的贡献率，一般比较包含该评估对象前后体系的性能或功能差异，按照下式计算得到贡献率：

$$\mathrm{con}_{e_i} = \frac{\mathrm{Ef}_G - \mathrm{Ef}_{G-e_i}}{\mathrm{Ef}_G}$$

式中，con_{e_i} 表示评估对象 e_i 的贡献率；Ef_G 表示包含 e_i 的装备体系 G 对敌方的效能；Ef_{G-e_i} 表示移除装备 e_i 后的能力值。当评估对象是多功能装备时，加入和移除体系需要同时移除其映射的虚拟装备模块。

5.2.3 基于深度置信网络的效能贡献率评估方法

陈斯诺等在论文《基于深度置信网络的装备体系贡献度评估方法》[①]中，针对装备体系贡献度评估中存在的体系内部装备数量繁多且装备之间交联耦合、数据处理有效性不足等问题，提出了基于深度置信网络的体系贡献度评估方法，并建立了合适的评估计算模型，用于分析指标体系底层的各项评估指标，下面根据该论文大致介绍基于深度置信网络的效能贡献率评估方法。

传统评估方法过度依赖专家诊断经验，导致评估的准确性有限，随着装备发展趋向复杂化和综合化，评估体系贡献率时会涉及大量多元数据，评估数据因定性、定量混合而拥有较高的不确定性，数据处理也缺乏有效性，因此迫切需要研究一种新的方法以适应装备体系的变化。深度置信网络（Deep Belief Network，DBN）是一种深度学习训练算法，它拥有强大的自动特征提取能力，并在处理高维、非线性数据等方面有很大的优势，已经在图像处理等领域取得了很好的成果，但其在装备体系贡献率评估领域的运用有待开发。在体系贡献率评估过程中，底层指标到顶层体系贡献率之间的映射关系复杂，通过 DBN 的特征提取能力，可以充分提取原始数据中的特征；装备体系是一个大型复杂体系，其内部装备的数量、种类繁多，每个装备有许多性能参数且装备之间交联耦合，DBN 具有处理大量多元数据的能力，可以对体系作战效能进行有效拟合。

因此，将 DBN 运用到装备体系贡献率评估方法中可以提高评估的准确性和有效性。上述论文明确了空战装备体系的研究框架，建立了体系贡献率评估指标框架，并提出了基于 DBN 的评估方法。此文旨在对装备的体系价值及作用进行全面且客观的评估，从而可以对装备的发展和体系建设的优化提供更为科学的建议，以推动空军装备体系的发展。

为了计算待评估装备的体系贡献率，可以对比待评估装备加入空战装备体系前后体系作战效能的变化。根据体系贡献率的概念内涵，在对体系贡献率进行评估时，将装备基础战技指标作为评估输入，从下至上逐级聚合计算，如图 5-7 所示。

[①] 该论文中的贡献度同本书的贡献率，只是名称不同。

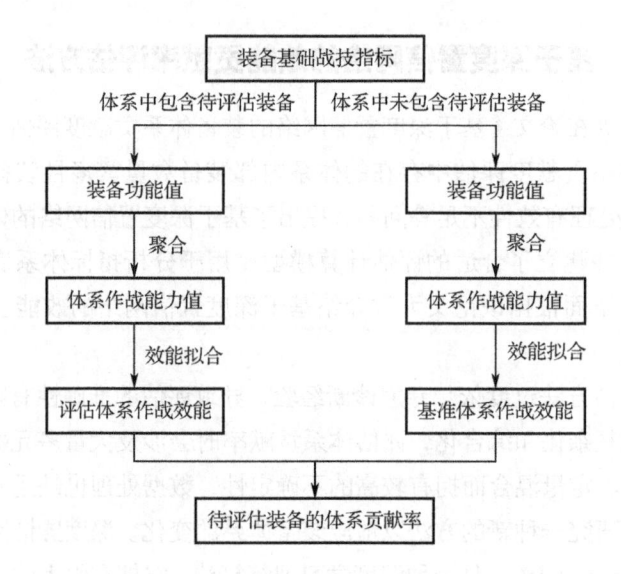

```
                    ┌──────────────────┐
                    │ 装备基础战技指标 │
                    └──────────────────┘
          体系中包含待评估装备 │   │ 体系中未包含待评估装备
            ┌──────────────┘   └──────────────┐
            ▼                                  ▼
      ┌──────────┐                       ┌──────────┐
      │ 装备功能值│                       │ 装备功能值│
      └──────────┘                       └──────────┘
         │ 聚合                              │ 聚合
         ▼                                   ▼
      ┌────────────┐                    ┌────────────┐
      │体系作战能力值│                   │体系作战能力值│
      └────────────┘                    └────────────┘
         │ 效能拟合                         │ 效能拟合
         ▼                                   ▼
      ┌────────────┐                    ┌────────────┐
      │评估体系作战效能│                 │基准体系作战效能│
      └────────────┘                    └────────────┘
                 └─────────┬─────────────┘
                           ▼
                 ┌──────────────────────┐
                 │ 待评估装备的体系贡献率│
                 └──────────────────────┘
```

图 5-7 基于装备基础战技指标的体系贡献率评估框架

1. 深度置信网络模型结构的建立

利用已有的仿真数据，构建基于深度置信网络的效能拟合模型。采用无监督训练方法对其进行预训练，并针对简单网络训练时间长和容易陷入局部最优的不足，采用回归层对初始的网络参数进行全局微调。

该模型的输出为体系效能指标值，输入为各个关键性能指标值，这些关键性能指标值会影响最终的体系效能指标值。将装备的关键性能指标值作为输入向量 X，与输出向量 Y 构成一个训练样本，由此构建的效能拟合模型如图 5-8 所示。网络由 k 个受限玻尔兹曼机（Restricted Boltzmann Machine，RBM）单元堆叠而成，其中 RBM 又分为上、下两层，上层为隐层，下层为显层。在利用其堆叠组成深度神经网络（Deep Neural Network，DNN）时，前一个 RBM 单元的输出层是下一个 RBM 单元的输入层，依次堆叠形成 DBN 的基本结构，最后添加一层逆向传播（BP）神经网络层用于回归，形成最终的 DBN-DNN 结构。

2. DBN 模型的预训练

利用对比散度算法进行权值初始化。通过对比散度算法对权重和偏置进行预训练，经过训练的权重和偏置值被用来确定相应隐元的开启和关闭。首先计算每个隐元的激励值，然后计算隐藏层中各个隐元的激励值并逐层向上

传播，用 Sigmoid 函数对其进行标准化处理，最后通过计算得到输出层的激励值和输出。DBN 的训练过程如图 5-9 所示。

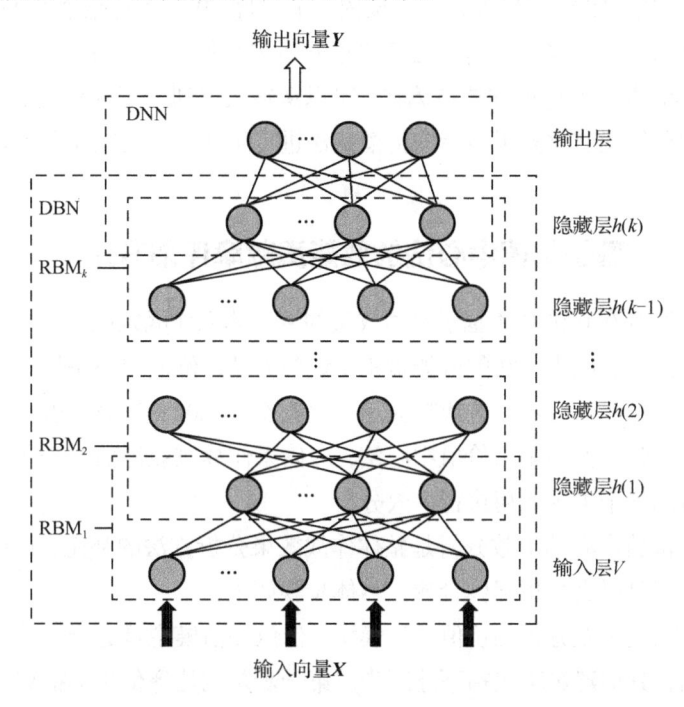

图 5-8　基于深度置信网络的效能拟合模型

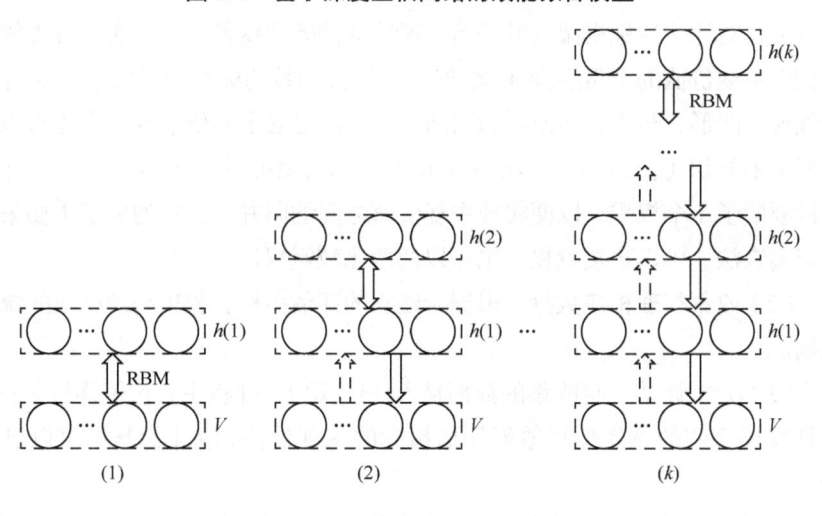

图 5-9　DBN 的训练过程

3．DBN 模型的调优

每一层的 RBM 只能保证自身层内权值最优，并没有对整个 DBN 达到最优，而反向传播网络可将错误信息自顶向下传给每一层的 RBM，并对整个 DBN 进行调整。通过前向传播算法，可以从输入得到一定的输出值，但是网络的权重和偏置值需要采用后向传播算法进行更新，从而完成有监督的调优训练。

5.2.4　基于价值中心法的效能贡献率评估方法

于芹章等在其论文《基于整体效果的装备体系作战效能评估方法研究》中提出了基于价值中心法的效能贡献率评估方法。价值中心法是一种以价值为中心的综合评估方法，曾成功应用于美国空军 2025 作战分析。基于价值中心的等效分析就是采用价值中心法，对体系作战效能评估的一些不同量纲的统计指标基于主观效用进行等效分析。

基于价值中心的等效分析是整体作战效果分析方法的补充，其在价值等效的基础上可以进行指标体合成，具体步骤如下：

（1）构建等效分析的价值评估模型。价值评估模型是进行等效分析的核心和基础，其构建过程包括下述三步。第一步是构建评估指标框架。评估指标框架是在等效分析的基础上构建的指标体系。第二步是构建评分函数。评分函数是对评估指标框架的叶子节点所建立的效用函数，用于实现各类统计数据向主观价值的"量纲为 1 化映射"。评分函数的标准形式大致有 5 种，即线形、凹形、凸形、凸凹形和凹凸形，它的建立主要依靠专家群体和以前所积累的知识（仿真实验、演习等）。第三步是评估指标赋权。第一个评估指标要赋予 1 个权重，以便实现主观价值之间的归并。权重的确定主要采用专家调查法，可以直接赋权，也可以两两比较赋权。

（2）收集整理相应数据。根据所建立的评估指标，收集整理相应的统计数据。

（3）分析评估。将收集的数据输入评估模型，并将主观价值逐层归并，得到需要等效的体系作战效能评估指标的主观价值，以此为基础可以进行分析。

装备体系贡献率分析的目的是评估主战装备对于整体作战效能的贡献，进而可以分析主战装备的编制编成及作战运用等是否合理。装备贡献率的计

算方法：定义基本价值，设毁伤某类作战目标的价值为 1，毁伤其他类目标的价值采用 Delphi 法或价值中心法确定，则某类装备的贡献率为

$$V_i = \sum_{j=1}^{n} m_j v_{ij}$$

式中，V_i 表示某类装备的贡献率；n 表示毁伤的装备种类；m_j 表示毁伤的第 j 类装备的数量；v_{ij} 表示第 j 类装备的价值。

基于价值中心法的装备体系贡献率分析的步骤如下：①确定要分析的主战装备的类型及数量；②收集每个装备对于敌方各类型装备的毁伤数据；③统计分析每类装备的毁伤情况；④基于价值中心的贡献率分析；⑤确定每个装备贡献价值在所有装备贡献价值中的占比，即装备体系贡献率；⑥形成评估的结论数据。其中，第④步是关键步骤，需要借助评估专家的经验来实现，它是一个定性与定量相结合的过程，也就是说，装备的贡献率含有主观价值的成分，不同的人可能会得到不同的排序结果。

5.3 体系贡献率综合评估方法

5.3.1 基于 AHP 的定性–定量综合评估方法

吕惠文等在论文《武器装备体系贡献率的综合评估计算方法研究》中将体系贡献率评估的所有底层指标统一与七级定性评判指标挂钩，并分别采用离散映射和连续函数映射方式对定性指标与定量指标进行转换，进而在相同评判标准下通过基于 AHP 的权重赋值和多层加权融合获得最终的装备体系贡献率综合值。该方法的一个显著特点是装备体系贡献率综合值被限定在 [-1, 1] 区间，以便于应用决策规则的制定。它适用于武器装备体系贡献率中不同类别指标评估结果的综合。下面根据该论文大致介绍基于 AHP 的定性–定量综合评估方法。

武器装备对于某一特定作战体系或者多个作战体系的贡献率是体系贡献率评估的核心问题，而如何将定性指标与定量指标评估值在统一的评估标准下进行综合更是难点所在。上述论文以七级定性评判档次为标准，采用离散映射和连续函数映射方法对定性指标与定量指标进行统一转换，并通过基于 AHP 获得的各类权重和多层加权融合计算装备体系贡献率综合值。

1. 专家评级及指标计算结果的归一化

映射底层定性指标的评估结果由专家评级得到，能力需求满足度贡献率和体系作战效能贡献率指标则是通过定量计算得到的。体系贡献率的分析与评估最终选择的是量化评判的方式，这就要求不同性质、不同层次的指标能用较为统一的方式进行描述，不同量级的指标测算结果也要统一规范到同一衡量框架中。这里以专家评级结果的归一化为基础，对不同层的指标计算结果进行归一化映射，实现作战体系贡献率计算结果的统一度量。

（1）专家评级的归一化映射。将专家评级的结果映射至[-1, 1]区间，其离散映射的规则见表5-1。

表5-1 专家评级的离散映射规则

评估标准	评判档次	映射规则
×××填补空白或质的提升	1	1
×××存在显著提升	2	0.6
×××存在局部改善	3	0.3
×××不存在显著变化	4	0
×××存在局部削弱	5	−0.3
×××存在显著下降	6	−0.6
×××存在严重下降或缺失	7	−1

（2）体系贡献率及体系作战效能贡献率的归一化映射。为了统一评判标准，建立类似表5-1的7个评判档次的分段连续函数映射，可以使体系贡献率的指标计算范围与专家评级结果离散映射的范围相一致，即所有指标计算结果均映射至[-1, 1]区间。同时，特征节点分布还与专家评估分档相对应，实现评估判断层面的契合。下面以能力需求满足度贡献率为例进行说明。

对于装备体系贡献率 G 的归一化映射可以通过分段函数拟合的方式进行。在拟定特征节点对应的归一化特征值后，即可进行能力需求满足度贡献率的归一化映射，下面给出一组线性分段拟合示例。分段函数特征节点的归一化映射规则见表5-2。

第 5 章　典型装备系统体系贡献率评估方法

表 5-2　分段函数特征节点的归一化映射规则

G 节点值	节点评判档次	归一化映射值
$[0.5, \infty)$	1	1
0.3	2	0.6
0.15	3	0.3
$[-0.03, 0.03]$	4	0
-0.15	5	-0.3
-0.3	6	-0.6
$(-\infty, -0.5]$	7	-1

分段拟合函数为

$$G_g = \begin{cases} -1, G < -0.5 \\ 2(G+0.3)-0.6, -0.5 \leq G < -0.3 \\ 3(G+0.15)-0.3, -0.3 \leq G < -0.15 \\ 2.5(G+0.03), -0.15 \leq G < -0.03 \\ 0, G \leq 0.03 \\ 2.5(G-0.03), 0.03 < G \leq 0.15 \\ 2(G-0.15)+0.3, 0.15 < G \leq 0.3 \\ 2(G-0.3)+0.6, 0.3 < G \leq 0.5 \\ 1, G > 0.5 \end{cases}$$

事实上，还可以根据特征点值的不同，采用其他函数拟合，如图 5-10 所示。对于体系作战效能贡献率的计算值，也可以通过上述方法进行归一化映射。

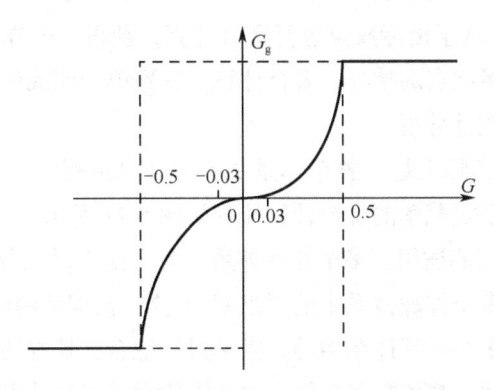

图 5-10　其他拟合函数示例

2. 指标聚合与统计分析

将分级评判结果和其他解析计算与作战仿真结果进行归一化处理后，就具备了按照不同层次、不同权重进行逐级向上聚合的基本条件。在指标聚合与统计分析的过程中，需要注意以下几方面的问题：权重作为聚合的基本规则，是开展体系贡献率分析的先决因素，必须在开展专家分级评判及其他评估计算任务之前独立完成。体系功能适应性视角和体系结构视角三级评估指标归一化后只能获得离散值，并且在同一专家进行分级评判时，得出的是三级指标体系的系统性评判，不宜孤立地统计分析单一三级评估指标的评判结果，因此应聚合至二级指标后进行统计分析，即根据每位专家评级打分后，聚合得到履行多样化使命任务贡献率、作战行动样式贡献率、装备体系结构优化贡献率和部队编制体制优化贡献率评判结果，再进行统计分析，就可以得到连续的统计结果，如履行多样化使命任务贡献率统计值 $\bar{G}_1$ 可以表示为

$$\bar{G}_1 = \frac{1}{n}\sum_{i=1}^{n}\bar{G}_{1i} \tag{5-17}$$

式中，n 为专家人数。

对于采用统计值作为贡献率指标结果的部分，如体系结构视角和体系功能适应性视角对应的指标、体系作战效能贡献率指标等，则需要给出其他的统计分析结果，如方差、置信区间等。如果数据样本量较少，则可以采用自助抽样等策略，以获得所需的统计结果。

对于单一作战体系贡献率的综合计算问题，也需要在二级指标值统计分析的基础上进行。首先根据二级指标的抽样值和计算值（如能力需求满足度的贡献率指标），基于指标权重进行聚合计算，获得单一作战体系贡献率样本值；然后经过多次自助抽样、聚合计算，得到单一作战体系贡献率的样本集合；最后进行统计分析。

综合分析法实际上是对整个体系贡献率计算流程的综合，根据上述分析，单一作战体系贡献率的综合计算流程如图 5-11 所示。

同一型装备可能适用于多个作战体系，为了便于对比分析和应用决策，需要计算装备在多个作战体系中的贡献率。此外，根据使命任务和装备特征，还需要将装备在多个作战体系中的贡献率进行综合，其方法与上一节基本相同，这里不再赘述。装备在多个作战体系中的贡献率计算思路：①根据不同作战体系的重要程度，确定不同作战体系对应的参考权重；②根据装备在各

作战体系中的贡献率计算结果，通过聚合计算得到某型装备的综合作战体系贡献率。

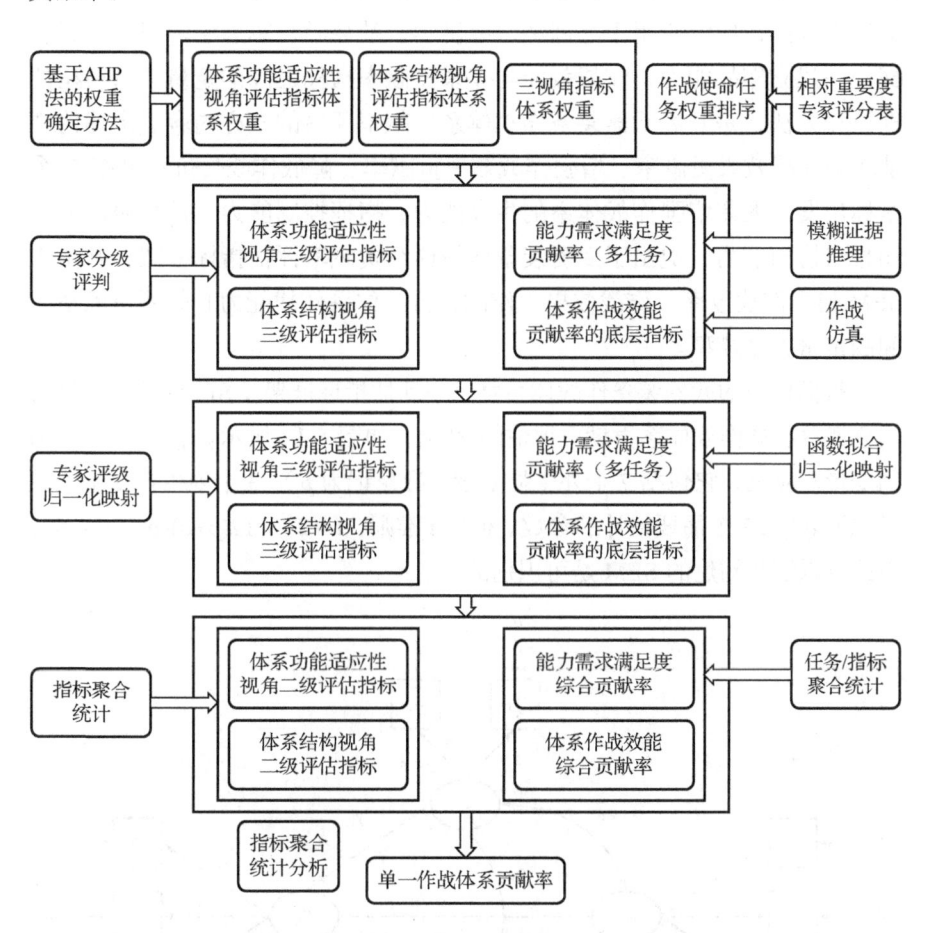

图 5-11　单一作战体系贡献率的综合计算流程

5.3.2　基于 SEM 的能力-效能综合评估方法

罗小明等在论文《基于 SEM 的武器装备作战体系贡献度评估方法》中，探讨了增强作战效果贡献度（率）指标、增强作战效率贡献度（率）指标和降低作战代价贡献度（率）指标的量化方法，分析了作战效果、作战效率、作战代价与体系作战能力之间的定性关系，提出了武器装备作战体系贡献度（率）评估指标框架，建立了基于结构方程模型（SEM）的武器装备作战体系贡献度（率）评估模型。下面根据该论文大致介绍基于 SEM 的能力-效能综合评估方法。

SEM 是一种新型多元统计分析方法，也是计量经济学、计量社会学和计量心理学等领域的统计方法的综合，目前已成为统计分析方法中一个新的发展方向，广泛应用于心理学、经济学、社会学、军事学等研究领域。探究并建立作战能力、作战效能与体系贡献率指标之间的定量关系模型的理论和方法，是开展武器装备作战体系贡献率评估的核心内容。上述论文从增强作战效果贡献率、增强作战效率贡献率、降低作战代价贡献率 3 个指标出发，聚焦增强作战体系的生存能力、指挥控制能力、信息协同能力和打击协同能力，提出了武器装备作战体系贡献率评估指标框架，并基于 SEM 建立作战效率、作战效果、作战代价与体系作战能力和体系贡献率之间的定量关系模型。

根据构建的武器装备作战体系贡献率评估指标框架及 SEM 的基本原理，建立武器装备作战体系贡献率评估的 SEM，如图 5-12 所示。表 5-3 是 SEM 的变量对应表，它包括 7 个外生显变量（数量记为 p）、3 个内生显变量（数量记为 q），27 个需要估计的参数。根据 t 准则，$t = 27 < 12(p+q)(p+q+1)=55$，由此可以证明构建的 SEM 是可识别的。

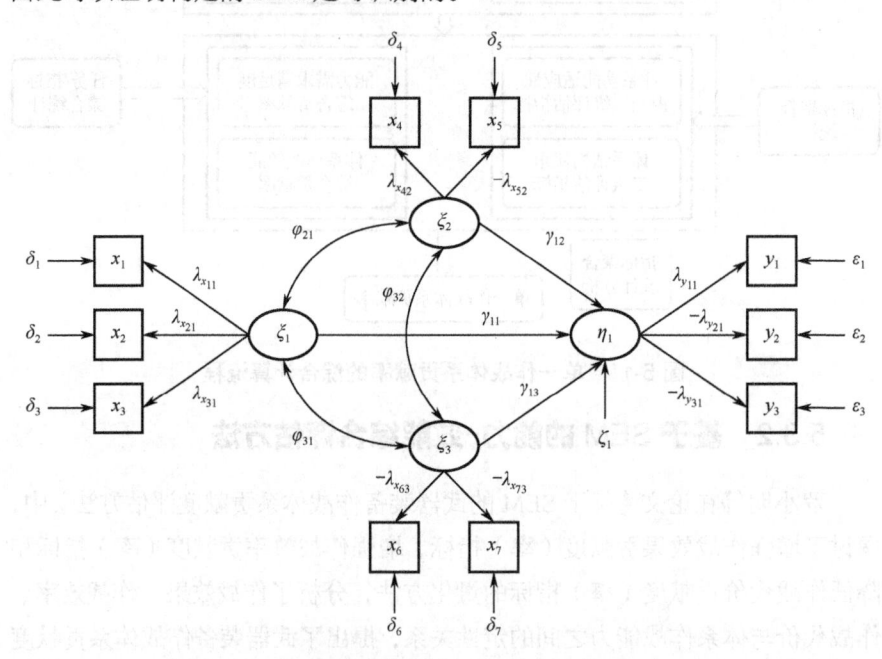

图 5-12 武器装备作战体系贡献率评估的 SEM

表 5-3 SEM 的变量对应表

变量	潜变量 （体系作战能力指标）	显变量 （作战效能/体系贡献率指标）
外生变量	信息协同能力 ξ_1	综合探测概率 x_1
		组网通信能力及质量 x_2
		体系联通性 x_3
	指挥控制能力 ξ_2	武器单元之间的协同时间 x_4
		决策响应时间（OODA 环时长）x_5
	生存能力 ξ_3	目标或装备被发现的概率 x_6
		目标或装备战损概率 x_7
内生变量	打击协同能力 η_1	兵力倍增系数 y_1
		敌我兵力损耗交换比 y_2
		作战响应时间（战斗持续时间）y_3

这里选取信息协同能力、指挥控制能力、生存能力和打击协同能力作为武器装备作战体系能力的构成要素进行分析，并将这 4 种能力作为 SEM 中的 4 个潜变量，分别用相关贡献率指标作为显变量，通过贡献率系数 λ 和贡献率偏差 δ 构建潜变量与显变量之间的数学模型。例如，信息协同能力 ξ_1 可通过综合探测概率 x_1 及其对应的贡献率系数 $\lambda_{x_{11}}$ 和贡献率偏差 δ_1 表示；组网通信能力及质量可通过质量 x_2 及其对应的贡献率系数 $\lambda_{x_{21}}$ 和贡献率偏差 δ_2 表示；体系联通性 x_3 可通过对应的贡献率系数 $\lambda_{x_{31}}$ 和贡献率偏差 δ_3 表示。同理，其他作战体系能力也可用相应的显变量和贡献率系数及贡献率偏差进行表示。此外，在图 5-12 中，φ 表示外生变量间的影响关系系数，γ 表示外生变量与内生变量间的影响关系系数。由于其关系比较复杂，此处不将其作为重点研究内容。

SEM 模型的测量方程为

$$\begin{bmatrix} x_1 \\ x_2 \\ x_3 \\ x_4 \\ x_5 \\ x_6 \\ x_7 \end{bmatrix} = \begin{bmatrix} \lambda_{x_{11}} & 0 & 0 \\ \lambda_{x_{21}} & 0 & 0 \\ \lambda_{x_{31}} & 0 & 0 \\ 0 & \lambda_{x_{42}} & 0 \\ 0 & -\lambda_{x_{52}} & 0 \\ 0 & 0 & -\lambda_{x_{63}} \\ 0 & 0 & -\lambda_{x_{73}} \end{bmatrix} \times \begin{bmatrix} \xi_1 \\ \xi_2 \\ \xi_3 \end{bmatrix} + \begin{bmatrix} \delta_1 \\ \delta_2 \\ \delta_3 \\ \delta_4 \\ \delta_5 \\ \delta_6 \\ \delta_7 \end{bmatrix}$$

$$\begin{bmatrix} y_1 \\ y_2 \\ y_3 \end{bmatrix} = \begin{bmatrix} \lambda_{y_{11}} \\ -\lambda_{y_{21}} \\ -\lambda_{y_{31}} \end{bmatrix} \times [\eta_1] + \begin{bmatrix} \varepsilon_1 \\ \varepsilon_2 \\ \varepsilon_3 \end{bmatrix} \qquad (5\text{-}18)$$

由此可得作战能力、作战效能与体系贡献率指标之间的定量关系模型,即

$$\xi_1 = \frac{1}{3\lambda_{x_{11}}} x_1 + \frac{1}{3\lambda_{x_{21}}} x_2 + \frac{1}{3\lambda_{x_{31}}} x_3 - \left(\frac{1}{3\lambda_{x_{11}}} \delta_1 + \frac{1}{3\lambda_{x_{21}}} \delta_2 + \frac{1}{3\lambda_{x_{31}}} \delta_3 \right) \qquad (5\text{-}19)$$

$$\xi_2 = \frac{1}{2\lambda_{x_{42}}} x_4 - \frac{1}{2\lambda_{x_{52}}} x_5 - \left(\frac{1}{2\lambda_{x_{42}}} \delta_4 - \frac{1}{2\lambda_{x_{52}}} \delta_5 \right) \qquad (5\text{-}20)$$

$$\xi_3 = -\frac{1}{2\lambda_{x_{63}}} x_6 - \frac{1}{2\lambda_{x_{73}}} x_7 + \left(\frac{1}{2\lambda_{x_{63}}} \delta_6 + \frac{1}{2\lambda_{x_{73}}} \delta_7 \right) \qquad (5\text{-}21)$$

$$\eta_1 = \frac{1}{3\lambda_{y_{11}}} y_1 - \frac{1}{3\lambda_{y_{21}}} y_2 - \frac{1}{3\lambda_{y_{31}}} y_3 - \left(\frac{1}{3\lambda_{y_{11}}} \varepsilon_1 - \frac{1}{3\lambda_{y_{21}}} \varepsilon_2 - \frac{1}{3\lambda_{y_{31}}} \varepsilon_3 \right) \qquad (5\text{-}22)$$

只要能获得关于所有显变量 $x_1 \sim x_3$ 和 $y_1 \sim y_3$ 的测量值,就可解算出潜变量 ξ_1、ξ_2、ξ_3、η_1 的数值。通过对比有无被评武器装备支持时 ξ_1、ξ_2、ξ_3、η_1 值的变化情况,即可解算出被评估武器装备对增强作战体系生存能力、指挥控制能力、信息协同能力和打击协同能力的贡献率。

将被评估武器装备作战体系的贡献率划分为 5 个等级,分别是很高、较高、中等、较低、很低,相应的评估值的主区间依次为(0.85,1]、(0.6,0.85]、(0.4,0.6]、(0.15,0.4]、[0,0.15],即可得出被评估武器装备对增强体系作战能力贡献率的评估结论。

5.3.3 基于 MMF-OODA 的结构–行为综合评估方法

金丛镇在其硕士学位论文《基于 MMF-OODA 的海军装备体系贡献度评估方法研究》中,通过借鉴使命方法框架(Missions and Means Framework,MMF)和 OODA 梳理体系贡献度(率)评估链路,提出了基于 MMF-OODA 的海军装备体系贡献度(率)评估方法。该方法借鉴 MMF 从作战使命出发对体系中支撑装备的作战行为及能力表现给予一定的追溯性评估分析,并利用 OODA 作战环刻画装备体系作战过程机理,有助于找到装备在体系作战中的作用。它将结构和行为有机结合,有效支撑作战效能和作战能力综合贡献率评估,主要由以下两部分组成。

（1）白箱法。该方法主要从作战能力需求满足角度进行分析。基于 MMF 对体系结构进行建模，流程包括使命任务分析、确定体系能力需求、一级子能力分解、二级子能力分解、底层能力到系统功能的映射、系统功能到装备的映射。由于二级子能力之间互相影响，整个层次结构可借助分析网络过程法（ANP）来刻画。基于 ANP 计算系统功能对顶层能力需求的满足程度，基于 TOPSIS 法计算装备方案对系统功能实现的贴近度，进而分析装备变化后对体系能力需求满足程度的变化，并以此评估贡献率。

（2）黑箱法。不同于"白箱"法需要对体系结构进行建模，"黑箱"法忽略了体系内部元素的关系，直接从体系作战效能角度进行分析。首先在 MMF 交互环节引入 OODA 作战环，基于 OODA 构建可扩展效能评估指标框架，并采用粗糙集方法对指标体系中的冗余底层效能指标进行筛选；然后基于 TFN-AHP 计算 OODA 作战环中每个阶段和底层指标的权重，并采用效用函数方法计算不同装备组建方案的体系作战效能；最后，通过对比分析方案中装备的变化对作战效能的影响，评估体系贡献率。海军装备体系贡献率评估总体指导框架如图 5-13 所示。

5.3.4 多类型体系贡献率综合评估方法

王茂桓等在论文《多类型体系贡献率评估的综合问题研究》中对多类型体系贡献率的产生机理进行了详细论述，并通过数理分析，在多样化目标特性与目标层次化特性两种情形下，剖析多类型体系贡献率综合存在的计算问题，提出了 3 种多类型体系贡献率综合计算模型。下面就该论文的内容进行简要讲解。

对装备体系贡献率的评估研究需要把握以下两个要点：

（1）需要落实到具体的支撑使命任务上，展现决策者所关注的要素的增益，以展现装备是如何产生贡献的，从而供决策者进行有效分析。

（2）体系贡献率是支持装备论证规划、建设发展的重要指标，因此需要具备为装备发展重点方向选择、建设方案优化、方案遴选提供参考的能力。

基于以上要点，结合多类型体系贡献率综合存在的计算问题，下面给出 3 种多类型体系贡献率评估的综合模型。

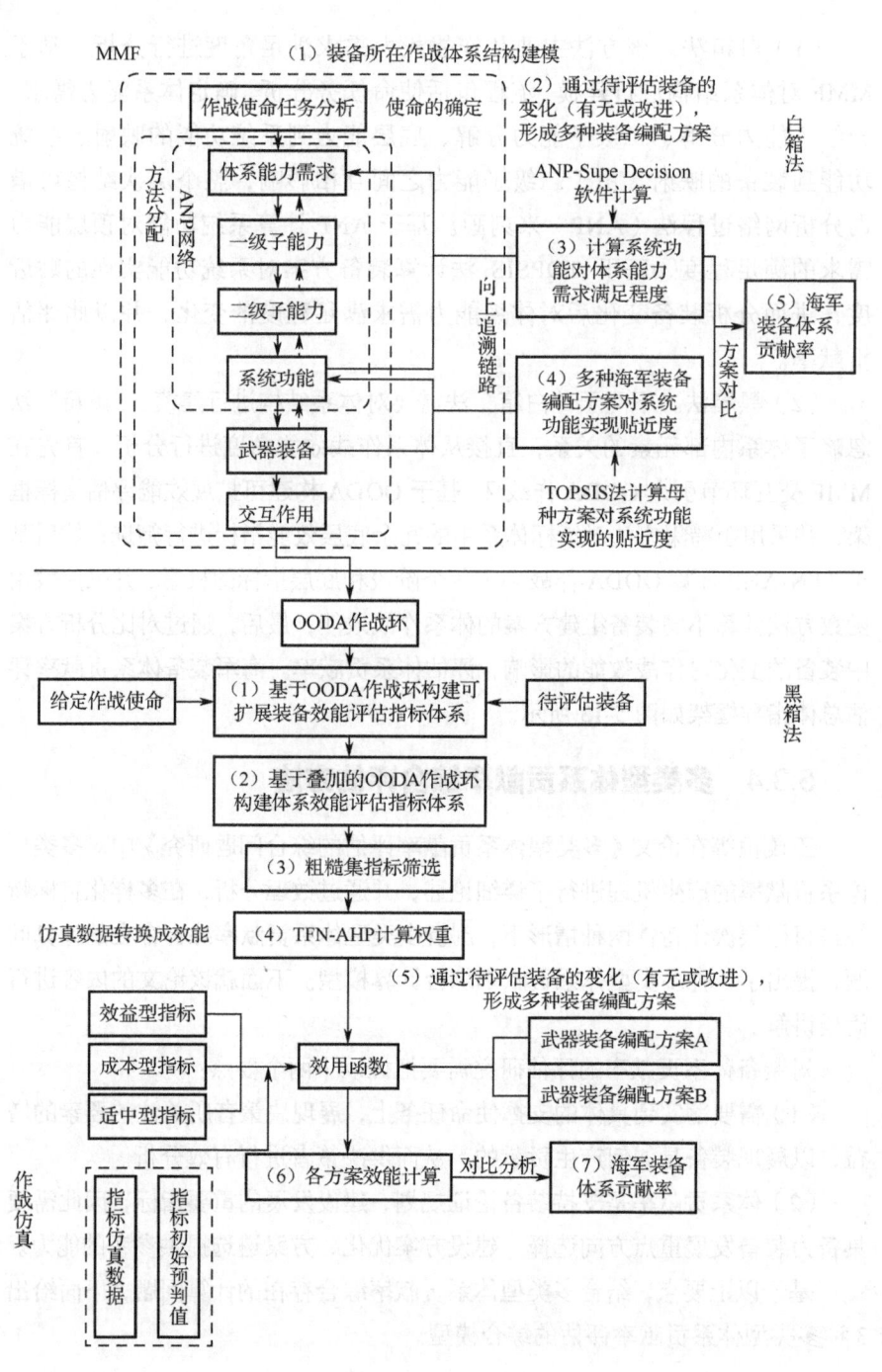

图 5-13 海军装备体系贡献率评估总体指导框架

1. 过程终点求解模型

过程终点求解模型在计算贡献率时，其上层贡献率的结果不通过下层贡献率综合得到，而应在整个决策评估的最后阶段进行求解。对于不同层的体系贡献率，应该分别进行求解。该求解模型适用于"分解-综合"的贡献率评估场景，可以处理层次化体系贡献率的多类型问题。但当多类型体系贡献率指标无法合理进行综合时，过程终点的求解思路将不再适用。在该方法中，各项贡献率加权和并不等于能力贡献率的综合结果。逐级求解贡献率，可以很好地展示每个指标的增益效果。

2. 基于多目标优化的求解模型

基于多目标优化的求解模型将每类型贡献率作为一个评估目标，运用多目标优化算法进行求解，找出相应的最优解。多目标优化的最优解称为 Pareto 解，或称为非支配解。对于任何目标，非支配解均优于支配解。由于多目标特性，Pareto 解通常为一个解集而非单一解。基于多目标优化的求解模型可以应用于多样化目标形成的多类型体系贡献率综合问题中，其解集结果可以为决策者提供更多的决策备择，从而使决策者能依据偏好进行选择，避免了单一结果形成的偏颇性。同时，由于多目标优化关注目标结果本身，其可以运用于由不同贡献机理产生的多类型体系贡献率评估中。然而，Pareto 解无法给出每个方案的优劣对比，因而需要依赖决策者自己进行更为细化的分析。

3. 基于贴合度的求解模型

基于贴合度的评估方法主要有 TOPSIS、VIKOR、灰色关联分析等，此类方法采用的主要模型是确定参考方案，并计算各种方案与参考方案之间的贴合程度或者靠近程度。基于贴合度的求解模型将多个贡献率类型看成方案不同的指标，由此设置参考方案，并计算各种方案与参考方案之间各类贡献率的贴合度。基于贴合度的求解方法存在逆序问题，即备择方案发生变化时，各种方案之间的优劣对比结果可能会发生变化。为了避免逆序问题，可以人为设定参考方案的信息。

根据多类型体系贡献率存在的不能通过线性加权进行综合的问题，这里提出了 3 种贡献率分析思路：过程终点的求解思路、基于多目标优化的求解思路、基于贴合度的求解思路，其模型的对比见表 5-4。在具体的实践和运用过程中，可以使用多种方法进行综合，以获得更好的结果。

表 5-4 三种思路模型的对比

模型	优势	劣势	适用情景
过程终点的求解模型	（1）最终能够计算出目标方案的贡献率结果； （2）能够揭示每个目标分解的各要素贡献率的表现情况； （3）形式简单，具有很强的结果可解释性	（1）仅适用于"分解-综合"的贡献率评估场景，当多类型体系贡献率指标无法有效综合时，则无法使用； （2）计算得到的贡献率结果粒度较大，导致无法得出各类型贡献率的结果	适用于由目标层次化特性形成的多类型体系贡献率的综合问题
基于多目标优化的求解模型	（1）能够保留各项贡献率的计算结果； （2）产生的Pareto解能为决策者提供多个决策备择，从而在一定程度上避免出现偏颇性	（1）Pareto解为解集时，无法直接给出解集中各种方案的对比排序结果； （2）常用的多目标优化算法的计算复杂度较高，形式也较复杂	适用于由目标多样化特性形成的多类型体系贡献率的综合问题，以及由不同贡献率机理产生的多类型体系贡献率的综合问题
基于贴合度的求解模型	（1）能够保留各项贡献率的计算结果； （2）能够依据各类贡献率结果进行方案排序； （3）形式简单，结果可解释性强	最终得出的结果为各种装备方案的贴合度评价，并非以贡献率的形式展现	

第 6 章

基于 OODA 的体系贡献率能效综合评估方法

当前的体系贡献率评估方法已经由以静态的体系能力贡献评估为主，转向以动态的体系对抗效能为主，并向能效综合和多视角综合方向发展。但因对基于因果机理的多视角、多方法综合评估方法缺乏足够的研究，只有把贡献率机理弄清楚，才能根据因果机理有机融合各类方法，从而提高评估结果的可信度和可解释性，并使决策人员做到"知其然，知其所以然"，最终理解和认可贡献率评估结果。本章以前文提出的 OODA 这一军事领域研究范式为基础，聚焦侦-控-打-评杀伤链形成机理，综合体系能力和效能增量开展体系贡献率评估方法研究。

6.1 能效综合评估方法的原理

能效综合评估方法的总体思想是厘清体系的使命能力和作战任务效能之间的关系，并根据装备对作战任务效能和体系使命能力的影响进行体系贡献率评估。能力是对体系进行评估的基本准则，体系能力需要通过体系内部要素完成一系列的任务来体现。因此对于体系贡献率评估来说，其前提是对体系能力的有无、种类和大小进行评价，然后对待考察的装备系统在能力要求下的任务完成情况进行评估，并且综合装备系统完成各项任务的效能或者能力以及这些任务在体系能力中的作用对体系贡献率进行综合评价。

为了解决以上问题，基于 OODA 的能效综合评估方法依据定性定量相结合的能力-动量-效能评估回路构建评估框架。体系贡献率评估首先需要使用以定性为主的方法描述体系的能力需求、作战任务及能力与任务之间的关

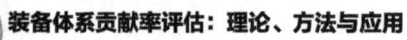

系，然后采用以定量为主的效能评估方法对能力和任务及其关系进行验证，最后通过对体系对抗过程的动量分析，从体系能力生成和任务链路等角度说明装备系统对体系的贡献程度及其原因。体系贡献率评估最终落实到装备系统对体系作战效能和能力生成机理的贡献率上。

能效综合评估方法的实施基础是设计一系列作战体系的关键能力问题（CCI，支撑能力生成和使命完成的作战体系级别的关键问题）和待评估装备系统的关键任务问题（CTI，支撑作战活动顺利进行和任务达成的装备系统级别的关键问题），它包括以下3个阶段：

（1）采用能力需求满足度的方法，自顶向下将安全战略需求逐层分解至作战体系的能力要求，并由能力要求提出装备功能需求和贡献率评估需求。

（2）从某个装备出发，自底向上充分考虑该装备对于填补体系能力差距所发挥的作用，明确其所支撑的作战任务和使命能力及其关联关系。

（3）在上述两个阶段的基础上设计一系列关键能力问题和关键任务问题，并建立能力之间、任务之间、能力与任务之间的关联关系。这两类关键问题都包括己方体系配置、作战环境和敌方情况、使命任务及其效能度量指标等要素。

6.2 能效综合评估方法的实施步骤

能效综合评估方法综合采用解析计算和效能仿真方法，从能力和效能两方面对体系贡献率进行整体性评估。一方面，基于功能网络解析计算的能力贡献率结果对作战体系全局进行初步的问题空间探索和分析，建立关系清晰、易于理解的贡献率因果关系模型，并指导效能仿真的想定设置和实验方案设计；另一方面，基于仿真实验的体系贡献率评估结果是体系能力在特定作战环境下的效能体现，它能够对体系贡献率的能力解析计算结果进行验证和校准。因此可以通过综合上述两方面的结果进行贡献率结果相互校验、结果一致性分析和贡献率能力机理解释，从而提高贡献率评估的科学性、真实性和可靠性。如图6-1所示，根据能力和效能相结合的指导思想，这里给出体系贡献率评估方法的基本流程，具体包括以下步骤：

（1）体系功能网络建模。根据分析得出的 CCI-CTI 集合获得相应的体系编成网络，并作为解析模型和仿真模型的基础输入，对装备体系进行网络化建模，构建装备体系的 OODA 功能网络，该网络主要包含武器装备的属性、功能及交互关系等要素。

第 6 章　基于 OODA 的体系贡献率能效综合评估方法

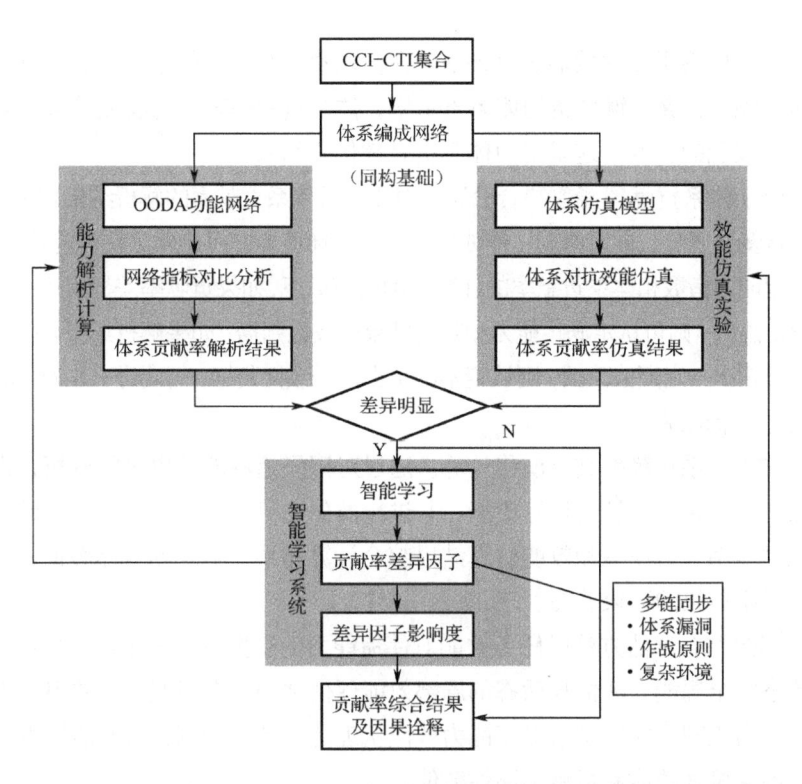

图 6-1　体系贡献率评估方法的基本流程

（2）体系能力指数构建。在作战体系功能网络的基础上，提出敌我双方的能力对比指标——能力指数，它是体系能力的总体度量，主要包括功能回路度量指标、节点重要度度量指标和体系架构复杂度度量指标等；采用质量功能部署分析求解的方法，根据目标/威胁—任务—功能—系统的分解过程，将顶层面向威胁的能力需求分解到底层的功能系统上，并按照制定的标准分级评分规范，将不同层次的能力指标进行综合，得出敌我双方的能力指数。

（3）体系贡献率能力解析计算。根据能力指数，采用能力需求满足度方法计算关键装备的体系贡献率，体系贡献率表征为有无该装备对能力指数的影响，这里记为体系贡献率解析结果。

（4）体系贡献率效能仿真实验。根据给定的 CTI 和体系编成方案，选择典型的作战场景建立体系效能仿真应用（可以根据研究问题的需求建立体系层次和系统层次的效能仿真应用），以进行效能仿真，并记录作战过程中形成的功能链路数量、功能链路作战节奏、功能链路作战效果、功能链路存活时间等相关仿真数据的统计量。

(5)体系贡献率效能仿真评估。在仿真数据统计量的基础上,根据体系对抗效能,计算关键装备的体系贡献率,体系贡献率表征为有无该装备对体系对抗效能的影响,这里记为体系贡献率仿真结果。

(6)体系贡献率能效综合分析。对比分析体系贡献率的解析结果和仿真结果,从多链同步、体系漏洞、作战原则、复杂环境等方面计算贡献率差异因子;在假定能力指数和体系贡献率的计算准确的前提下,如果贡献率差异因子在一定阈值范围内,则可认定满足能力和效能结果一致性判据;如果解析结果与仿真结果偏差超出一定阈值范围,则认定不满足上述一致性判据,需要进一步对解析模型进行因果追溯。

(7)体系贡献率结果演化计算。通过对因果追溯的结果进行分析,进一步校准体系贡献率解析计算模型,并进行演化迭代计算,如果结果收敛,可以根据体系能力模型和效能仿真结果综合计算体系贡献率的具体数值,并给出贡献率结果的因果诠释。

能效综合评估方法以任务效能对使命能力的支撑关系为主线,初步建立了静态的全局能力评估与动态的局部效能评估之间的有机联系,并根据作战体系能力机理生成机制给出了能力效能机理的一致性判据,从而能够得到可解释因果机理的体系贡献率评估数值。

6.3 体系贡献率评估模型框架

体系贡献率评估模型框架由3部分组成:一是体系功能网络解析模型,主要基于解析分析数据评估装备系统对于体系功能回路网络的贡献;二是体系效能仿真模型,主要对体系效能仿真数据进行分析,根据装备系统对效能仿真过程的任务事件和使命效能增量计算贡献率;三是能效综合认知计算模型,主要从体系制胜机理角度出发,对能力解析数据和效能仿真实验结果进行一致性分析和能效综合计算,给出最终的体系贡献率评估结果。

如图6-2所示,根据评估模型的开发和运用过程,按照数据、参数、模型和结果4个层次对上述3部分模型的关系进行分析。在参数层,分别根据效能仿真实验数据提取效能仿真事件参数(如侦、控、打、评等事件的类型、时间戳、效能等),根据能力解析分析数据计算OODA功能网络参数(如回路数量、回路理论时间等),根据专家经验知识、历史数据给出体系能力性能参数,此三类参数之间存在两两支撑和交互关系。在模型层,建立对抗仿真事件图、体系OODA功能网络,并在此基础上建立体系能效认知计算模型。

在结果层,分别基于对抗仿真事件图和体系 OODA 功能网络计算体系的效能增量贡献率和能力增量贡献率,并在两者行为一致性校验与机理一致性认知校验的基础上计算体系能效综合贡献率。

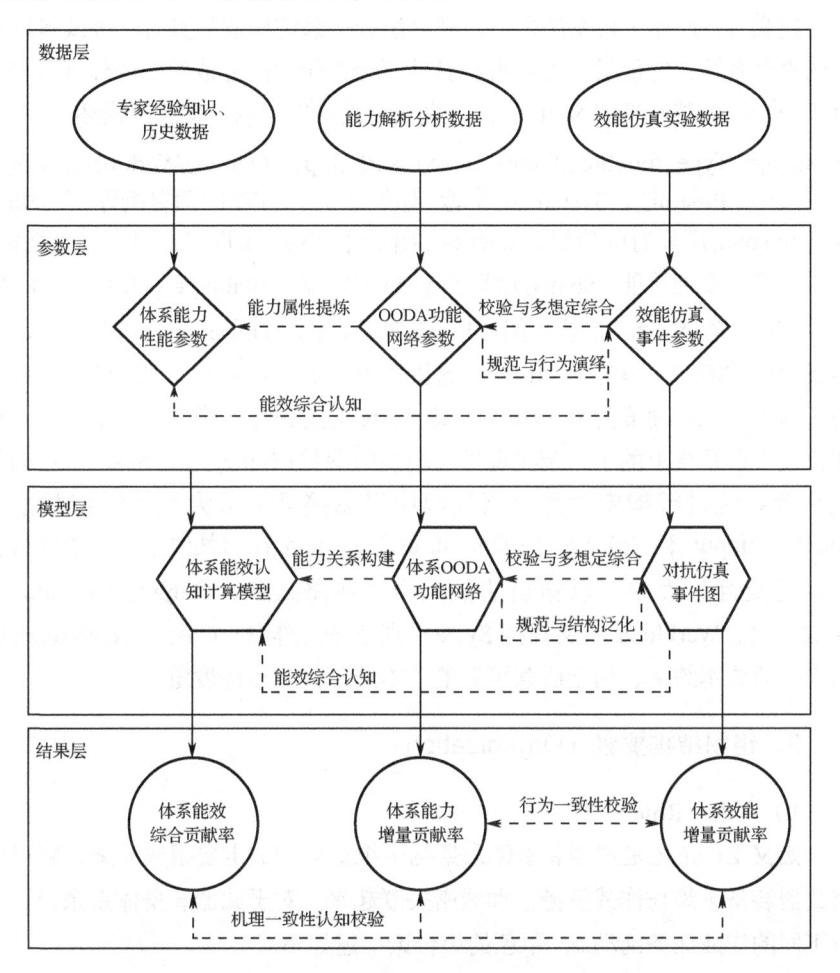

图 6-2 体系贡献率评估模型框架

6.4 评估方法的关键支撑技术

6.4.1 基于 OODA 功能回路的体系网络建模与分析

6.4.1.1 基于 OODA 功能回路的体系网络建模

根据既有体系配系和作战想定,对装备体系进行网络化建模,构建装备

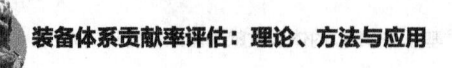

体系的功能网络，主要包含武器装备的系统、组织结构及交互关系等要素。

1. 武器装备系统要素（System）

定义1：武器平台系统是指由多种组分子系统构成的具有一种或多种功能的平台系统，它能够独立或者与其他平台系统协同完成给定的作战任务。对于一个武器装备系统 $System_s$，其主要要素可以用以下集合论描述：

$$System_s=<Type_s,function_s,Status_s,Speed_s,KPP_s,Input_s,Output_s,Workload_s,Cost_s>$$

式中，$Type_s$ 定义 $System_s$ 的类型，如战斗机、轰炸机、预警机等；$function_s$ 定义 $System_s$ 所具有的功能，$function_s \in [1,L]$，$System_s$ 既可以具有一种功能，也可以具有多种功能；$Status_s$ 定义 $System_s$ 的状态，$Status_s \in \{-1,0,1\}$，-1、0、1 分别表示系统失效、系统空闲可用、系统正在执行任务；$Speed_s$ 定义 $System_s$ 的最大移动速度（单位为 km/h），这里认为系统一旦移动，即按照该速度移动，固定平台的速度为 0；KPP_s 定义 $System_s$ 的关键性能参数，主要定义加载在该平台系统上的子系统实现相应功能的参数；$Input_s$ 定义 $System_s$ 在与其他平台系统进行指定功能交互过程中可以接受的最大交互链路数量，$Input_s=\{input_{sl}\}$，$l=1,2,\cdots,L$；$Output_s$ 定义 $System_s$ 在与其他平台系统进行指定功能交互过程中可以输出的最大交互链路数量，$Output_s=\{output_{sl}\}$，$l=1,2,\cdots,L$；$Workload_s$ 定义操控 $System_s$ 所需的工作量；$Cost_s$ 定义 $System_s$ 的代价，即成本约束，用于后续可能的成本约束优化指标度量。

2. 组织结构要素（Organization）

1）角色（Role）

定义2：角色是武器装备体系架构中组织架构的重要组成元素，它可以将武器装备系统与作战任务活动紧密关联起来。对于武器装备体系来说，对应不同的作战任务活动 k，角色的集合论描述如下：

$$Role=\{role_k,Structure\}$$

式中，$role_k$ 为作战任务活动 k 中所设定的角色，可以表示为 $role_k=<KAS_k,Workload_k>$，其中 KAS_k 为角色 $role_k$ 所需的能力列表，包含角色 $role_k$ 所能指挥控制（以下简称指控）的武器平台系统的类型；$Workload_k$ 为角色 $role_k$ 所需的最大工作荷载，由于角色 $role_k$ 需要控制所在组织配属武器平台系统及与其他角色之间的协同，指控荷载和协同荷载都不能超过其最大工作荷载。$Structure$ 为组织结构关系，即角色之间的交互关系，可以表示为 $Structure=<s_{ij}>$，$s_{ij}=\{-1,0,1\}$，表示角色 $role_i$ 和 $role_j$ 具有交互关系，其中-1 代表被指控

关系，即角色$role_i$向$role_j$汇报自身状态及任务执行情况；0代表协同交互关系，即$role_i$能够与$role_j$协同完成任务；1代表指控交互关系，即$role_i$指挥控制$role_j$。通过Structure可以生成不同的组织结构类型，如树状组织结构、扁平组织结构及网络化组织结构等。

2）人力资源（Human Resource）

定义3：人力资源是指具有某种能力的智能体。智能体只有通过组织协调分配，获得某一角色，才能拥有和使用该角色所能指控的武器平台系统。通常武器装备体系的人力资源是一个整体，它包含众多可以独立完成任务的人力资源hr_h，其集合论描述如下：

$$HumanResource=<hr_h>$$

式中，$hr_h=<KAS_h,Workload_h,Responsetime_h>$，$hr_h$能够获得角色$role_k$的唯一条件就是$role_k \leqslant hr_h$，即$KAS_k \in KAS_h$和$Workload_k \leqslant Workload_h$，而$hr_h$区别于$role_k$的因素在于其决策响应时间$Responsetime_h$。

3. 交互关系（Interaction）

定义4：武器装备体系架构中的交互关系是指$role_k$、hr_h和$System_s$之间的映射关系。交互关系需要遵循的原则包括以下3种：

- 一个角色只能由一个人力资源来充当；
- 一个人力资源可以充当一个或多个角色，但是必须满足KAS和Workload的要求，当一个人力资源充当多个角色时，其Workload必须大于或等于多个角色的Workload之和；
- 一个系统只能分配给一个角色（人力资源）。

根据交互关系的定义，武器平台系统会分配相应的角色，角色需要由人力资源来充当，因而可以建立$role_k$、hr_h和$System_s$三者之间的关系。

交互关系的集合论描述如下：

$$Relation=<r_{khs}>$$

式中，r_{khs}表示$role_k$、hr_h和$System_s$三者之间的映射关系。

基于计算组织理论思想，如果一个体系想提高协同运作效能，需要从以下两方面对体系组织架构进行调整优化：一是通过平台系统到任务的映射尽量增加角色的内部协作（属于同一角色的武器平台系统之间的协作）；二是减少角色外部协作（属于不同角色的武器装备系统之间的协作）。

定义5：功能交互矩阵是指系统之间具有通过某种功能交互的潜力，其

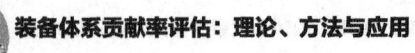

表达形式为

$$\text{InteractionByFunction}=[pf_{ijk}]$$

式中，pf_{ijk} 表示两个系统通过某种功能进行交互的概率，$i,j=1,2,\cdots N$ 是系统的标识序号，$k=1,2,\cdots,L$ 是系统功能的标识序号。

此处约定通过武器平台系统与使命任务之间的约束来限制其是否发生交互，功能交互矩阵中主要考虑探测、通信、指控、打击 4 种作战功能的交互关系，并以交互概率作为不同节点之间的链接概率，通过这 4 种作战功能的交互连接，形成具有杀伤能力的 OODA 回路，又称为 OODA 功能回路。

6.4.1.2 基于 OODA 功能回路的体系网络分析

现有方法大都基于武器装备体系邻接矩阵的最大特征值进行度量，这种度量方法属于矩阵谱分析范畴，而谱分析主要用来分析网络结构的网络化程度。这里在谱分析的基础上，增加了新的度量指标，可使网络模型的度量变得更加准确。

1. 平均最短路径长度

平均最短路径长度的计算公式为

$$L = \frac{1}{\frac{1}{2}N(N+1)}\sum_{i \geqslant j}d_{ij}$$

式中，i、j 表示节点的序号，取值范围为 1 到网络最大节点数 N；d_{ij} 表示节点 i 和节点 j 之间的最短路径。

平均最短路径长度 L 表明武器装备体系架构内部的可达性、连通性，其值越小，代表节点之间连通的链路越少，潜在说明了作战行动节奏快。

通过计算 L，可以了解网络的传输效率。如果 L 的值较小，说明网络比较紧密，可以高效传输信息，反之亦然。对于非连通图，有一些节点之间的距离为 ∞，因而可以计算任意两个节点之间的 $1/L$，最后取平均值。$1/L$ 的平均值大，说明网络比较紧密，可以高效传输信息，反之亦然。

2. 功能回路的完备性度量

功能回路的完备性度量旨在度量目标节点落在己方功能回路（作战环）中的比例，由于邻接矩阵与可达矩阵具有转换关系，该方法使用邻接矩阵的乘方进行判断。

在计算蓝方功能回路的完备性时,将其武器装备体系架构网络模型转化为邻接矩阵,通过添加行和列将红方武器装备体系中的系统构成新的邻接矩阵(该邻接矩阵中没有红方自身交互链路),记该矩阵为蓝方邻接矩阵 A。

设 $n_i^{(k)}$ 表示起点和终点均为节点 v_i、长度为 k 的功能回路数量,即在网络中,经过 k 步可以从节点 v_i 又回到节点 v_i 的功能回路数量。由于矩阵 A^k 中的每个元素 $a_{ij}^{(k)}$ 表示对应网络中从节点 v_i 到节点 v_j 的长度为 k 的功能回路数量,可知对角线元素 $a_{ii}^{(k)}$ 为经过节点 v_i 的长度为 k 的功能回路数量,于是可得 $n_i^{(k)} = a_{ii}^{(k)}$。

根据以上分析,如果红方武器装备体系中的武器装备系统在上述邻接矩阵 A 中的对角线不为 0,则蓝方武器装备体系能够对该系统形成功能回路。因此,只需要判断红方武器装备体系中有多少武器装备系统对应的对角线元素不为 0,即可判断出蓝方武器装备构成的功能回路覆盖红方武器装备体系目标占红方所有武器装备系统的比例,即功能回路的完备性。

3. 功能回路的数量度量

基于上述对武器装备体系功能回路完备性的度量方法,可知矩阵 A^k 对应的对角线元素 $a_{ii}^{(k)}$ 代表了红方武器装备系统 i 落入蓝方武器装备体系的长度为 k 的功能回路数量,记为 NCC(A),则有

$$NCC(A) = Max(sum(diag(A^k)))$$

式中,diag(A^k) 是矩阵 A^k 的对角矩阵。值得注意的是,随着 k 的增加,功能回路数量会被重复计算,比如长度为 4 的功能回路,在计算长度为 8 或 12 的功能回路时又会被重复计算,因此需要进行相应修正。

4. 功能回路的负载均衡分析

通过功能回路数量的度量可以得到红方武器装备系统落入蓝方武器装备体系功能回路的情况,其中可能存在某些回路数量多而其他回路数量少的问题,这会导致回路的冗余或者不足,需要对其进行负载均衡分析,即判断回路整体的数量是否分布均匀,这里使用回路数量分布熵来度量。

给定回路长度最长为 L(由于武器装备体系中的节点之间都是双向交互的,只是交互类型不同,默认武器装备体系中所有节点都是可达的,因此给定回路长度最长为架构网络模型的直径),将红方武器装备系统 i 落入蓝方武

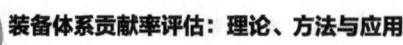

器装备体系功能的长度$\leq L$的功能回路数量记为n_i^L，并设$p_i = \dfrac{n_i^L}{\sum\limits_{i=1}^{I} n_i^L}$，其中$I$为红方武器装备体系架构中系统的数量，从而可得回路数量分布熵TE，即

$$TE = -\sum_{i=1}^{I} p_i \ln p_i$$

TE的值越大，功能回路的负载均衡性越好。

5. 回路时间周期分析

从理论上讲，红方可以对每个蓝方武器装备系统形成一个功能回路，在武器装备体系设计之初，计算每一条功能回路的响应时间对体系整体评估并没有太显著的意义，但是可以通过计算针对所有蓝方武器装备系统的回路最短响应时间来表征红方的回路时间周期，记为TCC(A)，其计算公式为

$$TCC(A) = \text{Min}\left(\dfrac{1}{\frac{1}{2}N(N+1)} \sum_{i \geq 1} d_{ij}\right)$$

式中，i, j表示蓝方武器装备系统的序号；N表示蓝方武器装备系统总数量。

回路时间周期由回路长度、节点响应时间、边的时间代价三要素决定，暂时无法通过统计方式获得，但是如果完全按照路径搜索方式计算，其复杂度又很高，因而暂时没有找到解决方法。

6. 网络化效能系数

基于武器装备体系邻接矩阵的最大特征值进行度量，属于谱分析，邻接矩阵的最大特征值与网络节点数量之比则为网络化效能系数，它与网络中的功能回路数量有关，功能回路数量越多，网络化效能系数越高。

以蓝方武器装备体系为例，其邻接矩阵A的网络化效能系数CNE(A)可以表示为

$$CNE(A) = \dfrac{\text{Max}(eig(A))}{N}$$

式中，Max($eig(A)$)表示最大特征值；N为蓝方武器装备系统总数量。

7. 效率的复杂性度量

效率复杂性指标（Ce）是在分析不同真实有向加权网络时提出的。研究者发现许多真实世界的网络具有小世界特征，即节点之间具有长度较短的最短路径，并且整个网络中具有较少的链路。他们找到一个网络效率与其"成本"成正相关的函数，其中网络效率是最短路径长度的函数，最短路径的长度越短，网络效率越高；"成本"是链路数或其他"费用"的函数。值得注意的是，以星型网络为网络初始状态，逐渐增加网络链路，网络效率往往要比其"费用"增加得快。由此可以推断，应该存在一个中等连通区域，可使网络具有最高效率，而"费用"较低。这也说明了效率和费用这两个指标可以作为网络效率复杂性的因子。可以将图的效率（E）定义为所有节点对间最短路径长度的倒数之和，同时定义平凡图的网络效率 $E=0$，环型网的网络效率 $E=1$，相关表达式如下：

$$E = \frac{1}{\frac{1}{2}n(n-1)} \sum_{i=1} \sum_{j>1} \frac{1}{d_{ij}}$$

图的费用 E_{path} 可以定义为

$$E_{\text{path}} = \frac{2}{n(n-1) \sum_{i=1}^{n-1}(n-i) \cdot i}$$

因此，效率复杂性 Ce 可以表示为

$$\text{Ce} = 4\left(\frac{E - E_{\text{path}}}{1 - E_{\text{path}}}\right)\left(1 - \frac{E - E_{\text{path}}}{1 - E_{\text{path}}}\right)$$

式中，$0 \leq \text{Ce} \leq 1$。

6.4.2 基于效能仿真数据的 OODA 功能回路分析

在体系对抗效能仿真中，通过统计记录作战过程中形成的功能回路数量或功能回路作战效果及作战结果的战损比等相关仿真数据，同时借助学习的方法，可以挖掘有效的仿真结果，验证并校准解析计算模型。

通过统计仿真过程中形成的功能回路数量、功能回路作战节奏、功能回路作战效果等数据，可以对能力分析中功能回路的度量指标进行验证分析，筛选出"有用"的功能回路，并分析"有用"的功能回路的作战节奏、作战效果和存活时间与最终的体系对抗效能仿真结果的关联关系。在仿真

数据验证分析的基础上，进行仿真数据的挖掘，进而可以挖掘体系能力生成机理。例如通过调整功能回路之间的交互关系，即功能回路的协同性，挖掘不同的协同模式与体系能力之间的关联，进一步探寻和解释体系能力生成过程。

6.4.2.1 基于邻接矩阵最大特征值的作战效能评估方法

利用 OODA 功能回路在有向图模型中建立有效的杀伤链，通过度量杀伤链的数量，即作战网络图中的环数对体系的作战能力进行评估，并减去冗余的不对外产生效果的内部通信环路。当交战系统的规模较大（参与作战网络的实体数量较大）时，环数难以计量，并且耗费时间，需要利用作战有向图的邻接矩阵的最大特征值对图中的环数进行估计，以提高效率。为了验证和校准解析计算模型，可以通过挖掘效能仿真数据，验证解析计算模型的准确性。

1. 基于有向图的功能网络模型

功能网络模型具有很好的交互性，其创建难度也不高。由于交战实体间的交互关系复杂，作战实体具有网络化的特征并且交战复杂建模难度大，于是可以对作战情形进行基于复杂网络功能的有向图建模。首先将参与交战的每个实体都抽象成一个节点，根据交战过程中作战实体间的交互关系，定义节点之间不同的关系并将节点连接起来，从而构成网络；然后将实体间的侦察、交流、追踪、攻击抽象成节点之间的连线，对交战系统进行基于复杂网络功能的建模，将交战图转换为功能网络图。在功能网络图中，可以观察到交战实体及其交互关系，从而可以将对作战复杂系统的研究转变为对功能网络图的研究。运用相关图论知识，从该图中提取信息，即可估计系统的作战能力。这样不仅简化了步骤，削减了计算量，还提高了效率。例如，蓝方拥有一个指挥中心、一架 E-3 侦察机、一架全球鹰无人机、一架 F-22 战斗机、一架 F-35 战斗机，红方拥有一个指挥中心、SA-6 导弹、一台探测雷达、一架米格-29 战斗机和一辆 J-9 坦克，这两方的交互关系有下命令、发送目标信息、指控、命令、侦察、发现、打击等多种类型，均为对敌方目标进行有效处理需要实现的功能，主要通过两个实体之间的连线表示，如图 6-3 所示。

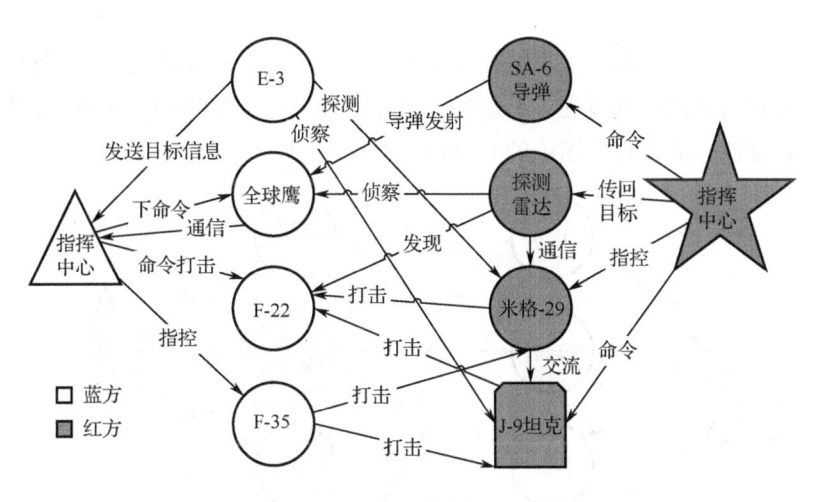

图 6-3　有向交战网络示意图

2. 基于 OODA 回路的功能网络模型

尽管上述有向交战网络已经对作战情形进行了建模，以便于人们理解并处理数据，并且因为成本较低、计算量较少，可以允许大量具有重要意义的作战场景被分析，但它仍有许多不足之处。虽然建模可以获取大量数据，但这些数据对于计算机来说仍属于不可识别数据，为了使计算机能够理解上述交战网络并执行计算处理，下面采用 6.4.1 节中提出的 OODA 功能回路方法对抽象成有向图的交战功能网络进行处理：通过定义交战实体之间的 4 种交互关系，即侦察、通信、指控、打击，对原来实体之间的交互关系进行分类，并用 OODA 功能回路表示实体之间的联系，简化交战功能网络，探究有向图中 OODA 功能回路的度量指标，从而对体系作战能力与效能进行有效评估。以图 6-3 所示的有向交战网络示意图为例，采取 OODA 功能回路方法对其进行精简处理，可以得到图 6-4 所示的 OODA 交战网络示意图。

3. 有向图 OODA 功能回路数量的计算方法

针对敌方目标形成的 OODA 功能回路（侦-控-打-评杀伤链）越多，己方体系对敌方体系的作战能力越强。因此，可以将类似图 6-4 所示的交战网络中针对目标形成的 OODA 功能回路数量作为体系作战能力的评价指标。有向图中的 OODA 功能回路数量与其邻接矩阵的最大特征值有关，并且有向图的联通程度越高，有向图邻接矩阵的最大特征值越大。又因为有向图的 OODA 功能回路越多，其联通程度越高，所以认为有向图的 OODA 功能回

路数量与其邻接矩阵的最大特征值成正相关。考虑计算邻接矩阵的特征值是一个比较简单快速的过程，于是在一定误差允许的范围内可以用邻接矩阵的最大特征值来估计有向图中的 OODA 功能回路数量。

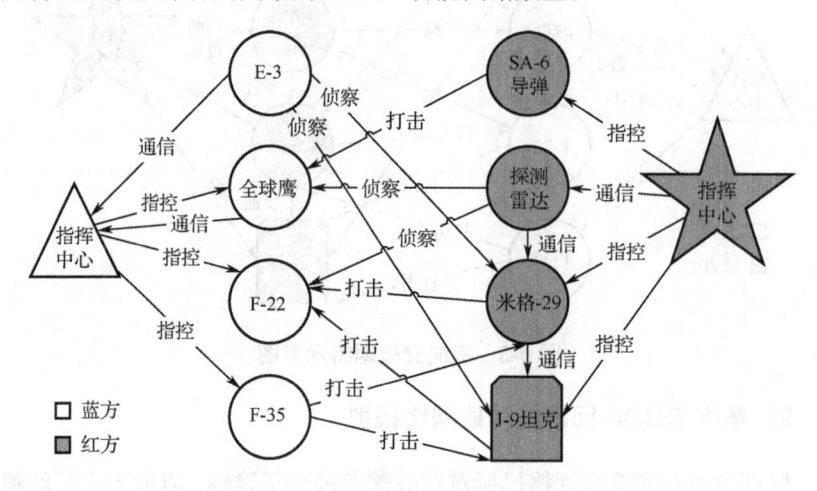

图 6-4 OODA 交战网络示意图

若想生成有向图的邻接矩阵，不能选择直接生成。首先需要对有向图进行分解，并对有向图中的边进行筛选。例如，在估计蓝方的杀伤链数量时，在筛选边的过程中，只选择可能构成针对红方目标的蓝方 OODA 功能回路的相关边，即蓝方节点探测到红方节点的侦察关系、蓝方内部节点之间的通信与指控关系，以及蓝方节点对红方节点的打击关系。如图 6-5 所示，蓝方针对米格-29 的 OODA 功能回路中的关系包括 E-3 对米格-29 的侦察关系、E-3 与蓝方指挥中心的通信关系、蓝方指挥中心对 F-35 的指控关系、F-35 对米格-29 的打击关系，这 4 个关系（边）共同构成一个有向回路。

在得到蓝方 OODA 有向图后，首先计算参与作战双方实体数量的总和，即有向图中节点数量的总和 n，然后建立一个 $n \times n$ 的矩阵 A_n，即

$$A_n = \begin{bmatrix} a_{11} & \cdots & a_{1n} \\ \vdots & \ddots & \vdots \\ a_{n1} & \cdots & a_{nn} \end{bmatrix}$$

在对所有节点按照从 1 到 n 进行排序后，按照逆时针的顺序确定矩阵 A_n 的每个元素值。如果有向图中有从第 m 个节点指向第 k 个节点的有向边，则令 $a_{k,m}=1$，否则令 $a_{k,m}=0$，这样就生成了蓝方的 OODA 邻接矩阵，可以用 MATLAB 程序计算其最大特征值。

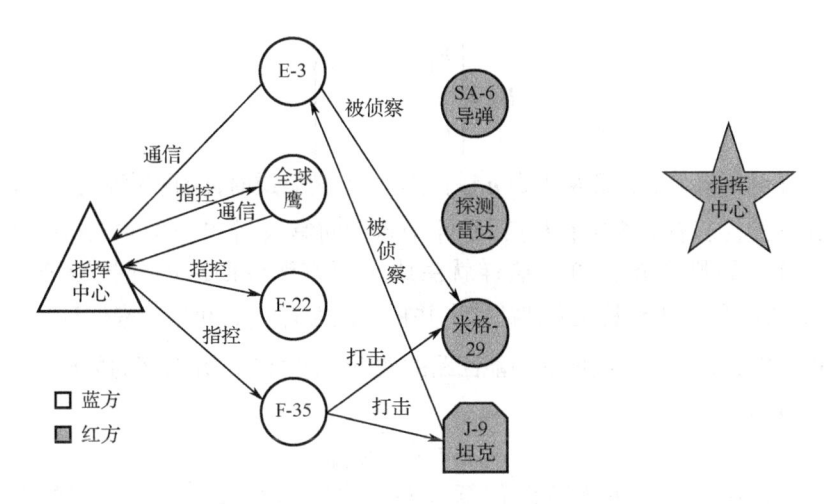

图 6-5 蓝方 OODA 交战图

将矩阵 A_n 的最大特征值记为 λ_1，注意 λ_1 是总的邻接矩阵的最大特征值，只能用于估算蓝方所有的 OODA 功能回路数量，其中包括一些无效回路。这些无效回路一般来自内部的通信关系和指控关系闭合生成的回路，没有包括针对敌方目标进行的侦察或者打击关系，因而需要排除代表蓝方无效回路的特征值。从蓝方 OODA 交战图中继续筛选边，构成内部通信与指控的冗余杀伤链有向图，即蓝方内部通信图（见图 6-6），蓝方指挥中心和全球鹰无人机之间通过指控和通信关系就形成了 OODA 功能回路。

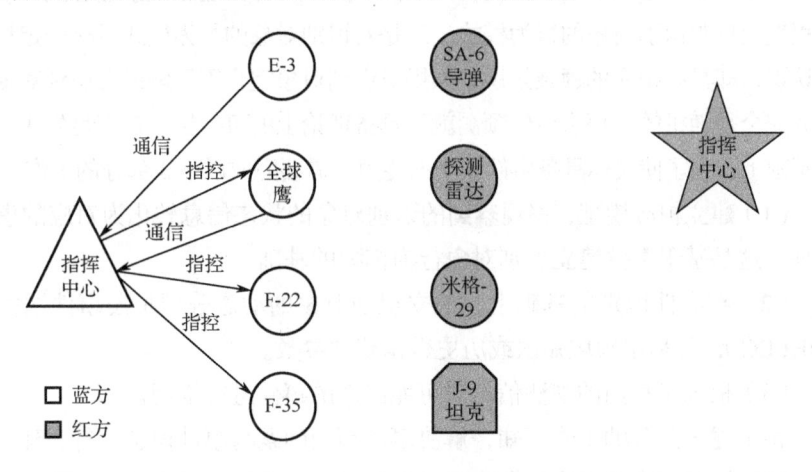

图 6-6 蓝方内部通信图

在得到蓝方内部通信图后，首先计算参与作战双方实体数量的总和，即有向图中节点数量的总和 n，然后建立一个 $n \times n$ 的矩阵 B_n，则

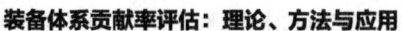

$$B_n = \begin{bmatrix} b_{11} & \cdots & b_{1n} \\ \vdots & \ddots & \vdots \\ b_{n1} & \cdots & b_{nn} \end{bmatrix}$$

在对所有节点按照从 1 到 n 进行排序后，按照逆时针的顺序确定矩阵 B_n 的元素值。若有向图中有从第 m 个节点指向第 k 个节点的有向边，则令 $b_{k,m}=1$，否则令 $b_{k,m}=0$，这样就生成了蓝方无效回路的邻接矩阵，用 MATLAB 程序计算其最大特征值，并将其记为 $\lambda_{1,冗余}$，可以用来估算蓝方内部由通信、指控关系组成的功能回路的数量，即无效的冗余环的数量。

令

$$\lambda_{1,净} = \lambda_1 - \lambda_{1,冗余}$$

$\lambda_{1,净}$ 在一定程度上可以估算有向图中真正对敌方形成打击的有效 OODA 功能回路，即闭合杀伤链的数量。因此，通过最大特征值 $\lambda_{1,净}$ 来估算杀伤链的数量以评估体系作战能力的方法具备计算量小和效率高等特点，尤其适合规模大、网络节点多的体系能力评估。

6.4.2.2 基于事件图的仿真行为预测建模方法

对于事件预测问题的研究，建立与其相适应的行为模型，确定其研究边界条件是进行后续研究的基本前提。解决事件预测问题的先决条件包括以下两方面：一是能够观察到识别对象的行为或状态变化，并且这些观察信息能够从某种程度上反映识别对象的行为模式；二是对识别对象的行为模式具有一定程度的认识，即具有相应的领域知识，如果对识别对象完全不了解或者识别对象的行为完全是随机的，那么事件预测就不具备理论上的可行性。在满足先决条件的基础上，为了使实体具备事件预测的能力，需要完成以下 3 部分的工作：

（1）建立相应模型，将观察到的识别对象的状态信息转化为对应的事件序列，这是基于事件建立识别对象行为模型的基础。

（2）在事件识别的基础上，建立识别对象的动态分层扩展事件图模型（DHEEG），并利用领域知识或历史数据获取参数。

（3）根据可利用的观测信息对可能出现的事件进行推理。

由上述 3 部分的工作可知，解决事件预测问题与事件识别、行为建模、不确定性推理等诸多理论具有非常强的关联性。因此，本节首先梳理与事件预测相关的概念定义，然后分析事件预测与相关理论的内在联系及其关键技术，最后提出事件预测的研究框架。

1. 行为预测建模框架

前文梳理了与事件预测相关的概念定义及行为预测建模框架的功能需求，下面将在此基础上提出相应的行为预测建模框架。一个典型的事件预测问题通常包含下述四要素，如图 6-7 所示。

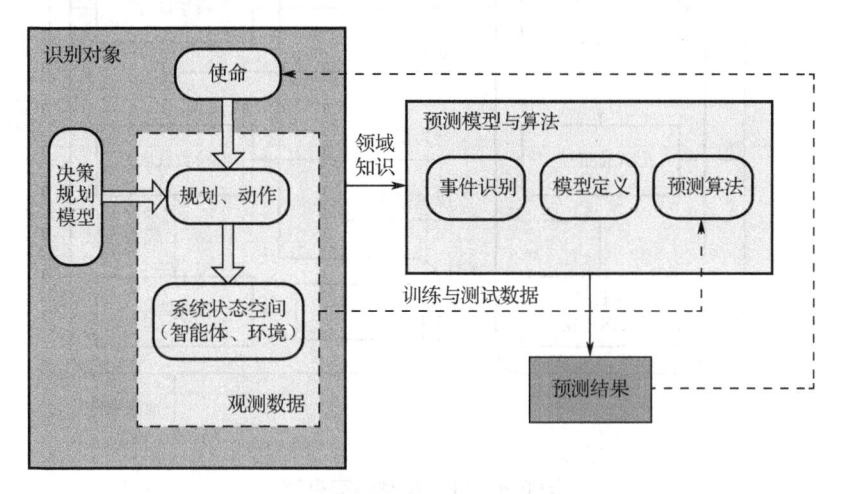

图 6-7　典型事件预测问题的四要素

（1）观测数据。其内容一般是识别对象和环境的状态信息，即传感器可以直接采集的识别对象和环境的信息。观测数据为事件预测系统提供输入，同时决定了预测任务对模型的需求。

（2）识别对象。关于识别对象执行任务的领域知识，它能够提供识别对象的可能行为模式、决策或规划模型，以及为完成相应使命或任务可能采取的规划、动作及这些规划或动作对状态的影响、约束关系。

（3）预测模型与算法。它主要包括事件识别、模型定义及预测算法。其中，事件识别是指根据传感器采集的实体和环境状态信息识别所关心的事件。模型定义是指在详细分析事件预测问题的特点和具体需求的前提下，给出相应的模型的形式化定义，并基于领域知识和训练数据建立识别对象的行为模型。预测算法是指在建立的动态分层扩展事件图的基础上提出能够进行事件预测的推理算法，以实现对未来事件的分析预测。

（4）预测结果。能够基于观测到的识别对象的状态信息预测未来可能发生的事件，如果是概率预测模型，预测结果除了可能的事件外还包括其对应的信度。

基于上述要素及事件预测问题研究的特点，提炼出一般性的事件预测研究框架，如图 6-8 所示。

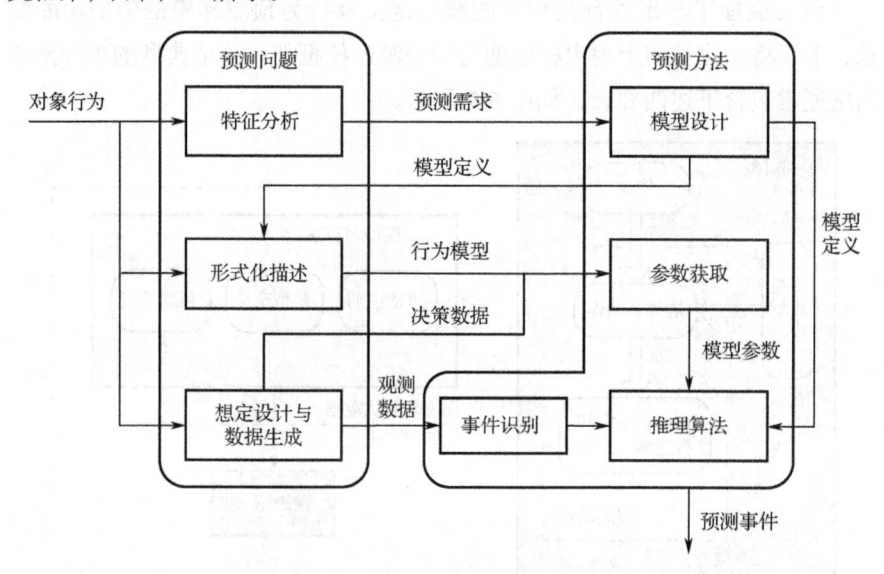

图 6-8　事件预测研究框架

从图 6-8 中可以看出，事件预测的研究包括预测问题研究与预测方法研究两方面，其中，预测问题研究是应用研究，它包括作战任务的特征分析、形式化描述、想定设计与数据生成；预测方法研究是理论研究，它包括模型设计、参数获取、推理算法及事件识别。值得注意的是，这两类研究需要交替开展。

预测问题研究首先明确需要预测的问题背景，分析其任务特征，具体包括可能的事件种类、观测信息的类型与质量、任务结构与约束关系等。其次，依据上述领域知识选择合适的模型种类，或根据任务特征对现有模型进行改进，得到新模型的形式化定义。再次，结合模型定义，对识别对象的行为进行形式化描述，产生行为模型。最后，根据可能的具体背景设计实验想定，开展仿真实验并得到两类数据，其中一类是训练数据，用于估计行为模型中的模型参数；另一类是观测数据，它与模型参数共同作为不确定性推理的输入，以预测出对象的未来事件。

在预测方法研究中，模型设计是获取行为参数和进行不确定性推理的基础，其核心是依据行为特征设计相适应的符号系统。这里通过对基本事件图模型进行扩展并借鉴其他概率图模型的建模方法设计一种扩展事件图模型，

用于描述事件预测问题中的行为。参数获取是指利用训练数据或其他经验信息计算行为模型中识别对象的行为参数，参数的计算方式可采取离线计算或在线计算。推理算法又可分为精确推理和近似推理两种，前者计算耗时、应用范围小，但结果无方差；后者计算复杂度小、应用范围广，但计算结果会产生一定波动。

2. 关键技术

事件预测分析方法的体系结构涉及几方面的关键技术方法，主要包括基于状态的事件识别方法、基于扩展事件图的行为建模方法和事件不确定性预测推理方法。

1）事件识别

事件是指引起目标时空状态发生变化的目标行为。事件识别是指用传感器等器件测知目标事件的发生或状态的改变，并通过一定的描述输入态势觉察的第一级，对态势觉察的正确判断具有重要作用。事件识别包括对事件类型和状态的测知，以及采用形式化描述语言对检测到的事件类型和状态进行统一描述的知识表示。用形式化描述语言对事件类型和状态进行知识表示有助于信息的收集、整理、存储与后续处理。

2）行为建模

建立识别对象的行为模型是进行预测推理的基础，也是事件预测研究的关键。目前，行为建模的方式可以分为两类：一是直接描述可观察行为过程，如采用有限状态机表示，其建模方式与认知没有关系；二是采用知识与认知模型相结合的方法，主要以通用的认知架构为基础，结合领域的专业知识库，模拟大脑的认知行为过程，最后输出外部可观察的表现行为。

这里以基本事件图模型为蓝本，建立识别对象的行为模型，从而实现对未来事件的推理预测。事件图采用事件对系统进行刻画，满足对事件预测行为建模中事件关系的基本要求，但是它描述的事件和关系相对简单。例如，事件只采用一个符号表示，描述的信息非常有限；而事件之间的关系主要是调度时序关系，虽然它隐含一定的因果关系，但并非因果关系的显式表达。因此，若采用事件图方法描述事件预测中识别对象的行为，需要对事件图进行一定的扩展，于是提出了基于动态分层扩展事件图的行为建模方法。

3）不确定性推理

"生活充满了不确定性和策略行为"，Samuelson 认为，早就应当承认，

世界的不确定性是本质的、常态的,而确定性是非常态的,或者说,这个世界唯一可以确定的就是不确定性。不确定性在主观和客观世界中都具有普遍性。不确定性已经成为当前人工智能领域的研究热点,在两年一度的人工智能国际联合会议(IJCAI)中,不确定性(Uncertainty)是重要的议题之一。同样,在 AAAI 年度会议中也开辟了不确定性人工智能专题(Uncertainty of AI)。产生不确定性的根本原因包括:①实体所处环境的复杂性和动态性;②感知信息的不精确性和不全面性,以及多途径感知信息的矛盾性;③实体认知能力的局限性。

目前,专家学者在研究和实验的基础上提出不少确定推理的模型,如基于概率论的主观 Bayes 方法、基于模糊集的可能性理论、Dempster-Shafer 的证据理论方法、粗糙集方法、数据挖掘方法、模糊逻辑推理等。通过分析现有方法的不足,针对事件推理预测的特性,这里提出了基于概念合成的事件预测算法。

6.4.3 基于认知计算的能力-效能综合评估

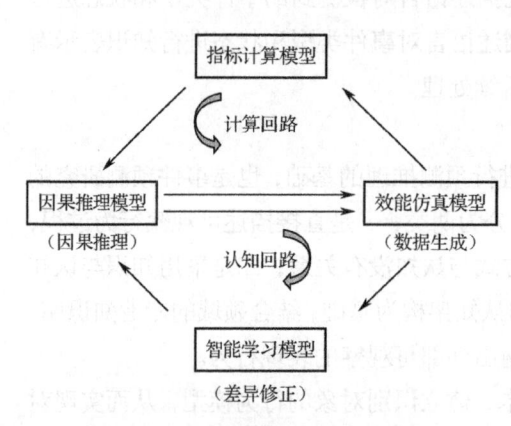

图 6-9 体系贡献率的认知计算原理

如图 6-9 所示,体系贡献率的认知计算原理包括四类模型和两个回路。四类模型分别是指标计算模型、因果推理模型、效能仿真模型和智能学习模型,两个回路分别是计算回路和认知回路。在计算回路中,指标计算模型提出体系计算的需求,因果推理模型根据此需求对体系网络进行解析计算,缩减体系计算率的方案空间,效能仿真模型能够对体系对抗进行更高精度的计算,最终指标计算模型根据效能仿真数据进行贡献率的指标体系计算,得出体系贡献率的数值。而在认知回路中,智能学习模型根据效能仿真模型生成的数据进行数据分析,挖掘潜在的因果模式并反馈到因果推理模型中,以对前期的因果关系进行修正。如果体系贡献率的认知计算没有达到指定的要求,则在两个回路之间不断进行重新计算,直到满足要求为止。

指标计算模型的构建和运行过程如下：首先根据使命任务要求构建体系能力指标和效能指标框架，并在此基础上建立体系贡献率评估模型；然后根据效能仿真模型提供的效能仿真实验数据解算体系效能指标和贡献率指标；最后将效能和贡献率评估结果输出给因果推理模型。

因果推理模型的构建和运行过程如下：首先设计初始的体系编成网络，然后进行任务链路规划，并对体系网络进行优化，计算红方的体系动量和蓝方的体系动量（蓝方的体系动量在计算过程中保持不变），最后通过对比分析来计算体系制胜率。此外，还要建立体系制胜率和红方体系动量的因果关系，以支持对体系能力进行因果诠释。

效能仿真模型的构建和运行过程如下：根据因果推理模型给出的优化后的体系网络建立红方仿真模型，环境仿真模型和蓝方仿真模型在建立后保持不变（蓝方体系在计算过程中保持不变），通过红蓝双方的体系对抗仿真来计算体系作战效能，最后根据体系效能的变化情况计算系统的贡献率。

智能学习模型的构建和运行过程如下：首先进行仿真数据挖掘，然后对比体系制胜率仿真结果和因果推理结果，并根据仿真数据挖掘的结果计算体系制胜率的差异因子，包括同步效果、体系漏洞、环境影响和作战原则等方面，最后计算差异因子的影响度，并反馈到因果推理模型中。

在认知回路中，智能学习模型的数据来源于效能仿真，这不仅需要考虑装备自身的属性、状态，还应配属与装备相适应的战术原则，于是提出一种基于文法演化的战术探索和学习框架。该框架是针对装备效能仿真中的战术建模提出的一体化解决方案，旨在利用建模与仿真技术、演化算法及强化学习算法自动探索与装备技术相适用的战术方案，辅助装备论证人员开发合理的战术模型，以发挥装备模型最大的作战能力，从而更准确地评估装备效能。

6.5 案例研究

以某红蓝双方体系作战为想定背景开展实验，其中蓝方作为进攻方，以最大限度消灭红方战斗单位为使命目标；红方作为防守方，以最大限度保存战斗单位为使命目标。这里使用基于OODA功能网络的能效综合评估方法，以蓝方某型飞机在协同作战体系中的贡献率评估为例进行说明。在该案例中，红方以探测雷达、防空导弹（SA-6）、战斗机（米格-29）、坦克（J-9）和指挥中心构成空地协同作战体系，蓝方以预警机（E-3）、无人机（全球鹰）、

战斗机（F-22 和 F-35）和指挥中心构成空中协同作战体系。需要说明的是，本案例研究主要是为了对理论方法进行原理上的验证，案例所用想定设置和装备数据均进行了处理，因此计算实验结果并没有绝对意义，其目的主要是对贡献率评估方法运用过程及其结果进行示例说明。下面根据 6.2 节列出的 7 个步骤对该案例研究进行详细说明。

（1）体系功能网络建模。采用功能网络建模方法建立图 6-10 所示的红蓝交战体系网络模型，将体系中的交战装备平台抽象为网络节点，将红蓝双方装备之间存在的交互关系抽象为网络边，根据相关文献的定义方法，建立一个只包含红蓝双方作战体系节点的网络模型。网络边按照功能分为 4 种类型：指控、通信、侦察和攻击，例如蓝方的 E-3 预警机能侦察到红方的米格-29 战斗机和 J-9 坦克，并与蓝方自己的指挥中心存在指控和通信关系。其中，指控和通信关系的边权值定义为两个节点间进行成功通信的概率；侦察关系的边权值定义为探测节点对目标的探测概率；攻击关系的边权值定义为攻击节点对目标的毁伤概率。

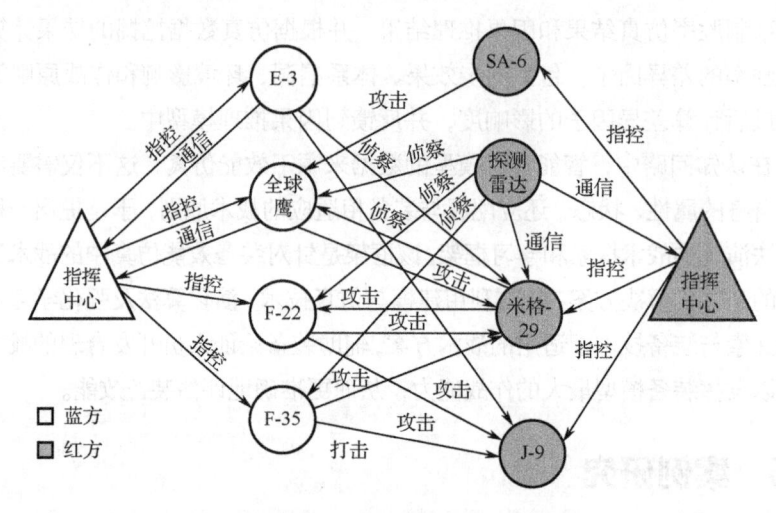

图 6-10　红蓝交战体系网络模型

（2）体系能力指数构建。根据 QFD 的基本思想，通过一系列的 QFD 质量屋将战略需求分解为体系使命能力、作战任务清单、系统（体系）功能和装备性能指标 4 个层次，针对体系贡献率需求分解过程建立图 6-11 所示的分析模型。层次分解依赖的矩阵称为质量屋（House Of Quality，HOQ），它由上一层指标权重、评估矩阵和绝对/相对重要性构成，评估矩阵的定性构造方

法可采用专家评分法、重复频度法和层次分析法等，定量构造方法则根据 OODA 功能回路分析确定。这里以"作战任务清单-系统（体系）功能"的 QFD 分解为例，如图 6-12 所示，由上一层分解得到目标探测与关键目标识别、火力任务分配、火力协同打击和打击效果评估 4 个关键问题及其权重，在进一步向下分解时使用装备平台参与任务 OODA 功能回路占总 OODA 功能回路的比例作为其对作战任务重要度的度量值。设 F-35 战斗机在典型数量配置的体系方案下，根据 4 个关键作战任务 OODA 功能回路参与的比例，计算其重要度值，得到表 6-1 所示的结果。

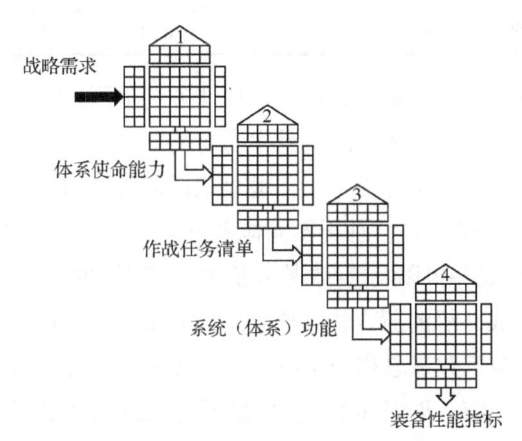

图 6-11　体系贡献率评估需求分析模型

		系统（体系）功能					作战任务权重
		F_1	F_2	$\cdots$	F_{n-1}	F_n	
作战任务清单	M_1	f_{11}	f_{12}	$\cdots$	$f_{1(n-1)}$	f_{1n}	w_1
	M_2	f_{21}	f_{22}	$\cdots$	$f_{2(n-1)}$	f_{2n}	w_2
	$\vdots$	$\vdots$	$\vdots$	$\vdots$	$\vdots$	$\vdots$	$\vdots$
	M_{m-1}	$f_{(m-1)1}$	$f_{(m-1)2}$	$\cdots$	$f_{(m-1)(n-1)}$	$f_{(m-1)n}$	w_{m-1}
	M_m	f_{m1}	f_{m2}	$\cdots$	$f_{m(n-1)}$	f_{mn}	w_m
绝对重要性AI_j		AI_1	AI_2	$\cdots$	AI_{n-1}	AI_n	
相对重要性RI_j		RI_1	RI_2	$\cdots$	RI_{n-1}	RI_n	

图 6-12　质量屋评估矩阵

表 6-1 系统（体系）功能需求相对重要性等级

作战任务清单	作战任务清单权重	系统（体系）功能			
		E-3	全球鹰	F-22	F-35
目标探测与关键目标识别问题	0.32	9	9	4	5
火力任务分配问题	0.24	9	8	5	7
火力协同打击问题	0.29	8	6	7	9
打击效果评估问题	0.15	9	9	5	5
绝对重要性等级		8.71	7.89	5.26	6.64
相对重要性等级		0.31	0.28	0.18	0.23

（3）体系贡献率能力解析计算。作战任务清单到系统（体系）功能的分解给出了典型体系配置方案下的贡献率满足情况，进一步向下分解可以对不同数量配比方案进行分析。这里使用体系对抗网络邻接矩阵的 Perron-Frobenius 特征值法，基于不同体系方案下 OODA 功能回路的形成数量，对有无 F-35 战斗机以及 F-35 战斗机数量变化对体系贡献率的影响进行分析。取无 F-35 战斗机的蓝方体系作为基线方案，取 F-35 战斗机数量为 1～9 架（与 F-22 战斗机数量总和为 10）的蓝方体系作为对比方案，构造邻接矩阵，计算矩阵特征值，见表 6-2。以 F-35 战斗机的参战数量为 x 轴，以特征值为 y 轴，绘制蓝方交战体系能力随 F-35 战斗机参战数量发生变化的曲线（总体贡献率），并以总的 F-35 战斗机的贡献率除以 F-35 战斗机的数量，得到参战数量增加时单个 F-35 作战平台对体系的贡献率变化情况（单架贡献率），如图 6-13 所示。

表 6-2 能力解析计算结果

输入与输出变量		基线方案	对比方案								
战斗机数量/架	F-22	10	9	8	7	6	5	4	3	2	1
	F-35	0	1	2	3	4	5	6	7	8	9
矩阵特征值		1.88	1.99	2.09	2.17	2.25	2.32	2.38	2.44	2.5	2.55
总体贡献率（F-35）		—	6%	11.12%	15.63%	19.65%	23.31%	26.67%	29.79%	32.69%	35.41%
单架贡献率（F-35）		—	6%	5.56%	5.21%	4.91%	4.66%	4.45%	4.26%	4.09%	3.93%

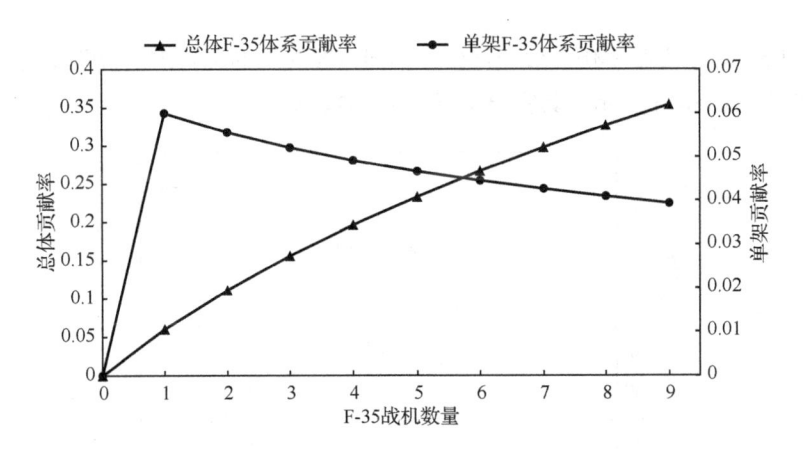

图 6-13 体系贡献率随 F-35 参战数量变化的情况

（4）体系贡献率效能仿真实验。基于体系效能分析仿真平台 SEAS 开展基于效能的体系贡献率评估，输入一组交战双方体系配置方案，对于给定的实验背景方案，能够输出当前体系配置方案下交战过程中 OODA 杀伤链的数量变化情况，以及不同装备平台在闭合链路中所占的比例。基线方案设置 F-22 战斗机的数量为 10 架，没有 F-35 战斗机；对比方案 A 和 B 分别设置 F-22 战斗机的数量为 8 架和 2 架、F-35 战斗机的数量为 2 架和 8 架，由于 F-22 和 F-35 两种装备平台在执行任务的优先级上存在竞争关系，导致性能更优的装备平台更有可能参与更多的有效闭合杀伤链。图 6-14 给出了方案 B 的一次仿真结果，可以看出 F-35 战斗机参战后，获得了比 F-22 战斗机更多的战斗机会。

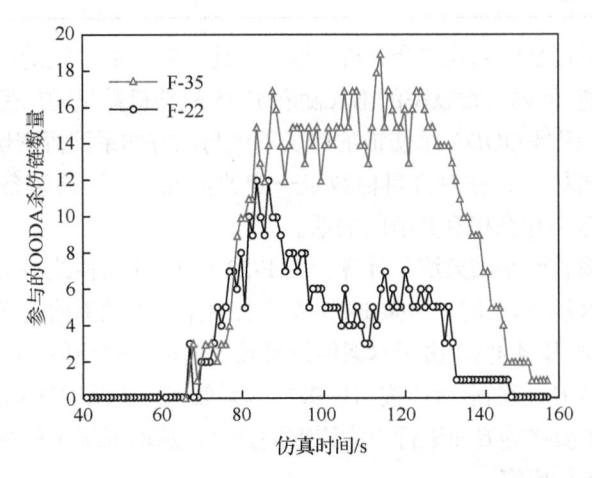

图 6-14 不同装备平台参与 OODA 杀伤链数量的对比

（5）体系贡献率仿真效能评估。不同方案对应的总有效闭合杀伤链的数量变化如图 6-15 所示，其实验结果见表 6-3。

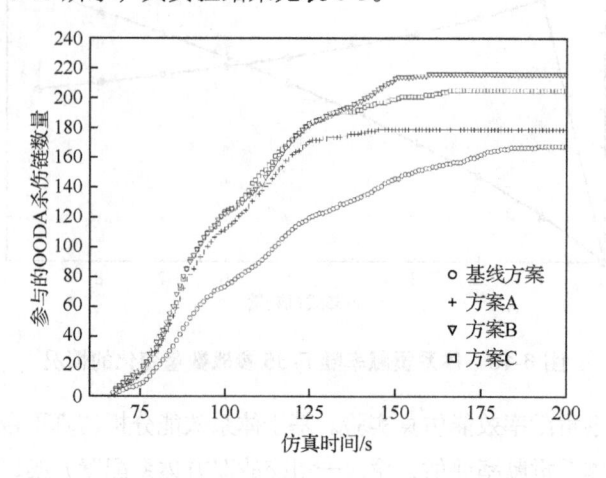

图 6-15　不同方案对应的总有效闭合杀伤链的数量变化

表 6-3　效能仿真实验结果

输入与输出变量		基 线 方 案	方案A	方案B	方案C
战斗机数量/架	F-22	10	9	2	5
	F-35	0	1	8	5
总有效闭合杀伤链数量		168	179	214	205
总体贡献率（F-35）		—	6.5%	27.4%	22.0%
单架贡献率（F-35）		—	6.5%	3.4%	4.4%

（6）体系贡献率能效综合分析。综上所述，F-35 战斗机的加入可以显著提高体系效能，但体系贡献率的增长随着 F-35 战斗机数量增加呈现边际递减效应，主要原因是 OODA 杀伤链的增长不仅与己方体系配置密切相关，也受对方体系配置影响，在对方目标数量一定的情况下，己方装备平台在参与 OODA 杀伤链中存在相互竞争的关系。

（7）体系贡献率结果演化计算。当 F-22 和 F-35 两种战斗机的配比分别为 9∶1、2∶8 和 5∶5 时，单架 F-35 战斗机的体系贡献率的效能评估值分别为 6.5%、3.4%和 4.4%，由于本案例设置较为简单，效能仿真结果与能力解析评估结果基本一致。后续研究可以根据体系效能仿真从 OODA 杀伤链的形成机理、时序演化等方面进行更为详细的分析，从而围绕装备性能指标对体系贡献机理进行研究。

第 7 章

面向使命任务的体系贡献率能效综合评估方法

本章在第 6 章内容的基础上,探讨面向具体使命任务的体系贡献率评估方法。该方法的核心思想是根据体系使命任务空间的分析,聚焦主要杀伤链,建立装备功能对杀伤链效能及使命能力的影响关系追溯链路,并通过仿真实验采集相关数据来评价装备系统的体系贡献率。

7.1 面向使命任务的能效综合评估方法框架

体系是一个非常复杂的评估对象,需要根据所关注的侧重点,明确评估的范围,以选择合适的分析方法。本节主要考虑体系集成中的武器装备贡献率问题,首先给出评估问题的输入与输出,再从体系集成问题出发,提出体系贡献率的评估过程,最后搭建面向使命任务的能效综合分析与评估框架。

7.1.1 评估问题的输入与输出

1. 评估问题的输入

1)使命任务目标和条件约束

为了研究体系集成中的贡献率评估问题,首先需要确定体系要完成的使命任务目标和条件约束,这两者在使命任务想定中以文本的形式明确,而使命任务想定是本节研究的基本输入条件。

2)体系功能需求和内部结构

体系集成通常是在现有的作战体系基础上进行开发的,这样可以大幅度降低集成开发的难度和复杂度。在体系集成的初始阶段,体系的功能需求和

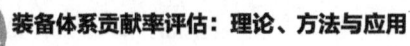

内部结构一般是已知的,通过不断演化和迭代来提升体系作战能力。在本节的研究中,体系功能需求和内部结构是基本输入之一。

3) 待选武器装备库

体系集成需要将装备系统与体系功能需求进行匹配,如果现有装备系统无法满足体系的功能需求,就要开发新的装备系统。新的武器装备研发需要考虑系统设计和开发问题,已经超出了本节研究的范围,因此假定待选武器装备库已知,并满足体系的功能需求。

2. 评估问题的输出

评估问题的输出是使命任务想定下不同体系方案中的武器装备对使命任务目标的贡献程度,即体系贡献率。本章所提的方法是在已知使命任务目标、使命任务过程和体系方案的前提下,在特定的场景中评估武器装备的体系贡献率。

7.1.2 体系贡献率的评估过程

武器装备在体系集成中的贡献率分析与评估按照从使命任务目标到体系配置的逻辑顺序进行,如图 7-1 所示。贡献率分析过程自顶向下进行,先通过分析预期目标得到作战任务序列,再由作战任务与功能需求分析得到体系方案和配置,并提出相应的评估指标;贡献率评估过程自底向上回溯,通过对比不同体系配置达到预期效果的程度,分析评估指标与预期效果的关联关系,进而得到定量化的指标权重,用于体系贡献率的综合评估。

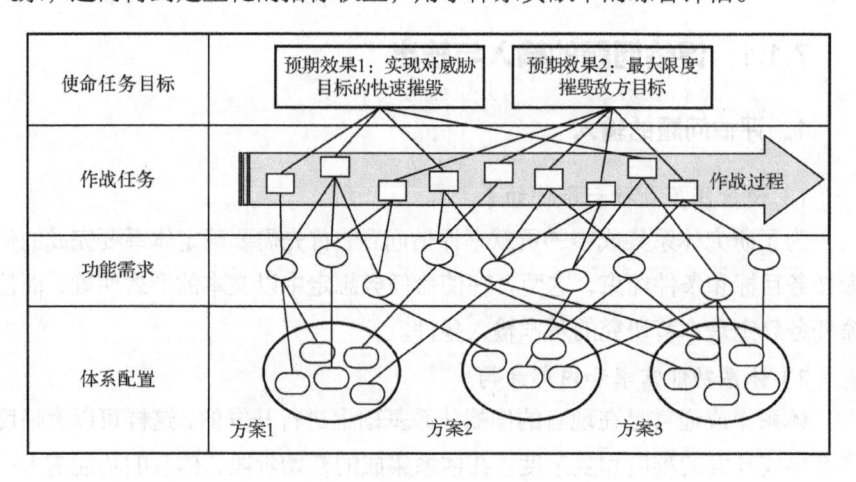

图 7-1 体系贡献率评估研究的逻辑顺序

第 7 章 面向使命任务的体系贡献率能效综合评估方法

如图 7-2 所示，面向使命任务的体系贡献率评估过程主要分为 5 个步骤：建立使命任务元模型、描述使命任务空间、确定待评估杀伤链、建立评估指标体系和贡献率仿真评估。

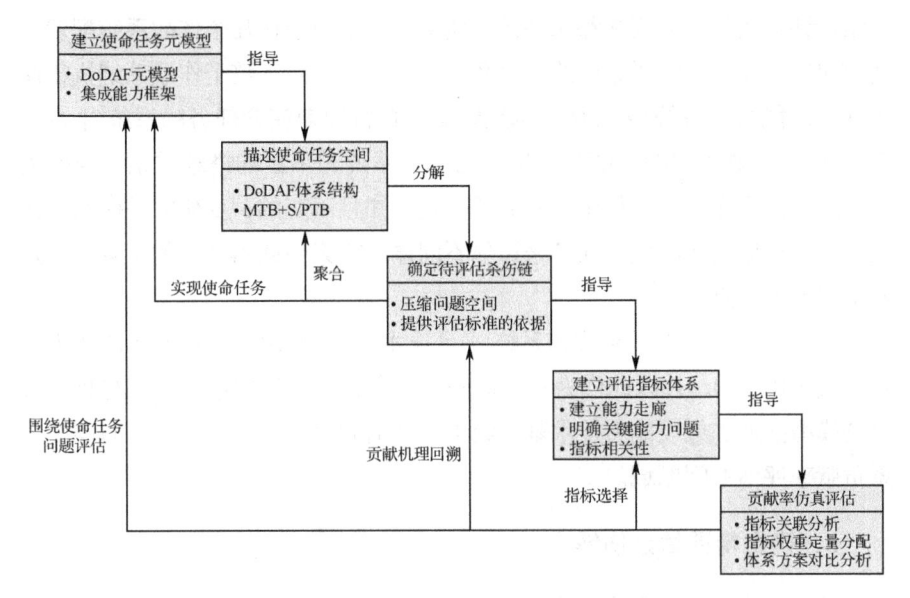

图 7-2 体系贡献率的评估过程

1. 建立使命任务元模型

体系贡献率评估的第一个问题是面向使命任务的体系集成元模型，它包括各种概念的定义及其关系。如果没有一个公共语义环境（包括体系结构数据的类型、数据类型之间的关系及数据来源），所建立的使命任务架构就不能被各方理解和使用。DoDAF 元模型（DoDAF Meta-Model，DM2）定义了许多类型的数据和体系结构中的关系，可以用来确定定义使命任务架构所需的最小集合。

2. 描述使命任务空间

体系集成面临的使命任务环境存在很强的不确定性和复杂性，为了能够提供体系贡献率评估所需的使命任务环境，需要借助使命任务架构来对使命任务空间和体系方案进行形式化建模。

使命任务架构在两个层次依次展开，并使用实例化的方案作为评价基准，分别是使命任务技术基线（Mission Technical Baseline，MTB）和系统/

平台技术基线（System / Platform Technical Baseline，S/PTB）。使命任务技术基线负责对使命任务想定进行开发，具体包括使命任务预期效果、所需能力、战术交战规则、作战任务清单和任务效能度量。定义使命任务后，必须确定一组待评估的体系方案和待选系统。典型问题集中于在几个作战系统配置之间做决策，或者判定新添加的作战系统元素是否提高了整个作战系统执行使命任务的能力。系统/平台技术基线定义了执行预期使命任务的系统/平台、系统/平台需要实现的功能及其度量指标、系统和平台的搭载关系与通信关系。这里假设在评估过程中，使命任务是已知且不变的，变化的是体系方案的配置，根据已知的使命任务来评估不同体系方案中武器装备的贡献率，是本节研究的重点。

生成使命任务技术基线和系统/平台技术基线后，用两者构成集成能力技术基线（ICTB），并以此作为对使命任务想定和待评估体系方案完整且形式化的模型描述。集成能力技术基线给出了评估问题的边界和范围，明确了体系贡献率评估的问题域。

3. 确定待评估杀伤链

体系通常会包含很多现有武器装备，这些武器装备的战术技术性能可以满足作战任务的功能需求，但是需要这些武器装备能够很好地形成一个闭合的"路径"，即杀伤链。考虑到作战任务和平台以及执行这些作战任务的执行者的组合数量，可能会有许多杀伤链，但是评估杀伤链的所有可能路径是不现实的，因此需要对使命任务空间进行缩减。其方法是将使命任务空间压缩到能够对特定目标进行打击的闭合杀伤链，并将其作为体系贡献率评估的基线。

杀伤链展现了体系在打击作战任务中的行为模式和具体途径。通过确定待评估杀伤链，可以明确体系贡献率评估的主体。

4. 建立评估指标体系

为了解决体系对抗中存在的不确定性和复杂性问题，需要采用体系贡献率的层次化评估思路，针对武器装备对体系使命效能贡献产生的过程进行分解，即先按照预期效果、作战任务清单和体系方案进行研究，再依据层次分解，提出定量评估的指标，如图 7-3 所示。

第 7 章　面向使命任务的体系贡献率能效综合评估方法

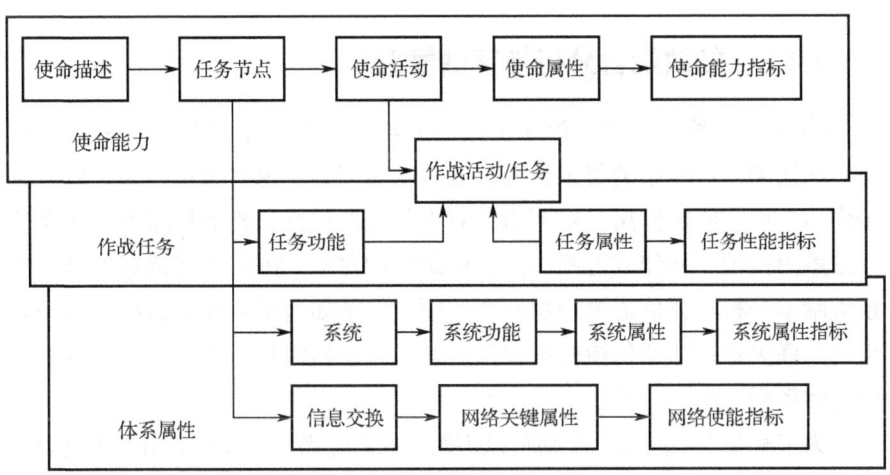

图 7-3　建立评估指标的过程

预期效果用于描述体系所需达成的使命任务目标，作战任务清单用于描述体系达成使命任务目标的具体过程，体系方案用于描述实现上述使命任务目标的具体装备配置，分别建立评估它们的指标，并通过矩阵的形式建立指标之间的层次化关系。评估指标的建立需要考虑两方面约束：一是评估指标应符合前面三步提出的问题；二是评估指标能够为后面的评估方案建立基准。

问题定义完成后，即可通过一个作战仿真获得评估所需的数据，并对体系贡献率进行分析和评估。体系能力和作战效能之间的关系是体系贡献率评估的难点，这里借助能力试验方法中能力走廊的概念建立体系能力和作战效能之间的关系。

5. 贡献率仿真评估

指标体系建立了体系贡献率分析和评估的基准，但是在量化不同体系方案下哪种武器装备对体系的贡献率更高时，需要在体系达成多个使命任务目标间进行权衡。因为不同使命任务目标的权衡可能存在冲突，故将其看成一个多属性决策问题。首先基于质量功能部署和定量化方法建立指标综合框架，然后基于最大信息交互算法计算指标权重，最后通过逼近理想解排序法（Technique for Order Preference by Similarity to Ideal Solution，TOPSIS）来实现体系贡献率的评估。

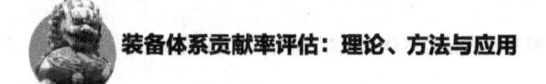

7.1.3　能效综合分析与评估框架

体系贡献率分析的关键在于梳理武器装备对体系产生贡献的内在机理。武器装备对体系的贡献机理，既有功能因素，也有数量因素；既有直接作用，也有间接作用。本节研究对贡献机理进行分析的思路是以使命任务分解为基础，将作战链路作为分析研究的对象，围绕作战链路展开的体系贡献率分析与评估需要解决两个问题：一是如何量化评估指标与预期效果的关联关系，即评估指标的权重向量；二是如何利用评估指标的权重向量对体系贡献率进行综合。

为了解决上述问题，分别从以下两方面对体系贡献率进行分析和评估：首先分析各项评估指标在相应使命任务场景下对预期效果的影响模式和贡献机理，其方法是通过改变体系集成方案和配置，研究评估指标与预期效果关联关系的变化趋势；然后根据评估指标与预期效果的关联关系，分析各评估指标对预期效果的影响权重，并根据评估指标的权重向量对体系所达到的某预期效果进行定量化评估，由此得到武器装备在体系集成中的贡献率评定值。

体系的作战能力和作战效能之间的关系是体系贡献率评估的难点。能力是对体系进行评估的基本准则，而体系能力需要通过体系内部要素完成一系列的任务来体现。作战能力和作战效能之间具有内在关联，但存在不确定性，因而采用能力-效能综合评估方法（见图7-4），具体包括以下步骤：

（1）对问题域进行分解，按照"需求—度量—方案"的思路提出使命需求集、效能度量集、能力度量集和体系方案集，给出使命需求重要度，形成对关键作战问题和关键能力问题的基本认识。

（2）根据层次分解结果，针对关键作战问题和关键能力问题提出相应的使命效能、任务效能和体系能力评估指标。

（3）开展仿真实验，探索装备体系配置、体系能力、作战任务和使命需求的关联关系，确定从需求集到度量集的质量功能部署定量分解矩阵。

（4）根据质量功能部署定量分解确定的度量集权重，采用TOPSIS进行能力、效能评估。

（5）对比分析能力-效能评估结果，分析所研究组分系统对体系贡献的内在机理。

（6）通过对比是否包含组分系统情况下总体使命效能的变化，可以给出体系贡献率评估结果。

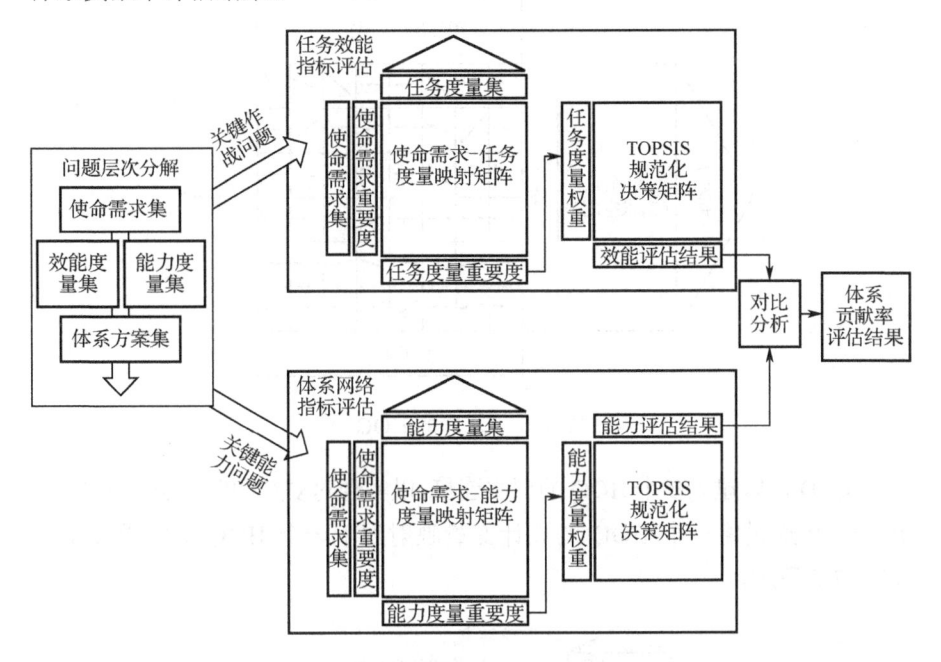

图 7-4　体系贡献率评估框架

7.2　基于定量 HOQ 的指标关联关系分析

面向关系的 QFD（质量功能部署）是在 QFD 基础上开发的一种用于定量化描述用户需求和设计权衡的方法，它实现了一种基于计算表示的质量屋（HOQ），可以使用仿真数据实现对客户需求、度量和设计变量之间关系的定量分析。本节基于面向关系的 QFD 提出一种基于定量 HOQ 的指标关联关系分析方法。

7.2.1　HOQ 矩阵的构建

设计变量的总权重是通过矩阵 B 与矩阵 C 相乘后，按列进行求和并归一化得到的，其结果放在矩阵 I 中。与上述过程不同的是，定量 QFD 方法中的矩阵 C 是通过实验数据拟合得到的。例如，若使用最小二乘线性回归模型，则可以根据线性回归模型的斜率来确定需求与设计变量之间的关系权重，如图 7-5 所示的矩阵 C 中的数值就用斜率代替。

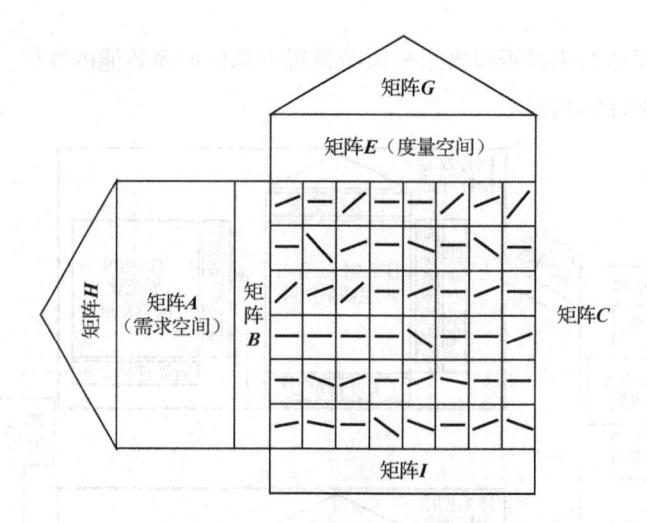

图 7-5 QFD 的 HOQ

QFD 可以建立多个 HOQ 的层次连接，以实现对复杂问题的层次化求解。这种连接通过将一个 HOQ 的设计变量映射到下一个 HOQ 的需求实现，如图 7-6 所示。

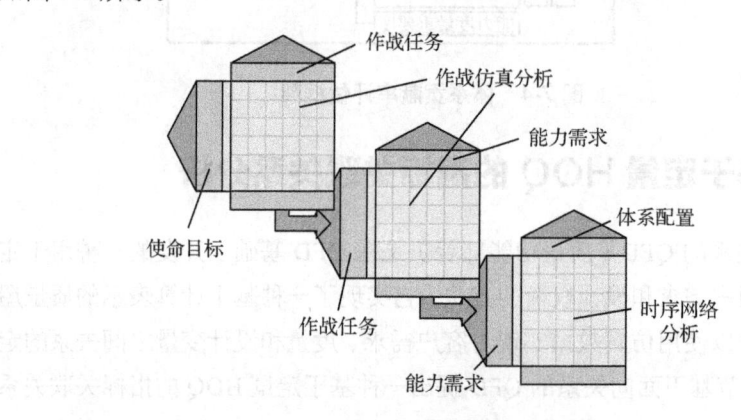

图 7-6 多个 HOQ 的层次连接

体系贡献率评估与 QFD 的这种层次连接结构有很多共通点。例如，需求位于整个问题域中的顶层，对问题求解具有非常重要的影响；需求到实现的分解过程是层次化的，通过层次分解，可以降低问题研究的难度，将复杂问题简化。因此可以采用 QFD 方法对体系贡献率评估问题进行层次化分解建模，利用 HOQ 系列矩阵，对使命目标→作战任务→能力需求→体系配置进行一一映射，随着需求分析对 QFD 的 HOQ 的逐步细化，最终得到所研究

第7章 面向使命任务的体系贡献率能效综合评估方法

体系问题的"基线"方案，具体表现为一组可以用来进行仿真的实验方案。

HOQ 的定量构造方法：根据设计变量→作战任务清单→体系使命能力的影响关系，建立能够实现相关功能的仿真系统，即输入一组作战任务清单列表，对于给定的一类体系使命能力，能够输出这组作战任务清单列表可能完成此类体系使命能力的效能值。

以单个 HOQ 矩阵为例，已知 HOQ 矩阵的需求 $R_i, i=1,2,\cdots,m$ 和设计变量 $M_j, j=1,2,\cdots,n$，设 R_i 的权重为 w_i。定量化 HOQ 的任务就是根据 R_i 和 M_j 的变化关系定量确定 HOQ 矩阵中的 f_{ij}，如图 7-7 所示。这样就可以基于 QFD 方法，由 R_i 的 w_i 计算出 M_j 的相对重要度 RI_j。

		设计变量			需求权重
		M_1	M_2	$\cdots$	M_n	
需求	R_1	f_{11}	f_{12}	$\cdots$	f_{1n}	w_1
	R_2	f_{21}	f_{22}	$\cdots$	f_{2n}	w_2
	$\cdots$	$\cdots$	$\cdots$	$\cdots$	$\cdots$	
	R_m	f_{m1}	f_{m2}	$\cdots$	f_{mn}	w_m
绝对重要度 AI_j		AI_1	AI_2	$\cdots$	AI_n	
相对重要度 RI_j		RI_1	RI_2	$\cdots$	RI_n	

图 7-7 用于计算指标相对重要性的 HOQ 结构

下面介绍基于仿真数据和线性回归构建定量化 HOQ 矩阵的过程。

记第 k 次仿真实验中设计变量的取值为 $(x_{1k}, x_{2k}, \cdots, x_{nk})$，需求 R_i 的结果为 y_{ik}，建立需求 R_i 和设计变量的线性回归模型，即

$$y_i = a_{i0} + a_{i1}x_1 + \cdots + a_{in}x_n \tag{7-1}$$

执行 N 次仿真实验，将得到的结果用矩阵形式表示为

$$Y_i = XA_i \tag{7-2}$$

其中，

$$Y_i = \begin{bmatrix} y_{i1} \\ y_{i2} \\ \vdots \\ y_{iN} \end{bmatrix}_{N \times 1}, X = \begin{bmatrix} 1 & x_{11} & \cdots & x_{n1} \\ 1 & x_{12} & \cdots & x_{n2} \\ \vdots & \vdots & \ddots & \vdots \\ 1 & x_{1N} & \cdots & x_{nN} \end{bmatrix}_{N \times (n+1)}, A_i = \begin{bmatrix} a_{i0} \\ a_{i1} \\ \vdots \\ a_{in} \end{bmatrix}_{(n+1) \times 1} \tag{7-3}$$

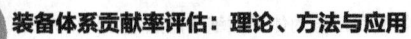

根据最小二乘线性回归方法，A_i 可以通过下式求得：

$$A_i = (X^T X)^{-1} X^T Y_i \quad (7\text{-}4)$$

上式求得的是设计变量对一个需求的影响关系权重，如果考虑全部需求，则可令

$$A = (A_1^T, \cdots, A_m^T) = \begin{bmatrix} a_{10} & a_{11} & \cdots & a_{1n} \\ a_{20} & a_{21} & \cdots & a_{2n} \\ \vdots & \vdots & \ddots & \vdots \\ a_{m0} & a_{m1} & \cdots & a_{mn} \end{bmatrix}_{m \times (n+1)} \quad (7\text{-}5)$$

A 是一个 m 行 $(n+1)$ 列的矩阵，取其右侧的 $m \times n$ 部分作为 HOQ 矩阵中的 f_{ij}，即令

$$f_{ij} = a_{ij} \quad (7\text{-}6)$$

由此实现对 HOQ 矩阵的定量化构建。

按照 QFD 方法计算设计变量的绝对重要度 AI_j，即

$$\mathrm{AI}_j = \sum_{i=1}^{m} f_{ij} w_i \quad (7\text{-}7)$$

通过归一化求出相对重要度 RI_j，即

$$\mathrm{RI}_j = \frac{\mathrm{AI}_j}{\sum_j \mathrm{AI}_j} \quad (7\text{-}8)$$

7.2.2 基于仿真实验的 QFD 矩阵构建过程

上一节主要论如何通过仿真数据来获取 HOQ 的定量化表示，但是没有考虑仿真实验方法对 HOQ 构造形式的影响。本节将进一步讨论在基于仿真实验的前提下如何构造 HOQ。

考虑具有多个 HOQ 的 QFD 分解过程，QFD 方法使用一种主观方法来开发需求 R、度量 m 和设计变量 x 之间的关系，如图 7-8（a）所示。尽管用建模和仿真（M&S）替代这一主观方法来研究指标之间的关系是可能的，但是需要考虑仿真方法与 QFD 方法之间的区别。导致这两者之间存在差异的原因是 M&S 通常不按照需求 R、度量 m 和设计变量 x 的形式构造输入和输出。在仿真过程中，不论是需求 R，还是度量 m 都可以作为仿真的输出，而独立的设计变量 x 可作为仿真的输入。因此，对于仿真方法来说，需求 R 和度量 m 之间不太可能有任何区别，因为两者都是仿真实验的输出。此外，在仿真实验中，还可能包含一些额外的环境变量 k 作为模型的输入，以观察不

同环境条件下，设计变量 x 对需求 R 和度量 m 的影响。如图 7-8（b）所示，仿真实验的分解形式有别于经典的 QFD 分解形式。

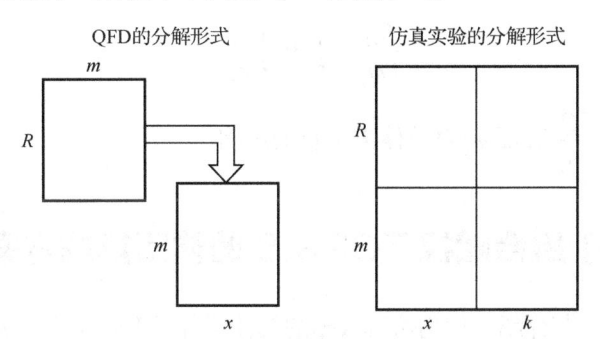

图 7-8　QFD 分解和仿真实验分解的形式比较

在这种情况下，必须重新考虑 HOQ 的构造形式。假设通过一组仿真实验得到需求集 R 和度量集 m 对设计变量 x 的散点结果数据，可以使用这些散点数据来重现需求 R 与度量 m 之间的 HOQ。为了能够使用仿真方法来建立需求 R、度量 m 和设计变量 x 之间的定量关系，需要对散点图进行转换。下面介绍需要使用的符号。

- 需求集 R：体系需要达到的预期效果，它是一组需要同时满足的权衡目标，放在矩阵 A 中。
- 度量集 m：由关键能力问题提出的各评估指标，放在矩阵 E 中。
- 关系映射：需求集与度量集之间的定量关系可以通过仿真实验数据分析得到，放在矩阵 C 中。
- 需求权重 w：需求集（即预期效果）的权重，由专家先验知识得到，放在矩阵 B 中。
- 度量集重要度量化：评估指标的权重向量，通过 QFD 矩阵计算得到，放在矩阵 I 中。

在上述 HOQ 构造形式下，假设总体需求反映需求集各元素对总需求的满足情况，由领域专家提出 R 中各元素的权重 W_i，用其加权和作为总体需求 Q，即

$$Q = \sum_{i=1}^{n} W_i R_i \qquad (7-9)$$

如果将 HOQ 中的值看作线性斜率的估计，则可将其视为偏导数。这种方式为 QFD 分析的结果提供了一个新的视角。获得的相对重要性分数成为

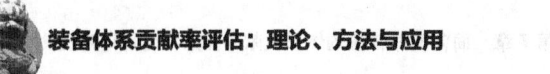

总质量函数相对于每个度量的偏导数的近似值，并根据客户需求权重进行加权，即

$$\frac{\partial Q}{\partial m_j} = \sum_{i=1}^{n} W_i \frac{\partial R_i}{\partial m_j} \quad （7-10）$$

式中，$\frac{\partial Q}{\partial m_j}$ 表征 m_j 对总体需求 Q 的影响。

7.3 基于组合赋权 TOPSIS 的体系集成方案对比

尽管上一节介绍了使用仿真数据的线性拟合斜率来实现对需求 R、度量 m 和设计变量 x 之间关系的定量分析，但其没有考虑线性拟合程度的影响。本节基于以上思想，根据线性拟合斜率和拟合优度两项指标对评估指标进行组合赋权，实现基于 TOPSIS 的体系方案对比。

7.3.1 TOPSIS

TOPSIS 是由 Hwang 和 Yoon 开发的一种多准则决策方法（Multi-Criteria Decision Method，MCDM）。它的基本概念是从有限个备选方案集中选出的最佳备选方案，在几何意义上应与理想解距离最近，而与负理想解距离最远。传统 TOPSIS 的基本原理是将各指标量化后，采用向量规范法对其进行归一化处理，并建立决策矩阵。评估的过程就是计算每个待评估方案与最优方案和最差方案的距离，因为最优方案与最差方案是通过向量进行表示的，所以传统的 TOPSIS 选用欧式距离来描述待评估方案与最优/最差方案之间的距离。

7.3.2 使命任务需求满足度评估

设体系集成的方案集为 $S = \{s_1, s_2, \cdots, s_k\}$，使命任务需要达到的预期效果，即需求集为 $R = \{R_1, R_2, \cdots, R_n\}$，由关键能力问题分析得到的评估指标度量集为 $M = \{m_1, m_2, \cdots, m_l\}$，对不同体系集成方案优劣的评定值按照下述流程进行计算。

（1）确定敏感度权重 w_j。进行仿真实验，由实验结果中 R 对 M 的散点图求出拟合直线斜率 $\frac{\partial R_i}{\partial m_j}$，假设选取的 R_i 之间互相独立，m_j 之间也互相独

立，则偏导数 $\dfrac{\partial R_i}{\partial m_j}$ 反映了度量指标对需求指标的敏感度，其值越大，m_j 的重要度就越高，根据敏感度大小可以确定其权重大小。

通过规范化处理，可以得到 m_j 的敏感度权重 w_j，即

$$w_j = \dfrac{\dfrac{\partial Q}{\partial m_j}}{\sum\limits_{j=1}^{l}\dfrac{\partial Q}{\partial m_j}} \tag{7-11}$$

（2）确定拟合度权重 v_j。拟合度反映回归直线对观测值的拟合程度，其值越高，说明度量指标与需求的相关性越大，因此可以用来确定指标权重。由实验结果的散点图计算得到度量指标 m_j 对需求指标 R_i 的拟合优度判定系数：

$$r_{ij}^2 = 1 - \dfrac{\mathrm{RSS}_{ij}}{\mathrm{TSS}_{ij}} \tag{7-12}$$

式中，TSS_{ij} 为总离差平方和；RSS_{ij} 为剩余平方和。r_{ij}^2 是一个无量纲系数，其取值范围为 0～1，越接近 1，说明回归直线效果越好，由此确定 m_j 的线性拟合度权重：

$$v_j = \dfrac{\sum\limits_{i=1}^{n} W_i r_{ij}^2}{\sum\limits_{j=1}^{l}\sum\limits_{i=1}^{n} W_i r_{ij}^2} \tag{7-13}$$

（3）构建修正的加权向量 $\boldsymbol{u}_j$。根据敏感度权重 w_j 和拟合度权重 v_j，构建修正的加权向量 $\boldsymbol{u}_j$，即

$$u_j = \dfrac{w_j \cdot v_j}{\sum\limits_{j=1}^{l} w_j \cdot v_j} \tag{7-14}$$

（4）计算修正权重的决策矩阵 $\boldsymbol{C}$。对 k 个不同体系方案的 l 个度量指标按照一定规则进行规范化处理，得到规范化决策矩阵 $\boldsymbol{A} = (a_{ij})_{k\times l}$，在此基础上构造修正权重的决策矩阵 $\boldsymbol{C} = (c_{ij})_{k\times m}$，其中：

$$c_{ij} = \boldsymbol{u}_j \cdot a_{ij}, i = 1, 2, \cdots, k, j = 1, 2, \cdots, l \tag{7-15}$$

（5）计算综合评价值。在仿真实验中选择 Q 的最优和最差仿真结果作为正理想解 c_j^+ 和负理想解 c_j^-，计算各方案的综合评价值 z_i，即

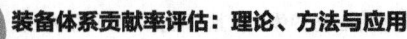

$$d_i^+ = \sqrt{\sum_{j=1}^{l}(c_{ij}-c_j^+)^2}, i=1,2,\cdots,k \quad (7\text{-}16)$$

$$d_i^- = \sqrt{\sum_{j=1}^{l}(c_{ij}-c_j^-)^2}, i=1,2,\cdots,k \quad (7\text{-}17)$$

$$z_i = \frac{d_i^-}{d_i^- + d_i^+} \quad (7\text{-}18)$$

7.3.3 体系贡献率计算

体系贡献率是在作战体系功能结构一定的情况下，由不同装备实现功能需求所引起的体系作战能力变化程度。因此需要组建不同的武器装备方案，通过对比不同方案下的使命任务需求满足度，计算某型武器装备系统对整个体系作战能力的提升作用，即该武器装备系统对作战体系的贡献程度。

假设由武器装备 B 代替武器装备 A，原体系配置方案记为 S_1，新体系配置方案记为 S_2，以这两种方案构建方案集，通过采集仿真实验数据，分析得到评估指标的权重向量。

7.4 案例研究

7.4.1 案例背景

本节以美军联合火力（JFIRES）和近空支援（CAS）任务为例，建立一个包含/不包含无人集群的作战体系（见图 7-9），用于评估无人集群对体系的贡献率。该作战体系在执行一组侦察和打击任务的情况下，需要达成以下三方面的使命目标：一是在作战开始后对敌方体系进行迅速瓦解；二是对作战区域中的威胁目标实现最大程度的摧毁；三是尽可能减少友方损失和消耗。如图 7-10 所示，联合火力打击任务执行流程包含侦察探测任务、判断决策任务、支持任务、火力打击任务和评估任务。跨场景试验想定见表 7-1，传统火力单元和无人集群的主要参数对比见表 7-2。这里选取体系火力打击单位中无人集群占比分别为 0、40%和 80%的情况作为待评方案，构建方案集 $S=\{s_1,s_2,s_3\}$ 和体系度量指标（见表 7-3）。

第 7 章　面向使命任务的体系贡献率能效综合评估方法

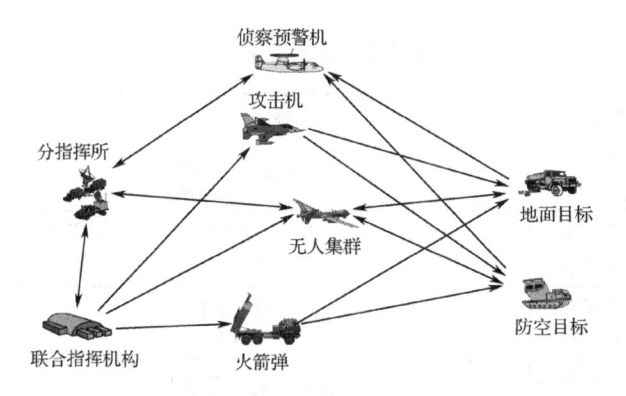

图 7-9　联合火力和近空支援作战体系网络

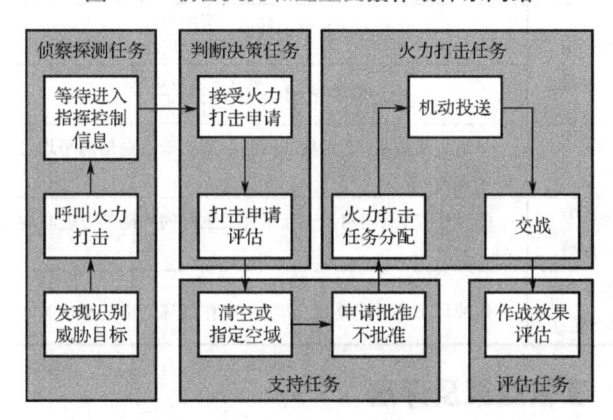

图 7-10　联合火力打击任务执行流程

表 7-1　跨场景试验想定

跨场景设计变量	变量下限	变量上限
敌方威胁目标数量/个	100	150
侦察单位对目标探测概率	0.5	0.8
敌方防空拦截成功率	0.1	0.2
指挥系统平均决策时间/s	10	25

表 7-2　传统火力单元和无人集群的主要参数对比

主要参数	传统火力单元	无人集群
飞行速度/(m/s)	800	400
毁伤概率	0.8	0.7
发射准备时间/s	20	10
被探测概率	0.2	0.3

表 7-3 体系度量指标

指标类型		指标名称	符号	偏好
使命需求集	任务完成度度量	区域肃清百分比 = $\dfrac{\text{失效目标数量}}{\text{目标总数}}$	R_1	+
	任务完成效率度量	威胁累计失效时间 = $\dfrac{\sum_i(\text{任务结束时间}-\text{目标}i\text{失效时间})}{\text{目标数量}}$	R_2	+
	任务完成效益度量	用弹比 = $\dfrac{\text{目标数量}}{\text{用弹数量}}$	R_3	+
效能度量集	支持任务度量	支持任务平均效率 = $\dfrac{\text{实际用时}}{\text{预期用时}}$	m_1	+
	火力打击任务度量	打击任务平均效率 = $\dfrac{\text{实际用时}}{\text{预期用时}}$	m_2	+
		有效打击率 = $1-\dfrac{\text{重复无效打击数}}{\text{总打击数}}$	m_3	无
能力度量集	网络效率度量	平均时间效率:无人集群网络中所有节点通信的平均时间的倒数	m_4	+
	网络阵发特性度量	阵发性:节点间相邻交互事件发生时间间隔的方差与均值之差	m_5	无
	作战环效率度量	作战环平均时间路径长度:完成作战环所需的平均时间	m_6	-

7.4.2 实验结果及评定

按照问题域的分解确定跨场景实验因素,构建实验设计方案并进行仿真实验,最终得到 300 组仿真实验数据,其统计结果见表 7-4。

表 7-4 仿真实验统计结果

方案	R_1	R_2	R_3	m_1	m_2	m_3	m_4	m_5	m_6
s_1	0.707	0.583	0.542	0.41	0.309	0.5	0.423	0.242	0.383
s_2	0.798	0.670	0.485	0.348	0.266	0.55	0.37	0.174	0.336
s_3	0.558	0.467	0.455	0.523	0.387	0.686	0.327	0.387	—

以使命需求集中的 R_1(区域肃清百分比)、R_2(威胁累计失效时间)和 R_3(用弹比)来衡量使命目标预期效果的达成程度,由作战部门提出需求权重 $W=[0.4,0.4,0.2]$,构造总体质量函数 Q,即

$$Q = 0.4R_1 + 0.4R_2 + 0.2R_3$$

体系效能指标和能力指标的散点图如图 7-11 所示。按照归一化后的体

系效能指标散点图进行拟合，利用敏感度分析和拟合优度检验结果，并根据式（7-7）和式（7-8）填充 QFD 矩阵，见表 7-5 和表 7-6，得到效能指标权重为

$$w_{\text{eff}} = [0.38, 0.38, 0.24]$$

$$v_{\text{eff}} = [0.54, 0.31, 0.15]$$

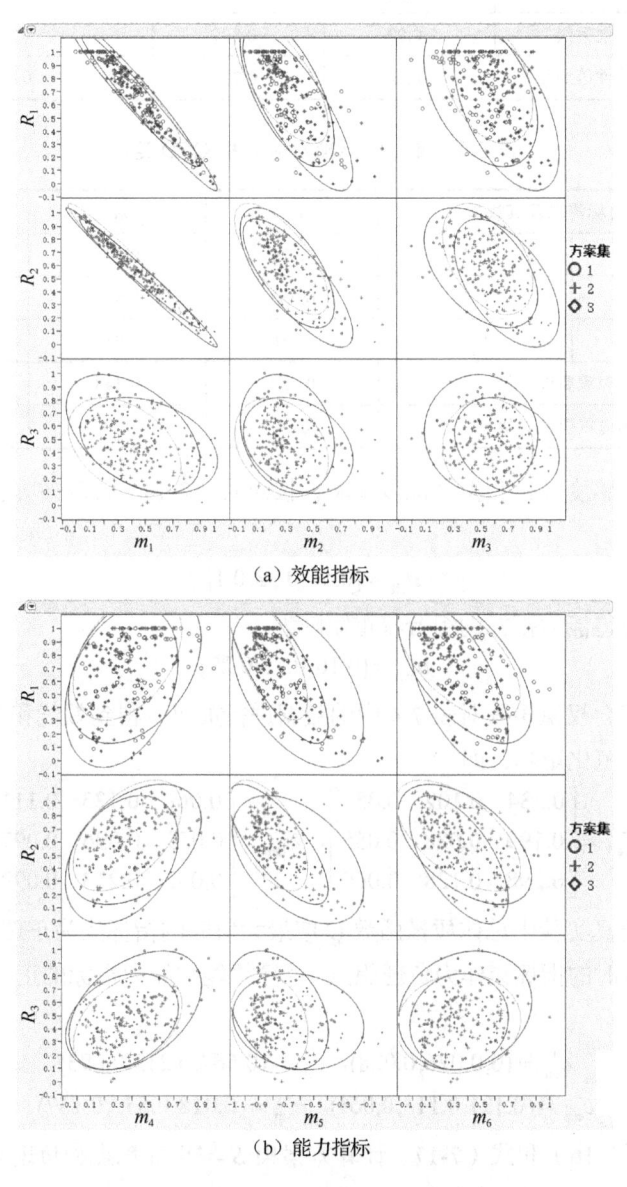

（a）效能指标

（b）能力指标

图 7-11　体系效能指标和能力指标的散点图

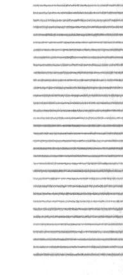

表 7-5 效能指标敏感度分析 QFD 矩阵

使命目标需求及其权重		m_1	m_2	m_3
R_1	0.4	−1.174	−1.163	−0.735
R_2	0.4	−0.970	−0.952	−0.627
R_3	0.2	−0.312	−0.268	−0.143
绝对重要性等级		−0.92	−0.899	−0.573
相对重要性等级		0.38	0.38	0.24

表 7-6 效能指标拟合度分析 QFD 矩阵

使命目标需求及其权重		m_1	m_2	m_3
R_1	0.4	0.936	0.543	0.254
R_2	0.4	0.965	0.550	0.280
R_3	0.2	0.136	0.057	0.017
绝对重要性等级		0.787	0.448	0.217
相对重要性等级		0.54	0.31	0.15

综合敏感度分析和拟合优度检验，按照式（7-14）计算效能指标的组合权重矩阵为

$$u_{\text{eff}} = [0.57, 0.33, 0.1]$$

同理可得能力指标的组合权重矩阵为

$$u_{\text{cap}} = [0.16, 0.55, 0.29]$$

通过组合权重矩阵对表 7-4 中的数据进行加权，得到效能和能力指标的组合赋权规范化矩阵，即

$$C_{\text{eff}} = \begin{bmatrix} 0.234 & 0.102 & 0.05 \\ 0.199 & 0.088 & 0.055 \\ 0.298 & 0.128 & 0.069 \end{bmatrix}, \quad C_{\text{cap}} = \begin{bmatrix} 0.068 & 0.133 & 0.111 \\ 0.059 & 0.096 & 0.097 \\ 0.052 & 0.213 & 0.099 \end{bmatrix}$$

选取仿真实验中总体质量函数 Q 取最大值时的指标集为正理想点，并将其取最小值时的指标集作为负理想点，计算效能和能力指标的正、负理想解，分别如下：

$$c_{\text{eff}}^+ = (0, 0.026, 0.028), \quad c_{\text{eff}}^- = (0.564, 0.213, 0.093)$$

$$c_{\text{cap}}^+ = (0.121, 0.113, 0.061), \quad c_{\text{cap}}^- = (0.018, 0.533, 0.157)$$

由式（7-16）和式（7-17）计算方案集 S 与正理想点和负理想点的贴近度，分别如下：

$$d_{\text{eff}}^+ = (0.246, 0.209, 0.317), \quad d_{\text{eff}}^- = (0.351, 0.388, 0.28)$$
$$d_{\text{cap}}^+ = (0.076, 0.074, 0.127), \quad d_{\text{eff}}^- = (0.406, 0.444, 0.328)$$

由式（7-18）可得方案集 S 的效能指标综合评定结果为 z_{eff}=(0.59, 0.65, 0.47)，能力指标综合评定结果为 z_{cap}=(0.84, 0.85, 0.72)。

由综合评定的排序可知，方案集中无人集群占比为40%的方案最优。利用总体质量函数 Q 对体系贡献率进行评估，可得该方案下无人集群对体系的贡献率为9.5%。

7.4.3 结果分析

综上所述，无人集群加入作战体系后，体系的效能指标和能力指标均得到了提升，但是随着无人集群在体系中的占比增大，体系效能和能力的变化反而会趋向下降的态势，这也反映了体系不同组分在体系中的作用发挥存在边际递减效应。效能评估和能力评估两个回路从不同侧面反映了无人集群加入作战体系后对使命目标需求的贡献程度，通过敏感度分析和拟合优度分析进行组合加权后，两个评估回路给出的评估结果相一致，验证了该方法在体系多属性评估中的有效性。通过对比指标权重，可以分析各属性指标在特定场景环境下的适用度，并对指标进行筛选和约简，从而可以更好地诠释武器装备对体系产生贡献的作用机理。上述实验结果也反映出一些指标的权重偏低，没有很好地体现作战过程的复杂性和战术性，后续还需要用更具代表性的指标进行代替。

第8章
面向规划计划的项目体系贡献率评估方法

规划计划是装备发展和运用工作的起点，主要根据国家安全战略和军事发展战略确定装备发展方向和总体方案，在经费资源的约束下划分经费份额、确定投向投量。根据体系贡献率主导的装备全寿命周期管理思想，规划计划阶段是起始阶段，体系贡献率评估根据全寿命周期要求开展作战体系顶层能力需求研究。本章面向装备规划计划阶段的项目建设问题，在宏观层面研究基于能力生成周期模型的项目体系贡献率评估方法，在微观层面研究基于联合使命任务线程的项目体系贡献率评估方法。

8.1 基于能力生成周期模型的项目体系贡献率评估方法

8.1.1 问题背景分析

关于战略规划研究问题，可采取一个包含4个层次，即"目标-能力-体系-项目"的价值链条进行探讨。项目投资规划是实现战略规划目标的主要手段和措施，而一个战略规划是否成功的关键取决于项目投资规划与战略规划目标的匹配性和一致性。因此，建立一种能够分析投资项目建设与顶层战略规划关联关系的系统化概念框架是非常重要的，于是给出"目标-能力-体系-项目"的价值链条概念框架。围绕这一框架，从系统的角度对国防建设规划领域知识构成，以及各领域层次知识之间的关系进行分析，是进一步建立国防建设规划领域语义架构的前提和基础。表8-1中给出了目标能力价值链领域知识结构的知识内涵、形式描述、测度方法、状态描述和知识本体内容。

表 8-1 目标能力价值链领域知识结构的需求

知识	层次			
	目 标	能 力	体 系	项 目
知识内涵	推动建立战略发展目标的因素 战略规划的能力要素 因素和能力要素的关联	使用体系达成某项核心能力所要求的预期效果的程度	一组通过构建杀伤链达成预期效果的项目投资选项的集合	具有成本、周期、收益和风险属性的投资项目
形式描述	战略目标分解矩阵 战略地图 业务动机模型 …	核心能力杀伤链	由能力和能力聚合基元构成的交换矩阵	通过能力聚合基元进行聚类得到的规建项目位置图谱
测度方法	力量对比记分卡 平衡记分卡 …	核心能力	能力要素基元就绪度（不含兵力结构）	位置测度 投资效益测度 风险测度
状态描述	战略布局 战略阶段 发展路线图 …	方案区域（AoA）案例 网络化兵力案例 使命工程案例	基于模型的协同仿真（OSM）案例	投资分析案例——拟线性方程
知识本体内容	战略构想 总体目标 阶段目标 战略手段 使命任务 …	联合能力区域（JCA） 功能 服务 …	联合使命线程（JMT） 通用任务清单 通用联合任务清单 杀伤链 …	项目群 项目

在"目标-能力-体系-项目"价值链条概念框架的基础上，下面主要围绕国防建设规划领域知识的 4 个层次（目标规划层、能力规划层、使能体系层和项目投资层）对领域知识结构需求进行分析，并介绍规划项目的位置测度。

1．目标规划层

在目标规划层，知识结构围绕"目标-能力"的关联映射展开，形成能力到目标的价值链条，重点是建立能力规划与顶层战略规划的关联。能力规划与战略规划息息相关，战略规划的决策指导能力建设的方向和规模，并为能力建设的绩效评估提供重要参考依据，它是项目建设的总要求和总目标。在目标能

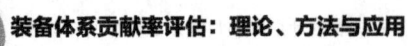

力价值链中，不同的建设领域存在自身独有的领域建设问题和战略方向，不同的战略方向上又有不同的建设目标，并且在不同时期，同一建设领域还会根据内部和外部形势变化提出不同的发展诉求。"目标"层次的知识结构须能够清晰地实现对上述各类问题的语义表达，具体包含以下三方面的内涵：

（1）确定推动建立战略发展目标的因素。

（2）确定并定义战略规划的能力要素。

（3）说明这些因素和能力要素如何关联。

建立上述各方面内涵的知识结构，首先需要对战略规划中的各种关键概念进行梳理。对此，有必要对战略规划的定义和内涵进行阐述和分析。战略规划是把战略决策的内容具体化为战略行动的统筹安排，也是连接战略决策与战略实施的纽带，还是战略指导的重要环节。战略规划既是一个过程，又是一个指导行动的文本，其主要内容包括形势研判、指导思想、目标任务、总体布局、资源保障、关键步骤和落实举措，这些内容通常也是战略规划作为一个纲领性文件所描述的内容。为了能够直观地分析和建立"目标"层次的知识结构，需要结合具体的战略规划实例进行分析。

2. 能力规划层

军事能力建设是国家安全战略规划的重要内容，也是实现国防战略目标的集中表现形式。例如，美国的《国家安全战略报告》（2018 年版）明确提出总的战略目标是建立一支更具杀伤力的联合部队，确保其对任何可能的冲突都具有决定性的优势，并在所有冲突中都保持竞争优势，以支持战略目标的达成。为此，该报告定义了核力量、空间赛博领域、C4ISR（指挥、控制、通信、计算机、情报及监视与侦察）、导弹防御、联合作战等 8 项关键能力。关于能力（Capability），美军参联会联合出版物 JP1-02 给出的定义是"执行一项指定行动的能力（Ability）"；美国国防部 CJCSI 3170.01G 指令则将其定义为"在指定的标准和条件下，通过多种方法和手段的组合执行一系列任务来完成指定的作战行动，以达到某种预期效果的能力（Ability）"。简单来说，能力定义了实现国家战略目标所需达到的具体目标，它是对国家战略目标的进一步细化和具化。美军根据作战能力领域，定义了联合能力领域（Joint Capability Area，JCA），用于对军种需求论证工作实施集中统一管理，它包括能力评估、战略制定、投资决策、能力组合管理、基于能力的部队建设和作战规划。联合能力领域包括一级能力和二级能力两个层级。根据能力属性，

一级能力需求包括9个领域，分别是军事力量保障、战场空间感知、军事力量运用、后勤、指挥与控制、网络中心战、防护、共建伙伴关系和综合管理与保障。对上述9个领域的能力需求进一步细分，得到二级能力需求，用于指导各军种装备的平衡发展。明确的能力需求促进了各军种联合作战能力的生成，有效避免了因军种各自为战、重复建设而产生的能力冗余和经费浪费问题。

3. 使能体系层

体系在目标能力价值链中占据非常重要的地位，也是国防建设领域明显区别于国民经济和社会领域的显著特征之一。现代军事对抗，尤其是大国之间的军事对抗，体系建设水平显得尤为重要。任何军事力量都必须纳入一个完整的体系进行运用，而体系的运行也依赖于体系内部各个环节的正常运转，体系建设水平越高，越能发挥出"整体大于局部之和"的体系涌现效应。一个完整的体系一般包括战场感知、兵力运用、指挥控制、基础设施和后勤保障等方面，每个方面都是构成一个完整体系必不可少的要素，这里将其称为能力聚合单元。由于能力聚合单元可以由不同的规划建设项目来实现，因此存在一个由项目组成体系的组合和优化问题，即在体系这一层级，将进行投资组合的分析和优化。而在体系的下一级，即项目层级，将主要进行成本、性能和风险的分析和考虑。在体系的上一级，即能力层级，将通过一个交换矩阵匹配体系、能力和目标——在特定的战略目标下，考虑应具备什么样的能力，并分析体系备选方案在特定的威胁和条件下，能否满足这一能力需求。评估指标可以采用有效性或战略目标吻合度和能力需求满足度。能力聚合单元是整个目标能力价值链衔接的重要一环，由于国防建设领域的特殊性，体系具有一些独有的特点，因而需要详细解释体系的定义。

在过去的十年中，针对体系的系统工程已受到全球国防的重点关注。大多数军事任务都依赖于系统集成作为体系有效的协同工作来提供所需的用户能力。尽管国防采办通常以单独的系统进行，但是想要有效发挥作用，就要对其进行工程设计，使其成为大型体系中的一部分来部署。在许多情况下，系统最初不是为特定的体系而设计的，它可能支持多个体系完成多种任务，并且由具有各自目标的组织拥有和运营。在《美国国防采购指南》中，体系被定义为"将独立且有用的系统集成到提供独特功能的较大系统中时所产生的系统集合或布置"。体系工程是"计划、分析、组织和集成现有系统和新系统的功能，以使系统组成的能力大于各组成部分总和的过程"。

考虑到体系的重要性，将国防投资项目按照其所提供的服务类型，纳入体系中进行位置匹配。体系和项目具有关联性，并且其关联关系的复杂性会随着研究范围的扩大呈指数规模不断增加。具体来说，当提出投资项目时，项目建设目标往往聚焦于某一特定领域，但在项目实际应用过程中，所产生的作用和效益又不局限于某一特定的应用领域。因此，如果不能在项目规划早期就建立国防建设领域投资项目的总体视图，则会在预算投向投量上难以进行科学判断和决策，从而带来国家资产的重复投入和资源浪费。

4．项目投资层

弄清建设项目与能力需求之间的依赖关系，建立建设项目规划与军事能力的关联关系，是使能体系和项目投资层重点研究的问题。在此方面，Donald Lowe 等提出的 SCMILE 服务框架（SCMILE Service Framework，SSF）是一种有效的建模和分析军事能力系统之间关系的方法。SCMILE 通过服务交换模型分析实体之间的交互关系，即将实体之间的交互关系描述为服务，它是两个实体之间的关系，其中一个实体称为提供者，另一个实体称为消费者，服务先由提供者创建并提供，再由消费者使用。根据军事领域的问题特点，SSF 将服务分为六大类：传感、命令和控制、物理移动性、信息移动性、后勤和支持以及交战。用服务来描述项目之间的依赖关系可以获得以下益处：

（1）明确了项目之间的关系。

（2）将重点从具体建设内容和资产上移开。

（3）可以将项目建设与能力需求联系起来。

（4）可以通过重新安排项目对能力需求进行解构，并以不同的（预期更好的）实现方式重构它。

相关研究表明，SCMILE 服务框架具有很好的通用性，经过扩展可以应用于非军事领域。使用 SCMILE 服务框架的优势还在于它的可伸缩性和分形性，能够实现类似于数据管理中的"上卷"和"下钻"操作。这有助于对投资项目的位置测度进行不同粒度的匹配，可以比较容易地建立项目-项目群、系统-子体系-体系的服务支持框架。

综上所述，针对项目评估问题已经建立了基本概念框架，即在目标层和能力层，以国防战略目标、关键能力定义了项目的绩效目标；而在体系层和项目层，以战场感知、兵力运用、指挥控制、基础设施和后勤保障组成的能力聚合单元及 SCMILE 服务框架定义了项目的位置属性。

8.1.2 评估方法的总体框架

评估方法着眼于顶层战略目标统领下的"作战体系筹划设计-建设项目规划计划"融会贯通的战建一体要求，以建设项目融入作战体系形成的战略能力提升作为项目评估的首要标准，开展战略规划评估领域的理论探索和学术创新研究，其研究框架（见图 8-1）如下：首先以根据战略目标与战略能力需求给出的战略方向使命作战体系方案和战略项目规划建设方案为输入，分别从战、建两条线开展作战体系能力生成周期模型构建和战略规划项目与作战体系能力关联建模；然后根据构建的两类模型和战略目标与战略能力需求开展项目体系贡献率评估；最后根据体系贡献率评估结果开展基于能力因果机理的体系贡献率评估决策支持，为作战体系筹划设计和建设项目规划计划提供因果机理解释与决策建议，从而形成研究闭环。

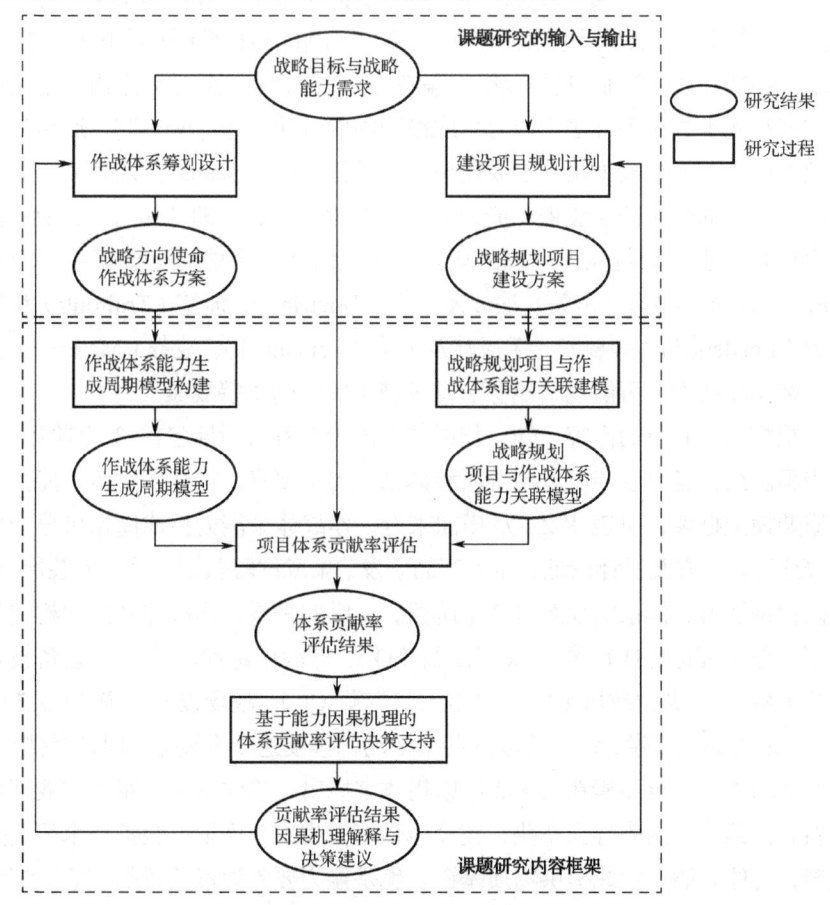

图 8-1 评估方法的研究框架

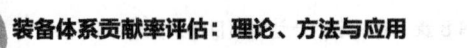

8.1.3 实施步骤

8.1.3.1 作战体系能力生成周期模型构建

作战体系能力生成是指根据体系使命任务要求，通过体系多类能力要素建设与架构化融合、体系多种作战兵力构建与网络化集成、体系多个作战领域对抗与链路化联合，由体系作战概念生成体系实战能力的过程。

作战体系能力生成的核心需求是体系作战概念中的联合使命任务路径。联合使命任务路径从体系顶层描述了完成体系使命的任务行动序列及其所需资源，既是作战概念的核心内容，也是体系子系统架构化集成、作战要素网络化集成和作战领域链路化联合的关键。作战体系能力生成的最终衡量标准是能否形成联合使命任务路径所需的体系作战能力。

作战体系能力生成的关键是作为体系能力生成基础载体的基本兵力组织单元。每个兵力组织单元包括使命任务、装备资源、指挥控制（以下简称指控）、战术、组织编制四方面。其中以组织编制为核心，兵力组织单元采用一定的指控方式和战术战法等方法（能力生成模型中的方法，即"ways"），运用配属的装备和人员等手段（能力生成模型中的手段，即"means"）来完成上级分配给本单元的使命任务流程（能力生成模型中的目标，即"ends"）。使命任务目标是需求，即对能力生成的要求。组织编制对应能力七要素中的组织（Organization）要素，相关方法涉及条令（Doctrine）、训练（Training）和领导力（Leadership）等要素，手段涉及人力（Personnel）、装备（Materiel，主要指装备和技术，可能包括能源）及设施（Facility）等要素。

根据 2.2.4 节的内容可知，作战体系能力全寿命周期包括 3 个阶段、7 个步骤。结合能力全寿命周期阶段和体系能力七要素，构建作战体系能力生成周期模型框架，见表 8-2。从横向来看，作战体系能力生成周期可分为作战概念开发、方案设计论证、体系产品研发、集成试验验证、兵力列装部署、部队训练演习、体系实战对抗 7 个阶段；从纵向来看，作战体系能力构成包括军事作战理论（D）、组织编制体制（O）、作战训练演习（T）、装备技术资源（M）、领导力教培（L）、军事人力资源（P）、战场设施保障（F）7 个要素。从理论上来说，每个阶段的各个活动都涉及这 7 个要素，但各有侧重，每个活动中的重点要素在表 8-2 中以粗体字标出。总体来说，军事作战理论创新是体系能力的先导火车头，贯穿体系能力生成全周期。装备技术研发是关键，为体系能力生成提供物质基础，也是能力要素建设阶段的核心。训练演习是提高人员-装备有机融合的根本途径，也是作战兵力能力演训阶段的

核心。战术条令是联合作战运用阶段的关键，关系到体系能否在实战对抗中合理地运用和发挥作战能力，也是体系能力生成的最终成果标志。具体来看，在作战概念开发阶段，以军事作战理论中的体系作战理论和作战概念创新为主，并在作战概念的基础上开展基于能力的评估（CBA），给出能力差距和装备技术方案与非装备技术方案需求；在方案设计论证阶段，根据上述两类方案需求开展相应能力要素的方案设计论证；在体系产品研发阶段，以技术攻关与装备研发为核心，开展配套设施的新建或改造活动，军事作战理论产品则视需求进行研发；在集成试验验证阶段，主要开展战术战法与装备的作战使用性能验证、装备技术综合集成、设施与装备集成测试等活动；在兵力列装部署阶段，主要开展兵力组织设置、装备采办与列装、人员岗位部署等活动；在部队训练演习阶段，以战场演习训练实施为核心，开展战术战法验证和作战条令编订、人员技能训练、领导力训练与兵力教育、装备技术运用等活动；在体系实战对抗阶段，实战是体系能力生成的必由之路，只有在真实的体系对抗实战中才能孕育出实战能力并有效检验体系作战能力生成结果，在未发生战争的情况下，更要强调战训一体和模拟真实对抗演习。

  体系能力七要素在各个阶段的不同活动中表现为不同的形式，以军事作战理论为例，其在作战概念开发阶段主要进行体系作战理论和作战概念创新，在方案设计论证阶段主要进行战术流程设计，而在部队训练演习阶段主要进行战术战法验证与作战条令编订。需要说明的是，在作战体系能力生成周期模型中，各阶段的各个能力要素的重要性是不同的，存在部分能力要素发挥作用较少的情况。例如，在作战概念开发阶段，由于作战训练演习、领导力教培和军事人力资源发挥的作用较少，其对应于作战体系能力生成周期模型的矩阵元素值偏低，甚至可以简化处理为 0，在表 8-2 中用"—"表示可忽略。

表 8-2 作战体系能力生成周期模型框架

要素	阶段						
	作战概念开发	方案设计论证	体系产品研发	集成试验验证	兵力列装部署	战场训练演习	体系实战对抗
军事作战理论(D)	体系作战理论和作战概念创新（D1）	战术流程设计（D2）	作战管理产品开发（D3）	战术战法与装备的作战使用性能验证（D4）	军事作战理论产品部署（D5）	战术战法验证与作战条令编订（D6）	—
组织编制体制(O)	组织指控需求分析（O1）	兵力组织方案设计（O2）	兵力组织产品研发（O3）	—	兵力组织设置（O4）	兵力组织重组（O5）	

续表

要素	阶段						
	作战概念开发	方案设计论证	体系产品研发	集成试验验证	兵力列装部署	战场训练演习	体系实战对抗
作战训练演习(T)	—	训练演习方案项目设计（T1）	训练演习项目产品研发（T2）	内场/靶场集成试验（T3）	—	战场演习训练实施（T4）	战训一体、模拟真实对抗演习（T5）
装备技术资源(M)	装备技术方案需求分析（M1）	装备技术方案项目设计（M2）	技术攻关与装备研发（M3）	装备技术综合集成（M4）	装备采办与列装（M5）	装备技术运用（M6）	—
领导力教培(L)	—	领导力培训方案项目设计（L1）	领导力项目产品研发（L2）	—	—	领导力训练与兵力教育（L3）	战场指挥艺术（L4）
军事人力资源(P)	—	人员资源方案项目设计（P1）	人力资源培训（P2）	作战试验人员集成试验（P3）	人员岗位部署（P4）	人员技能训练（P5）	人员实战（P6）
战场设施保障(F)	设施配套需求分析（F1）	设施配套方案设计（F2）	设施新建或改造（F3）	设施与装备集成测试（F4）	—	—	战时设施保障（F5）

8.1.3.2 战略规划项目与作战体系能力关联建模

战略规划项目评估的层次化研究框架由上到下分别为全军联合作战体系战略目标指导层、战略方向使命作战体系运用层、军种体系兵力建设层、项目投资与资源管理层。根据图 1-1 可知，各能力要素通过项目建设形成能力要素基元（根据能力要素类型划分的作战能力生成基本单元），并集成到体系兵力这一能力聚合单元（根据兵力结构划分的作战能力集成聚合单元）中，从而支撑作战体系能力生成。战略规划项目与作战体系能力关联建模的具体研究思路包括以下 3 个步骤：

（1）基于任务清单的作战体系能力需求分析。根据作战体系使命任务流程设计联合任务清单，根据该清单分析能力需求，并将其量化作为能力聚合单元的集成指标。

（2）基于预期建设绩效的规划项目定位分析。根据项目预期建设绩效分

析项目在作战体系中的定位,即能够为哪些能力聚合单元提供支撑。

(3)基于能力要素基元的能力-项目包关联建模。分析项目与能力要素基元之间的映射关系,结合项目定位分析结果建立能力-项目关联模型。

8.1.3.3 基于能力生成周期模型的项目体系贡献率评估

项目体系贡献率评估的主要思想是综合项目对所在战略方向各使命作战体系的贡献份额,并根据作战体系对战略目标的重要度计算使命作战体系对全军联合作战体系的贡献率,具体包括以下3个步骤:

(1)项目(记为 P_i)在体系能力生成周期模型中的贡献分析。以项目为基准,按照关联模型分析每个规划建设项目对所有相关作战体系能力(记为 SoS_j)的贡献类型和重要性。

(2)项目对体系作战能力生成的贡献率(记为 GXL_{i-j})定量计算。以作战体系为基准,列出对其能力生成有贡献的所有项目,收集相关数据、信息和专家知识、经验,采用定性定量综合的方法计算每个项目对作战体系能力生成的贡献率。

(3)基于项目对战略目标满足程度的全军联合作战体系贡献率综合解算。根据使命作战体系的 SoS_j 对战略能力的支撑程度和战略目标满足程度,计算该体系在全军联合层面的重要度(记为 ZYD_j),并将项目对所有使命作战体系的贡献率按照重要度权重求和,计算项目对全军联合作战体系的贡献率,即 $GXL\_P_i = \sum_{j=1}^{m}(GXL_{i-j} \times ZYD_j)$。

根据上述步骤,对本部分的评估方法进行更详细的描述,具体如下:

(1)建立体系作战能力要素—生成阶段活动映射,得到映射权重矩阵 M,见表8-3。

表 8-3 映射权重矩阵 M

要素	阶段						
	作战概念开发	方案设计论证	体系产品研发	集成试验验证	兵力列装部署	部队训练演习	体系实战对抗
军事作战理论(D)	体系作战理论和作战概念创新(M_{11})	战术流程设计(M_{12})	作战管理产品开发(M_{13})	战术战法与装备的作战使用性能验证(M_{14})	军事作战理论产品部署(M_{15})	战术战法验证与作战条令编订(M_{16})	—

续表

要素	阶段						
	作战概念开发	方案设计论证	体系产品研发	集成试验验证	兵力列装部署	部队训练演习	体系实战对抗
组织编制体制（O）	组织指控需求分析（M_{21}）	兵力组织方案设计（M_{22}）	兵力组织产品研发（M_{23}）	—	兵力组织设置（M_{25}）	兵力组织重组（M_{26}）	—
作战训练演习（T）	—	训练演习方案项目设计（M_{32}）	训练演习项目产品研发（M_{33}）	内场/靶场集成试验（M_{34}）	—	战场演习训练实施（M_{36}）	战训一体、模拟真实对抗演习（M_{37}）
装备技术资源（M）	装备技术方案需求分析（M_{41}）	装备技术方案项目设计（M_{42}）	技术攻关与装备研发（M_{43}）	装备技术综合集成（M_{44}）	装备采办与列装（M_{45}）	装备技术运用（M_{46}）	—
领导力教培（L）	—	领导力培训方案项目设计（M_{52}）	领导力项目产品研发（M_{53}）	—	—	领导力训练与兵力教育（M_{56}）	战场指挥艺术（M_{57}）
军事人力资源（P）	—	人员方案项目设计（M_{62}）	人力资源培训（M_{63}）	作战试验人员集成试验（M_{64}）	人员岗位部署（M_{65}）	人员技能训练（M_{66}）	人员实战（M_{67}）
战场设施保障（F）	设施配套需求分析（M_{71}）	设施配套方案设计（M_{72}）	设施新建或改造（M_{73}）	设施与装备集成测试（M_{74}）	—	—	战时设施保障（M_{75}）

注："—"表示该体系作战能力要素与当前生成阶段活动之间没有映射关系，该元素的权重值 $M_{ij}=0$，$i,j=1,2,\cdots,7$。

（2）根据上述映射权重矩阵 M 的定义，结合专家打分法或者仿真实验法得到权重矩阵 M 中各元素的值。根据所述相关项目 V_k（$k=1,2,\cdots,7$）与能力生成周期二维模型中各元素的关系，获取定性定量数据，用于计算每个项目相对于矩阵每个要素 m_j 的重要性分数，得到项目 V_j 的重要性矩阵，记为 D_k。

（3）所述相关项目 V_k 的初始体系贡献率 InCon_k 的计算公式为

$$\mathrm{InCon}_k = \mathrm{sum}(V_k.*M)$$

式中，.* 表示两个同维矩阵对应的元素相乘；sum( )表示矩阵所有元素求和。

所述相关项目 V_k 的体系贡献率 Con_k 的计算公式为

$$\mathrm{Con}_k = \frac{\mathrm{InCon}_k}{\sum_{k=1}^{n}\mathrm{InCon}_k}\times 100\% \qquad (8\text{-}1)$$

8.1.3.4　基于能力因果机理的体系贡献率评估决策支持

项目体系贡献率评估的根本目的是支持战略规划项目决策和作战体系筹划设计，通过建立面向作战能力生成因果机理模型，对体系贡献率评估结果进行基于因果推理的解释，从而使评估结果能以可解释的方式为决策人员提供定量支撑，具体步骤如下：

（1）作战体系能力生成因果机理建模。根据作战体系的已有基础和对抗能力要求，明确体系建设和运用的特征，采用系统动力学和复杂网络模型等方法对体系能力生成过程机理进行描述，包括兵力结构要素融合机理、作战任务链路贯通机理、对抗博弈环境适应机理等方面。

（2）基于因果模型的贡献率结果推理分析。针对因果模型和贡献率结果进行因果推理分析，辨识出体系关键能力生成路径和项目在该路径中的作用，并分析贡献率高低的具体原因和内在机理。

（3）体系贡献率评估决策支持。根据贡献率结果及其因果分析给出项目决策建议，并针对项目在体系能力生成中的具体作用和项目之间的逻辑关系，视情况给出项目规划计划组合优化方案和作战体系筹划设计优化方案。

8.2　基于联合使命任务线程的项目体系贡献率评估方法

8.2.1　联合使命任务线程概述

虽然体系的设计、开发和维护与单个系统有许多共同之处，但在研究体系问题时还会遇到很多挑战，特别是在国防采办决策领域。美军为了解决体系复杂性给采办决策和早期的系统工程所带来的一系列问题，创建了联合能力集成与开发系统（Joint Capability Integration & Development System，JCIDS），以取代原来的需求生成系统（Requirement Generate System，RGS），用于支持美国国防部能力组合管理的需求开发部分。创建 JCIDS 时需要考虑以下两个主要原则：

（1）应根据所需的能力来描述需求，而非具体的系统需求。这种思想上发生转变的原因是认识到系统需求通常不一定与特定作战目标的改进与提升相对应。因此，应将需要达成的作战目标作为需求自顶向下开发具体需求。

（2）需求需要从联合角度和作战概念中产生，这些概念不仅列举了利用

现有资源执行使命任务的最佳方式，还为后续整个使命任务行动范围内的改进提供了空间。

联合使命任务线程（Joint Mission Thread，JMT）是 JCIDS 中的一个重要方法，它是针对完成联合使命任务目标所执行的活动和系统端对端集合的作战与技术描述。从体系能力评估的角度来看，能力试验方法中的联合使命任务环境描述了能力测试的独立变量（试验因子），它包括体系配置、系统属性、条件（包括环境与威胁）；而联合使命任务线程则描述了能力测试的约束和依赖变量，其中约束包括使命任务、作战任务和功能，依赖变量包括使命指标、任务指标、体系与系统属性指标。

联合使命任务线程一方面自顶向下将体系使命任务先分解为活动，再将活动分解为功能，最后建立系统与功能的映射关系，从而明确了体系使命背景下的系统功能需求；另一方面自底向上通过系统/体系属性指标对系统及其功能进行度量，并在此基础上通过任务性能指标对作战任务进行度量，最后通过体系使命效能指标对任务使命进行度量，建立系统功能属性指标对体系效能的定量支撑关系，以支持系统对于体系贡献的初步度量。

联合使命任务线程产品包括两类，其中一类是通用数据描述，即能够被多个体系问题重用的基于架构的信息集合，它包括总体与概要信息（AV-1）、高层作战概念图（OV-1）、作战资源流描述（OV-2）、组织关系图（OV-4）、作战活动分解树（OV-5a）、系统接口描述（SV-1）、高层可执行架构、使命活动及系统与节点集成视图；另一类是与特定问题相关的解释说明信息，包括作战资源流矩阵（OV-3）、事件轨迹说明（OV-6c）、系统-系统关系矩阵（SV-3）、作战活动模型（SV-5b）、系统资源流矩阵（SV-6）、系统事件轨迹描述（SV-10c）、系统服务矩阵（SvcV-3）、作战活动与服务可追溯性矩阵（SvcV-5）及基准可执行架构。

联合使命任务线程包括以下 4 个步骤：

（1）将联合使命任务线程分解为使命层和任务层的指标。一方面沿着使命描述→作战节点→使命活动→使命属性→使命效能指标，得到使命效能指标；另一方面沿着使命描述→作战节点→使命活动与作战功能→作战任务与活动→作战任务属性→作战任务性能指标，得到作战任务性能指标。

（2）能力差距辨识。采用基于能力的评估方法得到 JCIDS 的初始能力文档，并形成 JCIDS 的能力开发文档，从而明确了当前体系的能力瓶颈和缺陷。

（3）系统解决方案。首先根据第（1）步中的作战节点和第（2）步中的

能力开发文档明确所需的装备系统并将其作为被测试系统，然后由装备系统提供的功能得到功能属性，由功能属性继续得到系统属性指标。被测试系统提供的功能可以支撑体系使命和任务的完成。

（4）系统解决方案的验证。一方面，先看系统能否提供作战所需的功能，再看该作战功能能否满足能力属性的标准；另一方面，看作战任务和活动性能能否有效弥补能力差距。

8.2.2 实施步骤

近年来，体系贡献率评估的理论和实践研究方兴未艾，已经成为体系工程研究的一个重要领域。当前研究主要集中在装备型号立项论证阶段，存在"自底向上难以确定装备配属的作战体系""所配属的作战体系不典型不准确"等问题，具体体现在以下方面：

（1）装备系统所支持的作战概念和体系使命任务不清晰，即装备系统需要完成什么样的作战活动和任务，以及装备的战技性能指标要求不明确。

（2）装备系统所配属的作战体系不清楚，装备如何融入作战体系不清楚，即装备的组织指控关系、战术使用原则和功能配套关系不明确。

（3）装备系统所运用的作战想定不典型、不全面，对于如何运用装备打体系仗缺乏明确规范。

出现上述问题的症结在于体系贡献率中的"体系"（作战体系）的内涵模糊，准确性、全面性和典型性也不足。其根本原因在于装备立项论证阶段主要聚焦单装型号，缺乏对作战体系的顶层设计，容易形成各项装备烟囱式建设的困局。武器装备规划计划是在全军武器装备发展战略和武器装备建设规划计划的指导下，采用各种科学的预测手段，使用定性与定量相结合的方法，对未来一定时期内武器装备建设方案的总体设计。因此，体系贡献率评估应在规划计划阶段明确作战体系的顶层设计和对应的武器装备体系的总体方案，阐明体系能力需求和贡献率配比，为立项论证阶段的体系贡献率评估提供明确的作战体系背景和能力需求清单。针对以上问题，根据体系贡献率主导的装备全寿命周期管理思想，提出面向装备规划计划的体系贡献率评估方法及其实施步骤。

这里以联合使命任务线程遂行能力为需求，提出面向装备规划计划的体系贡献率评估方法，其主要思路是将作战体系概念开发和体系设计作为研究起点，通过建立体系顶层的使命任务线程提出作战能力需求，根据体系能力

需求缺项确定体系贡献率配比，并从规划计划项目对体系能力需求缺项的满足情况来评估规划计划项目对体系的贡献率。如图 8-2 所示，该方法包含体系作战概念建模、体系能力需求分析、能力价值定位建模、使命手段框架构建、项目体系贡献率评估 5 个阶段。这 5 个阶段通过建立"作战概念—功能需求—能力价值—装备项目"之间的关联匹配关系，支持装备项目对于体系作战概念与能力的贡献全过程分析，实现作战体系驱动的装备项目贡献率评估。

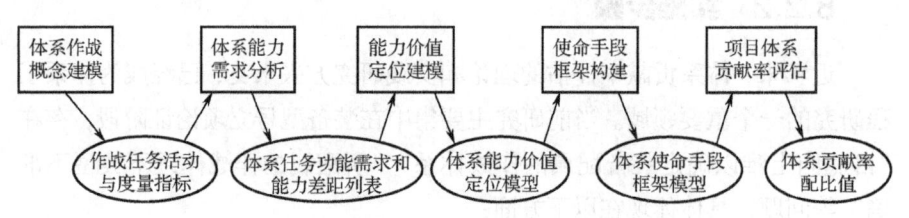

```
[体系作战        [体系能力      [能力价值     [使命手段      [项目体系
 概念建模]       需求分析]     定位建模]     框架构建]    贡献率评估]
     ↓              ↓             ↓             ↓             ↓
 (作战任务活动  (体系任务功能需求和  (体系能力价值  (体系使命手段  (体系贡献率
  与度量指标)    能力差距列表)      定位模型)     框架模型)      配比值)
```

图 8-2　面向装备规划计划的体系贡献率评估方法

1. 体系作战概念建模

作战概念不仅是作战体系设计的起点，还是连接作战需求和装备发展的桥梁。装备规划计划要以未来军事作战需求为牵引，在体系对抗时代，尤其要以体系作战概念作为装备发展目标愿景和建设发展评估的基本要求。体系作战概念建模不但要在整体上厘清"5W1H"（Who、Where、Why、When、What、How）问题，还要厘清作战概念内部关键组成要素（作战活动、系统）之间的关系和运行机理，即厘清作战活动和系统的"5W1H"问题及这些问题的相互关系，如图 8-3 所示。作战概念设计包括作战场景分析建模、国防能力演化建模、作战使命目标建模及联合使命路径建模等步骤。最终的产品包括作战任务活动与度量指标等。体系作战概念设计的关键是从体系使命任务目标出发，构建体系顶层的任务活动序列及其支撑装备资源，同时借鉴美军的联合使命任务活动线程（也可译为联合使命线程）研究，按照侦、控、打、评作战要素和体系任务阶段划分设计联合层次的作战任务活动序列。

2. 体系能力需求分析

本阶段的目标是根据作战概念模型中的使命任务活动进行能力需求分析，通过对比现有能力基础给出能力差距列表，它包括作战体系使命任务活动建模、作战体系任务功能需求建模、体系能力现状分析、体系能力需求差

距列表构建等步骤。最终的产品主要包括体系任务功能需求清单和能力差距列表。这里主要采用层次化任务网络方法把体系顶层任务活动向下分解为一系列与装备功能直接映射的功能性任务活动，从而建立装备功能对作战概念的支撑关系。

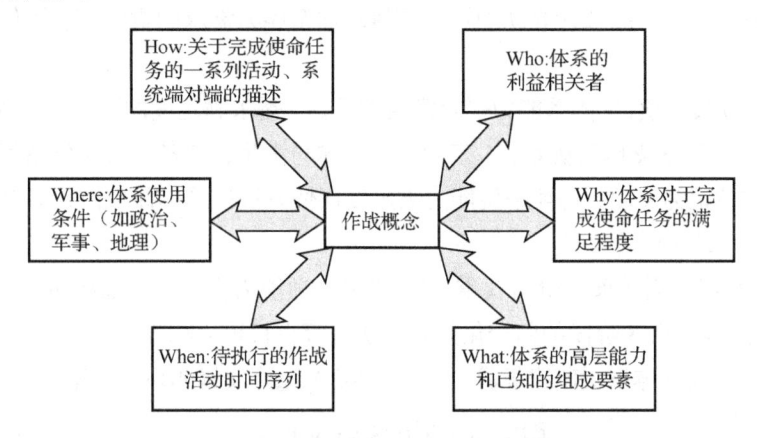

图 8-3 作战概念"5W1H"问题的分析

3．能力价值定位建模

本阶段的目标是在体系任务功能需求清单和能力差距列表的基础上构建体系能力树，并采用定性为主、定量为辅的方法对体系能力的每个需求项设置价值属性量（记为 CV），构建体系能力价值定位模型，主要包括体系能力需求树构建、体系能力项信息收集、体系能力项价值评定、体系能力价值定位综合权衡与归一化等步骤。最终的产品为体系能力价值定位模型。体系能力项价值评定是本阶段的核心工作，由于其难以实现完全的定量化方法，需要在充分利用已有数据的基础上借助相关领域专家的经验知识进行定性定量综合集成研讨，并采用德尔菲法、QFD 等定性定量综合方法来确定具体数值。

4．使命手段框架构建

本阶段的目标是建立规划计划目标（体系使命任务）与其实现手段（装备建设发展方向与项目）的匹配和支撑关系，主要包括项目任务能力包建模、使命任务能力包建模、项目-体系能力需求匹配关联建模等步骤。最终的产品是体系使命手段框架模型，即建立每个已有装备和拟列入规划计划的装备项目对于任务功能活动的关联支撑关系。

5. 项目体系贡献率评估

本阶段的目标是在体系能力价值定位树状模型和体系使命手段框架模型的基础上，根据规划计划项目与能力需求的支撑满足关系及对应能力需求项的价值权重，综合计算规划计划项目对体系能力需求的贡献率。评估方法如下：

（1）装备项目-体系能力需求满足度评估。需求满足度的取值范围为0～1，0表示无法支撑与满足，1表示完全支撑与满足；装备项目对体系能力的支撑数量记为 n 项，每项采用能力满足度评估方法计算具体数值，记为 CS_i，$i = 1,2,\cdots,1-n$。

（2）能力需求项的价值权重查询。将第 i 项能力需求的价值权重记为 CV_i（已通过本节第3阶段的归一化处理，所有节点权重之和为1）。

（3）项目体系贡献率解算。按式（8-2）计算项目体系贡献率，即

$$CR_{project} = \sum_{i=1}^{n}(CS_i \times CV_i) \tag{8-2}$$

（4）体系贡献率配比模型构建。依次计算所有项目的体系贡献率，可以得到按照项目划分的体系贡献率配比。

最终的产品是体系贡献率配比值。

8.2.3 案例研究

根据规划计划阶段装备项目体系贡献率评估的典型问题特点，下面构建一个应用案例，通过初步阐释8.2.2节所述方法的应用过程，重点对上文提及的5个阶段的最终产品形式进行探讨，为了方便分析，对每个阶段的中间过程和中间产品都做了简化处理。

1. 体系作战概念建模

首先构建某体系联合作战概念，记为CONOPS-1。CONOPS-1设计的最终产品包括使命任务预期效果及其度量指标、作战想定场景、使命任务活动路径等。这里主要讨论体系的使命任务活动路径，即CONOPS-1的顶层任务活动（见表8-4），它采用联合使命线程方法，按照体系作战的阶段划分，包括战场态势侦察、远程火力打击、敌方阵地夺取、逃敌追击歼灭4个任务阶段，编号为SoSTask-1～SoSTask-4。

第8章 面向规划计划的项目体系贡献率评估方法

表 8-4 CONOPS-1 的顶层任务活动

编　号	任　务　阶　段
SoSTask-1	战场态势侦察
SoSTask-2	远程火力打击
SoSTask-3	敌方阵地夺取
SoSTask-4	逃敌追击歼灭

2. 体系能力需求分析

首先根据上述 4 个任务阶段进行能力需求分析，构建战场态势快速普察、重点目标识别跟踪、防空阵地区域打击、关键节点定点打击、阵地正面火力突击、地下工事定点清除、移动目标追踪打击 7 项功能性任务活动（编号为 AR-1～AR-7），然后通过对比现有能力基础给出体系能力差距列表（见表 8-5）。体系能力现状分为 3 种：已有装备能力且能满足、无此类装备能力、已有装备能力但需改进，简记为满足、缺失和部分满足，参考 QFD，将用于式（8-2）中的权重分别设为 0、1、0.5，对应体系能力需求差距中的无差距、能力空白和能力缺陷。

表 8-5 体系能力差距列表

任　务　阶　段	功能性任务活动	体系能力现状	体系能力需求差距
SoSTask-1（战场态势侦察）	AR-1（战场态势快速普察）	满足	无差距
	AR-2（重点目标识别跟踪）	缺失	能力空白
SoSTask-2（远程火力打击）	AR-3（防空阵地区域打击）	部分满足	能力缺陷
	AR-4（关键节点定点打击）	部分满足	能力缺陷
SoSTask-3（敌方阵地夺取）	AR-5（阵地正面火力突击）	部分满足	能力缺陷
	AR-6（地下工事定点清除）	缺失	能力空白
SoSTask-4（逃敌追击歼灭）	AR-7（移动目标追踪打击）	缺失	能力空白

3. 能力价值定位建模

在表 8-5 的基础上构建体系能力树，采用定性为主、定量为辅的方法对体系能力的每个需求项（AR-1～AR-7）设置价值属性量，记为 CV_1～CV_7，

构建体系能力价值定位模型，如图 8-4 所示。在该模型中，每项左上侧的数值是该项在当前父节点中的局部权重（取值范围为 0～1，一般采用德尔菲法确定），每个父节点包括的子节点的左侧权重之和为 1；每项右上侧的数值是该项在当前层次中的全局权重，每个层次所有全局权重之和为 1。

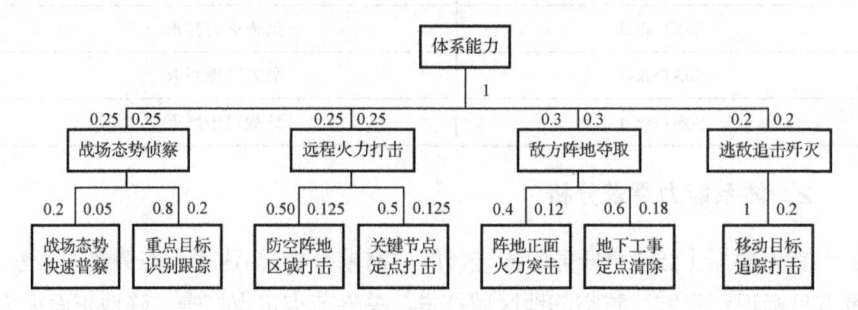

```
                            体系能力
                               1
        ┌──────────────┬──────────────┬──────────────┐
     0.25│0.25       0.25│0.25       0.3│0.3        0.2│0.2
    战场态势侦察      远程火力打击     敌方阵地夺取     逃敌追击歼灭
    ┌───┴───┐     ┌──────┼──────┐    ┌───┴───┐      ┌───┴───┐
  0.2 0.05 0.8 0.2  0.50 0.125 0.5 0.125  0.4 0.12 0.6 0.18   1  0.2
  战场态势  重点目标   防空阵地  关键节点    阵地正面  地下工事    移动目标
  快速普察  识别跟踪   区域打击  定点打击    火力突击  定点清除    追踪打击
```

图 8-4 体系能力价值定位模型

4．使命手段框架构建

通过建立 7 个功能性任务活动和 6 个规划计划项目及已有装备项目集合的匹配支撑关系，形成体系使命手段框架模型（见表 8-6），从而给出项目-体系能力需求关联匹配关系。此表中有匹配支撑关系的在对应单元格中用"√"标记，这种匹配支撑关系是通过 8.2.2 节中第 4 阶段所述的一系列步骤完成的。

表 8-6 体系使命手段框架模型

功能性任务活动	项目 1	项目 2	项目 3	项目 4	项目 5	项目 6	已有装备项目集合
AR-1（战场态势快速普察）	√						√
AR-2（重点目标识别跟踪）	√						
AR-3（防空阵地区域打击）		√					√
AR-4（关键节点定点打击）		√	√				
AR-5（阵地正面火力突击）					√		√
AR-6（地下工事定点清除）			√		√		

续表

功能性任务活动	项目1	项目2	项目3	项目4	项目5	项目6	已有装备项目集合
AR-7（移动目标追踪打击）	√				√	√	

5. 项目体系贡献率评估

解算项目体系贡献率（见表 8-7）后，依据能力阶值定位建模中提及的评估方法进行评估，具体过程如下：

（1）装备项目-体系能力需求满足度评估。采用能力需求满足度评估方法，根据表 8-7 中 7 类项目对 7 个任务活动功能需求的满足程度进行权重分配，每项能力满足权重之和为 1。

（2）能力需求项的价值权重查询。根据图 8-4 将每项能力需求的权重标记在表 8-7 的第 1 列 CV_i（$i=1,2,\cdots,7$）的右侧。

（3）项目体系贡献率解算。根据式（8-2）计算项目体系贡献率，结果见表 8-7 的最后一行。

（4）体系贡献率配比模型构建。根据计算得到的项目体系贡献率结果，设置每个项目的总体配比，如图 8-5 所示。

表 8-7 项目体系贡献率解算表

任务活动功能需求	项目1	项目2	项目3	项目4	项目5	项目6	已有装备项目集合
CV_1（0.05）	0.1						0.9
CV_2（0.2）	1						
CV_3（0.125）		0.5					0.5
CV_4（0.125）		0.2	0.3				0.5
CV_5（0.12）				0.5			0.5
CV_6（0.18）			0.5		0.5		
CV_7（0.2）	0.2				0.3	0.5	
项目体系贡献率	0.245	0.0875	0.1275	0.06	0.15	0.1	0.23

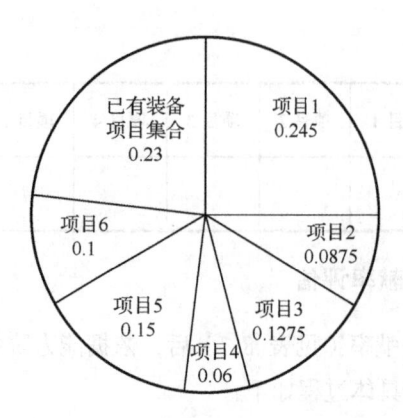

图 8-5　项目体系贡献率的配比模型

6. 结果分析

本应用案例从体系作战概念出发,根据规划计划项目对体系功能任务需求的满足程度计算项目体系贡献率,不仅体现了体系作战需求牵引、任务能力价值落地的装备体系化建设要求,还对各项目的总体权重进行了量化分析,从而能够为重点建设方向遴选和装备发展经费份额分配提供定量决策支撑。从评估过程看,8.2.2 节所述方法对于各类数据综合和定性定量集成研究具有较高的要求。

第三篇 体系贡献率评估应用

第9章
装备系统体系贡献率评估应用案例

9.1 体系贡献率评估方法顶层应用流程

根据体系贡献率的内涵与特性，针对巡飞弹系统的问题特点和现实情况对体系贡献率评估的基准流程（CRAP）进行删减、细化和修改，确立"小体系对大体系贡献"和"新研装备对小体系贡献"的综合论证思路。首先在宏观层面，主要进行体系贡献率评估的需求分析和全面初步评估，其工作包括论证巡飞弹系统装备发展支撑的远程火力旅体系同国家安全与军事战略目标的一致性，并将这种战略需求分解落实到每个战略方向的典型作战想定中，以及论证巡飞弹系统体系能否在联合作战大体系中满足作战需求；其次，在型号装备层面，主要进行体系贡献率评估的方案设计与重点专项评估，其工作主要是多方面论证新研装备在多种作战想定情况下对巡飞弹系统作战效能的贡献率；最后进行体系贡献率的综合评估，其工作主要是根据战略需求到每个战略方向的典型作战想定的映射关联关系，通过综合上述两个层面的论证结果，得到巡飞弹系统的体系贡献率。

需要说明的是，本章的主要目的是向读者说明体系贡献率评估方法的应用流程，相关案例研究中涉及的专家评分和战术、技术参数并非真实数据。

如图9-1所示，在宏观论证层面，按照"国家安全战略需求分析—重要作战方向分析—体系使命能力分析—作战任务清单分析—装备功能需求分析"的需求分解过程，采用QFD工具，将巡飞弹系统在联合作战体系中的重要性及其在重要作战方向上的任务与能力满足度映射到战术技术性能指标的满足度，通过层层打分，计算基于能力需求满足度的巡飞弹体系贡献率；在装备型号层面，根据宏观论证层面给出的多个战略方向的作战想定集合，

选定关键能力问题（CCI）和关键任务问题（CTI），设定联合作战背景下的远程火力旅体系作战想定，开发体系效能仿真模型与应用并设定相关参数，进行仿真实验并收集数据，最后根据体系效能增量计算新研装备（巡飞弹系统）对远程火力旅体系的效能贡献率；根据由战略需求到战略方向典型作战任务的映射关联关系，综合宏观论证层面基于能力的体系贡献率和装备型号层面基于效能的体系贡献率，得出能力与效能融合的综合体系贡献率。由于能效综合体系贡献率评估方法已通过第 6 章和第 7 章中的案例做过介绍，本章不再赘述。

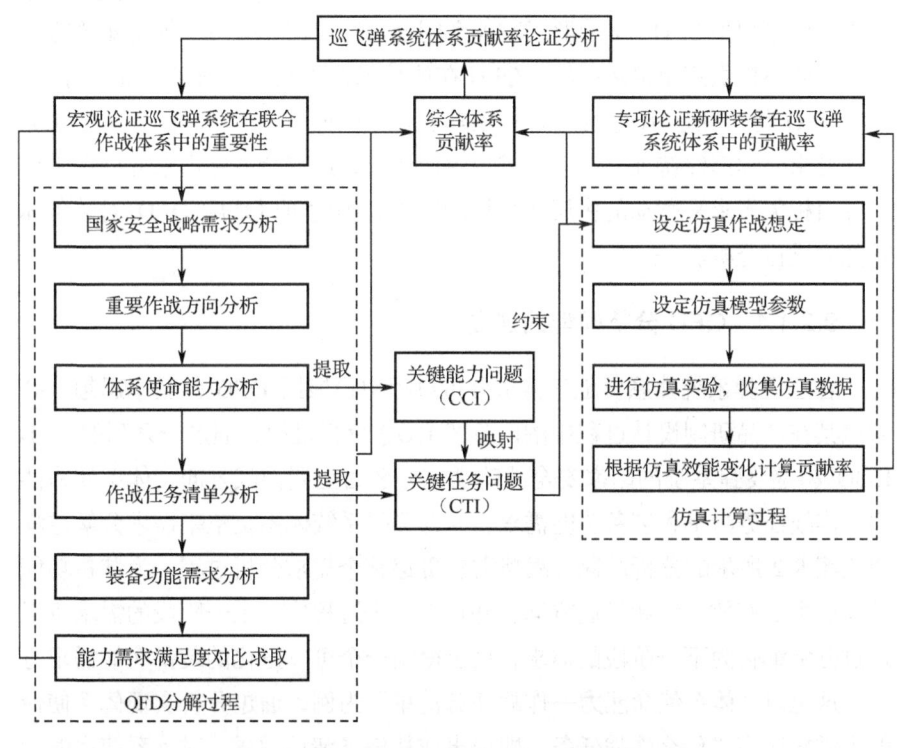

图 9-1 巡飞弹系统体系贡献率评估论证流程

9.2 巡飞弹系统体系贡献率的宏观论证

针对巡飞弹系统体系贡献率评估论证流程，在宏观论证阶段，主要完成体系贡献率评估的需求分析和全面初步评估。当前主要采取 QFD 工具，应以基于能力的评估为主线，建立国家安全战略需求分析—重要作战方向分析—体系使命能力分析—作战任务清单分析—装备功能需求分析—装备评

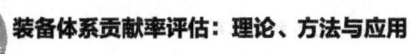

估需求分析的分析线程。

9.2.1 基于 QFD 的巡飞弹系统体系贡献率需求分析

质量功能部署（QFD）是一种用户驱动的产品设计方法，它采用系统化、规范化的方法调查和分析"软"而"模糊"的用户需求，将其转变为工程设计人员能够理解的可以测度的工程指标，并逐步部署到产品设计开发、工艺设计和生产控制中，以使所设计和制造的产品能真正满足用户需求。质量屋（HOQ）是驱动整个 QFD 过程的核心，它是一种直观的矩阵框架表达形式。由于可以采用多个 HOQ 的形式对体系问题进行层次化分解，加上矩阵方式能够为体系提供定量描述手段，QFD 在体系工程研究中得到了大量应用。

QFD 通过构造 HOQ 及一系列矩阵展开过程把用户或市场的要求转化为设计要求、零部件特征、工艺要求、生产要求，这符合战略需求分析自上而下并由相关需求来驱动的多层次分析的特点，因此可以采用 QFD 对装备体系能力进行分析。

9.2.1.1 QFD 分析模型的建立

在巡飞弹系统体系贡献率需求分析过程中，根据 QFD 的基本思想，并参照其在产品研制设计过程中的四阶段 HOQ 分析过程，通过一系列的 QFD HOQ 将巡飞弹系统的国家安全战略需求分解为重要作战方向、体系使命能力、作战任务清单和装备功能需求，为巡飞弹系统体系贡献率需求分解过程建立图 9-2 所示的分析过程。战略需求贯穿整个需求分析过程，为装备功能的发展提供有效规划和发展方向，并且在整个过程中，上一阶段的需求可以通过分解细化为下一阶段的需求，直至得到一个可以量化的装备功能需求方案。这里以"体系使命能力—作战任务清单"为例，通过分析实现体系使命能力需求应完成什么作战任务，即提出作战任务清单需求，对体系使命能力需求进行进一步细化，使其在实现上变得更可行。

9.2.1.2 需求的获取和分析

"用户"需求是 QFD 的出发点，需求的获取则是 QFD 过程中最为关键、困难的一步，因此进行能力分析的第 1 步就是获取需求。首先需要明确需求来源——"用户"，然后通过各种调查方法和渠道准确且全面地收集"用户"需求，并进行汇集、分类和整理，最后确定"用户"需求的相对重要度。

（1）明确"用户"并分类。在能力分析过程中，根据具体战略需求明确"用户"，一般为相关作战人员，同时依据一定标准对其进行分类，并根据具体情况赋予一定的权重。

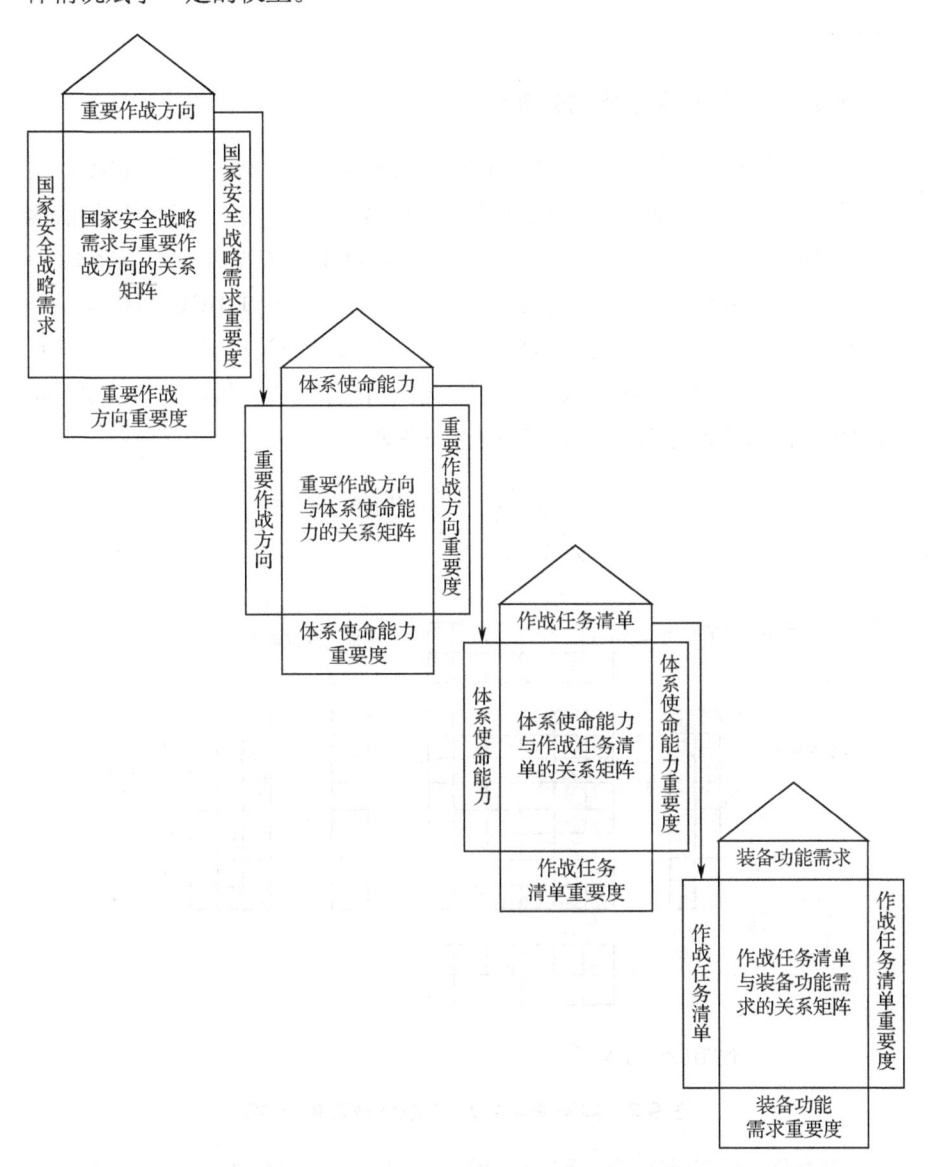

图 9-2　基于 QFD 的装备功能需求分析过程

（2）战略需求排序。在"用户"的分类及其权重的基础上，根据各个"用户"所提的战略需求，采用适当的分析方法进行处理，确定相关需求的最终

重要度和排序。

（3）根据基于 QFD 的装备功能需求分析过程，提出能满足需求的战略使命、作战任务及能力，使需求逐步清晰、明确，最终以能力指标和方案表示。

9.2.1.3 数据和指标的处理分析

HOQ 是建立 QFD 系统的基础工具，也是 QFD 的精髓。典型的 HOQ 构成框架形式和分析求解方法不仅可以用于新产品的开发过程，也可以灵活运用于其他领域。在体系能力分析过程中，根据 QFD 分析思想，可以将 HOQ 看成一种整理数据并将数据转化为有效信息的方法；通过 HOQ 可以发现先前未曾发现的问题，例如通过体系使命能力-作战任务清单 HOQ（见图 9-3）可以发现体系能力之间的相关关系、作战任务的分类和度量存在的问题，同时强化了体系能力与作战任务之间的相关性等。

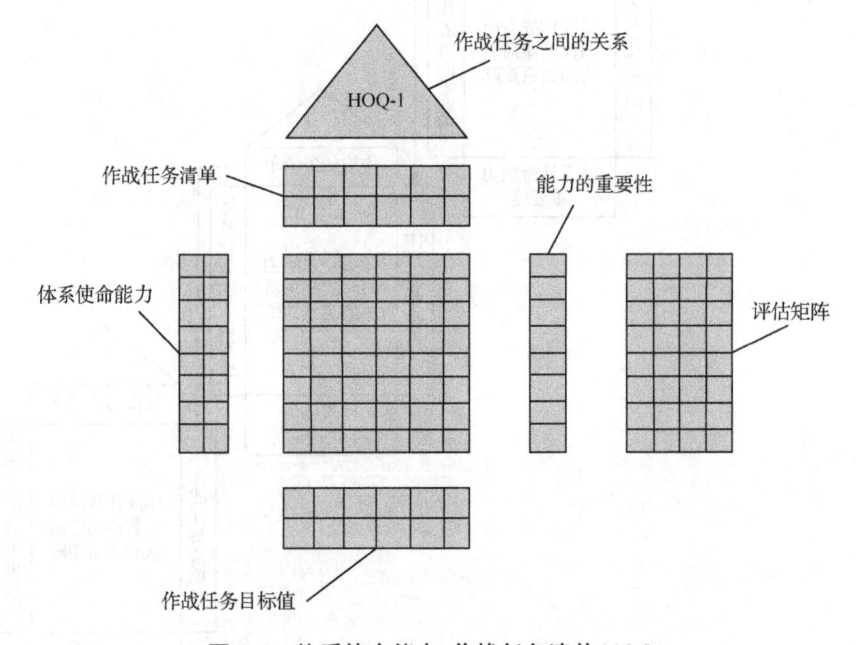

图 9-3 体系使命能力-作战任务清单 HOQ

能力分析的特点决定了整个分析过程中同一层次和不同层次上的信息都是半定性和半定量的，而 QFD 就是将定性问题转化为定量分析的有效过程，但是为了避免单纯的专家评分因为人主观意识的偏差而使结果与实际情况存在误差，在数据和指标的处理过程中需要遵循以下原则：

（1）指标间应具有可比性。选取指标时应注意指标的范围、内涵，确认其是否处于并列层次，若不具备可比性，则应调整指标或分别进行比较。

（2）相比较的指标过多会造成非常复杂的两两比较。为了方便进行分析比较并符合人们进行判断时的心理习惯，每个层次的指标不应超过 9 个。因此，当用户需求或技术需求过多时，可先将其聚类。聚类中的指标分别对其总指标计算权重，只有总指标参加整个层次分析法的计算。

（3）在 QFD 过程中，应分析各级指标之间的关系，即相关性，其可分为强正相关、弱正相关、强负相关、弱负相关和不相关 5 种。

（4）检查 QFD 矩阵的完整性、充分性和无偏性。

数据和指标的处理分析是整个基于 QFD 的装备体系能力分析过程的重点和难点，也是下一步模型计算的基础，同时需要综合考虑各种不确定的因素和限制条件。

9.2.1.4 模型计算

对模型进行求解主要是指根据能力分析模型及数据和指标的处理分析结果，对 HOQ 中的关系矩阵和相关矩阵进行计算。

（1）关系矩阵计算。在较简单的能力分析中，对关系矩阵的计算一般采用层次分析法中的相关算法，如方根法、几何平均法、规范列平均法等。

（2）相关矩阵计算。战略使命、作战任务、能力等同一层次元素间会相互影响，即具有相关性，因此在能力分析过程中需要构建自相关矩阵的计算相关系数，即元素之间关系的累加。通过该相关系数，可以从整体角度把握各元素存在的价值，例如相关系数大于 1，表示该元素的满足会对其他元素的满足起到促进作用；相关系数小于 1，表示产生阻碍作用。此外，自相关矩阵的复杂程度还会影响是否进行一次或二次的相关计算。

9.2.2 巡飞弹系统需求分析中 HOQ 的构造过程

在传统的巡飞弹系统需求分析中，通常没有明确的判断主要作战任务的方法，结合 QFD 的特点，可以建立巡飞弹系统从国家安全战略到装备功能需求指标之间的关系矩阵，把国家安全战略需求的重要度转换为装备功能需求的重要度，以判断主要装备功能需求指标组合的优劣。下面根据图 6-12 所示的 HOQ 构造方法，构造体系使命能力—作战任务清单 HOQ 矩阵（见图 9-4），用于研究确定作战任务重要度和 HOQ 矩阵值的定性与定量相结合的评估方法。

		作战任务清单				使命能力权重
		M_1	M_2	...	M_{n-1}	M_n	
体系使命能力	C_1	f_{11}	f_{12}	...	$f_{1(n-1)}$	f_{1n}	w_1
	C_2	f_{21}	f_{22}	...	$f_{2(n-1)}$	f_{2n}	w_2
	⋮	⋮	⋮	⋮	⋮	⋮	⋮
	C_{m-1}	$f_{(m-1)1}$	$f_{(m-1)2}$	...	$f_{(m-1)(n-1)}$	$f_{(m-1)n}$	w_{m-1}
	C_m	f_{m1}	f_{m2}	...	$f_{m(n-1)}$	f_{mn}	w_m
绝对重要性 AI_j		AI_1	AI_2	...	AI_{n-1}	AI_n	
相对重要性 RI_j		RI_1	RI_2	...	RI_{n-1}	RI_n	

图 9-4 体系使命能力-作战任务清单 HOQ 矩阵

9.2.2.1 HOQ 中体系使命能力重要度的评判方法

目前，大多数巡飞弹系统都能够遂行多种作战任务，通过不同的作战任务体现体系使命能力，因此需要对体系使命能力的重要性进行判断。

1. 询问调查法

询问调查法（专家评分法）是一种利用专家经验的感觉评分法。在巡飞弹系统领域，专家指的是巡飞弹系统的设计人员、使用人员和导弹领域专家，具体评判步骤如下：

1）询问调查

针对作为评价基准的体系使命能力（如打击能力），邀请相关军种各层领导、导弹领域专家和巡飞弹系统使用人员对体系使命能力的重要程度进行评分，即直接邀请参与询问调查的人员以一定的刻度（如 1~9）在各个回答栏（见图 9-5）中标出其重要程度。为了得到明确的评价，可以将"两者都不是"除去。

如图 9-5 所示，调查问卷包括两个部分，需要同时回答。

问题一：您认为巡飞弹系统最应具有的体系使命能力是表中的哪个？请选择该体系使命能力对您所作判断的影响程度（用"〇"符号标记）。

问题二：您认为目前具有令人满意的上述体系使命能力的巡飞弹系统有

哪些？请将相关巡飞弹系统的型号名称填入括号内。

- X 型号——名称（　　　）；
- Y 型号——名称（　　　）；
- Z 型号——名称（　　　）。

对于各种型号，针对影响权衡的因素，请回答使用状况的好坏程度（在回答栏（二）中用〇符号画圈）。

作为评价基准的体系使命能力	回答栏（一） 完全不重要　不重要　两者都不是　重要　非常重要 1　3　5　7　9	回答栏（二） 非常坏　不好　一般　好　非常好 1　3　5　7　9
打击能力	1　3　5　7　9	X：1————9 Y：1　3　5　7　9 Z：1————9

图 9-5　调查问卷示例

2）调查结果分析

在根据询问调查结果计算重要度时，通常求其得分的平均值，同时应计算标准偏差并注意其分布状态。一般来说，评价结果平均值的中心值 5 出现的概率较大。但是即使同样评判为 5，偏差分布大与偏差分布小也是不一样的，因此，有时可以用出现频率最高的值作为重要度。当调查问卷的回答者较少时，可以将最大值和最小值除去后取平均值。最后将权重进行归一化处理，得到 $w_1, w_2, \cdots, w_m$，其中 $w_i \geq 0$，$\sum_{i=1}^{m} w_i = 1$。

2. 重复频度法

利用从原始数据向体系使命能力重要度变换过程中的重复频度计算重要度的方法是一种间接从军事需求获取重要性的方法。这种方法的结果也许与原有的军事需求存在一定的误差，但它能算出下层水平装备需求的重要度，如 3 次、4 次。由于 2 次之后的装备需求项目过多，直接要求专家评分并不现实，因此对于获取下层装备需求项目的重要度，重复频度法是有效的。

例如，在对某攻击性中远程导弹所具备的体系使命能力进行调查时，关

于"必须具有较强的突防能力"的回答有很多,这种相同的回答重复出现,说明该体系使命能力受到关注的程度很高。因此可以考虑直接利用重复频度作为体系使命能力的重要度,但是需要注意原始需求来自何处,如果出处有偏差,就不能得到正确的重要度。

为此,必须根据询问调查法预先考虑怎样选定需求对象,以及这些需求对象是随机样本,还是分层确定的样本。此外,还须预先设定从全体母集团中对哪个层次抽取样本及抽取多少样本。如果不这样操作,就很难确定得到的重要度有无偏差,最好还是按照 QFD 需求展开表重新进行询问调查。

3. 层次分析法

询问调查方法和重复频度法往往容易产生偏差和丧失客观性,但是对于全新开发型装备,直接向专家进行询问也非上策。对此,可以通过成对比较来设计调查表,用层次分析法(AHP)对体系使命能力的重要度进行量化,在两两比较体系使命能力需求的重要性、评判两者之间重要度比率的基础上,确定各个质量需求的绝对重要度。需要注意的是,AHP 要求操作者具备相关的专业知识。

假设某型巡飞导弹有突防、巡逻、探测和打击 4 种体系使命能力。AHP 的实施步骤如下:

(1)准备 AHP 用纸,将巡飞导弹体系使命能力分别记入横向和纵向各栏。
(2)根据表 9-1 给出的基准,对体系使命能力进行两两比较。
(3)针对各体系使命能力,计算几何平均与权重,见表 9-2。

表 9-1 AHP 中的两两比较值及意义

两两比较值	意 义
1	双方同样重要
3	前项比后项稍微重要
5	前项比后项重要
7	前项比后项非常重要
9	前项比后项绝对重要
2、4、6、8	用于补充

表 9-2 几何平均与权重的计算

体系使命能力	突防	巡逻	探测	打击	几何平均	权重
突防	1	5	3	7	$\sqrt[4]{1\times 5\times 3\times 7}=3.2$	$w_1=\dfrac{3.2}{5.54}=0.578$
巡逻	$\dfrac{1}{5}$	1	5	3	$\sqrt[4]{\dfrac{1}{5}\times 1\times 5\times 3}=1.32$	$w_2=\dfrac{1.32}{5.54}=0.238$
探测	$\dfrac{1}{3}$	$\dfrac{1}{5}$	1	3	$\sqrt[4]{\dfrac{1}{3}\times\dfrac{1}{5}\times 1\times 3}=0.67$	$w_3=\dfrac{0.67}{5.54}=0.121$
打击	$\dfrac{1}{7}$	$\dfrac{1}{3}$	$\dfrac{1}{3}$	1	$\sqrt[4]{\dfrac{1}{7}\times\dfrac{1}{3}\times\dfrac{1}{3}\times 1}=0.35$	$w_4=\dfrac{0.35}{5.54}=0.063$

9.2.2.2 HOQ 矩阵的构造方法

在已往应用 QFD 的案例中，在构造 HOQ 二维矩阵时，只有技术人员或专家参与，即通过技术人员或专家分析技术需求和质量需求各因素之间的对应关系，将各关系重要度的比值记入二维表，以构成 HOQ 二维矩阵。

根据传统的 HOQ 矩阵值确定方法，在巡飞弹系统需求分析中，由于巡飞弹系统的体系使命能力与作战任务清单之间并没有确定的关系表达式，技术人员的分析并不能完全表达体系使命能力的重要度，因而需要建立巡飞弹系统体系使命能力和作战任务清单之间的关系矩阵，并找到一种适合巡飞弹系统需求分析的 HOQ 矩阵值确定方法，以减少只有分析人员参与构造 HOQ 矩阵的结果的不确定性。

下面将通过分析巡飞弹系统需求分析的特点，介绍基于仿真的 HOQ 矩阵的定量构造方法；对于不能用仿真定量分析的指标，则采用基于询问调查的 HOQ 矩阵的定性构造方法，其中调查对象选择装备的设计人员、使用人员和导弹领域专家，通过决策者对他们的信任效用隶属度来确定 HOQ 矩阵元素值。

1. 基于仿真的 HOQ 矩阵的定量构造方法

基于仿真的 HOQ 矩阵的定量构造方法的基本原理是通过仿真实验获得 HOQ 矩阵中各行与各列要素关联关系的相关数据。下面以某导弹的体系使命能力—作战任务清单 HOQ 矩阵的定量构造为例来说明该方法。在该类 HOQ 矩阵的构造中，仿真实验的功能是输入一组作战任务清单列表，对于给定的一类体系使命能力，能够输出这组作战任务清单列表完成此类体系使命能力的效能值。

假设准备研制某种具有 m 个体系使命能力（$C_1,C_2,\cdots,C_m$）的导弹，其作战任务清单中有 n 个主要作战任务（$M_1,M_2,\cdots,M_n$），并且根据导弹概念设计中建立的综合模型，有 N 组可行的作战任务清单组合方案。接下来的目标就是判断这 N 组作战任务清单组合方案中的最优方案，或者找出比这 N 组方案更优的作战任务清单组合。首先根据 QFD 建立体系使命能力与作战任务清单之间的映射，确定每个作战任务分别对于每个体系使命能力的重要度，得到一个 $m\times n$ 维的矩阵——HOQ 矩阵；然后根据 HOQ 重要度变换方法，将体系使命能力的重要度变换为作战任务清单的重要度，以确定最优的作战任务清单组合方案。

建立 HOQ 矩阵时仿真数据的分析过程如下：

令 $\boldsymbol{X}$ 为作战任务指标向量，$\boldsymbol{X}=(x_1,x_2,\cdots,x_{n-1},x_n)^T$，其中 x_i 为第 i 个作战任务指标值，$i=1,2,\cdots,n$。将 $\boldsymbol{X}$ 输入仿真系统，通过分析仿真数据得到其完成 m 个体系使命能力的效能值向量 $\boldsymbol{Y}=(y_1,y_2,\cdots,y_{m-1},y_m)^T$，其中 y_i 是 $\boldsymbol{X}$ 对应于第 i 个体系使命能力的效能值，$i=1,2,\cdots,m$。令 $\boldsymbol{W}$ 为体系使命能力权重向量，$\boldsymbol{W}=(w_1,w_2,\cdots,w_{m-1},w_m)^T$，其中 w_i 为第 i 个体系使命能力权重，$i=1,2,\cdots,m$。令 S_x 为作战任务指标向量 $\boldsymbol{X}$ 的定义域。

假设存在 N 组可行的作战任务清单组合方案，设 x_j 为 $\boldsymbol{X}$ 中第 j 组的指标值，$j=1,2,\cdots,N$。通过仿真方法可以得到 N 组体系使命能力的效能值向量，设 y_j 为第 j 组的效能值，$j=1,2,\cdots,N$。之后，用线性回归方法逼近体系使命能力的效能值，建立以下数学模型：

$$y_i=\sum_{k=1}^{n}a_k x_k+a_0 \qquad (9\text{-}1)$$

令

$$\boldsymbol{Y}_{Nm}=\begin{bmatrix} y_{11} & y_{21} & \cdots & y_{(m-1)1} & y_{m1} \\ y_{12} & y_{22} & \cdots & y_{(m-1)2} & y_{m2} \\ \vdots & \vdots & \ddots & \vdots & \vdots \\ y_{1(N-1)} & y_{2(N-1)} & \cdots & y_{(m-1)(N-1)} & y_{m(N-1)} \\ y_{1N} & y_{2N} & \cdots & y_{(m-1)N} & y_{mN} \end{bmatrix}$$

$$\boldsymbol{X}_{N(n+1)}=\begin{bmatrix} 1 & x_{11} & x_{12} & \cdots & x_{1(n-1)} & x_{1n} \\ 1 & x_{21} & x_{22} & \cdots & x_{2(n-1)} & x_{2n} \\ \vdots & \vdots & \vdots & \ddots & \vdots & \vdots \\ 1 & x_{(N-1)1} & x_{(N-1)2} & \cdots & x_{(N-1)(n-1)} & x_{(N-1)n} \\ 1 & x_{N1} & x_{N2} & \cdots & x_{N(n-1)} & x_{Nn} \end{bmatrix}$$

$$A_{(n+1)m} = \begin{bmatrix} a_{10} & a_{20} & \cdots & a_{(m-1)0} & a_{m0} \\ a_{11} & a_{21} & \cdots & a_{(m-1)1} & a_{m1} \\ a_{12} & a_{22} & \cdots & a_{(m-1)2} & a_{m2} \\ \vdots & \vdots & \ddots & \vdots & \vdots \\ a_{1(n-1)} & a_{2(n-1)} & \cdots & a_{(m-1)(n-1)} & a_{m(n-1)} \\ a_{1n} & a_{2n} & \cdots & a_{(m-1)n} & a_{mn} \end{bmatrix}$$

解以下方程:

$$Y_{Nm} = X_{N(n+1)} A_{(n+1)m} \tag{9-2}$$

将式（9-2）中等号的左侧参数乘以 $X_{(n+1)N}^{T}$，令 $B_{(n+1)(n+1)} = X_{(n+1)N}^{T} X_{N(n+1)}$，$C_{(n+1)m} = X_{(n+1)N}^{T} Y_{Nm}$，则有 $C_{(n+1)m} = B_{(n+1)(n+1)} \times A_{(n+1)m}$，解之可得 $A_{(n+1)m}$，进而可以得到任务使命 Y 与主要作战任务 X 的关系:

$$Y = A_{m(n+1)}^{T} \times \begin{bmatrix} 1 \\ X \end{bmatrix} \tag{9-3}$$

由此可得

$$\frac{\mathrm{d}Y}{\mathrm{d}X} = \begin{bmatrix} a_{11} & a_{12} & \cdots & a_{1(n-1)} & a_{1n} \\ a_{21} & a_{22} & \cdots & a_{2(n-1)} & a_{2n} \\ \vdots & \vdots & \ddots & \vdots & \vdots \\ a_{(m-1)1} & a_{(m-1)2} & \cdots & a_{(m-1)(n-1)} & a_{(m-1)n} \\ a_{m1} & a_{m2} & \cdots & a_{m(n-1)} & a_{mn} \end{bmatrix} \tag{9-4}$$

对式（9-4）按列做规一化处理，可得 HOQ 中每个作战任务指标值对体系使命能力的重要度 f_{ij} 的值。

2. 部分 HOQ 矩阵的定性构造

因为并不是所有的作战任务清单指标和体系使命能力之间的关系都能通过仿真得到，所以在填充 HOQ 矩阵值时还需要做一些定性分析。假设有 k 个无法用仿真来定量分析其与体系使命能力之间关系的作战任务指标，并且这 k 个作战任务指标排在 HOQ 矩阵的最后 k 列，则其和体系使命能力之间的定性关系确定过程如下:

（1）确定调查对象。选择巡飞弹系统的设计人员、使用人员和导弹领域专家作为调查对象。如果条件充足，也可以对调查对象继续细分，例如将巡飞弹系统的使用人员分为指挥员和操作人员等。

（2）确定评判标准。选择作战任务对体系使命能力相关程度的评判标准，这里采用 0~9 标度，见表 9-3。

表 9-3 0～9 标度的意义

标　　度	意　　义
0	作战任务和体系使命能力没有关系
1	作战任务和体系使命能力有关系但不重要
3	作战任务和体系使命能力有稍微重要的关系
5	作战任务和体系使命能力有重要关系
7	作战任务和体系使命能力有非常重要的关系
9	作战任务和体系使命能力有绝对重要的关系
2, 4, 6, 8	用于补充

（3）确定相关函数。确定决策者对巡飞弹系统的设计人员、使用人员和导弹领域专家的判断值信任的效用隶属度函数 $f_{ij}=u_d d_{ij}+u_s s_{ij}+u_z z_{ij}$（$i$ 和 j 为 HOQ 矩阵的行数和列数）。其中，f_{ij} 表示 HOQ 矩阵中第 j 个作战任务对第 i 个体系使命能力的重要度，即 HOQ 中第 i 行第 j 列元素的值；u_d 表示矩阵构造者对巡飞弹系统设计人员在矩阵值确定中的信任度；u_s 表示矩阵构造者对巡飞弹系统使用人员在矩阵值确定中的信任度；u_z 表示矩阵构造者对导弹领域专家在矩阵值确定中的信任度；d_{ij} 表示在巡飞弹系统设计人员确定的 HOQ 矩阵中，第 j 个作战任务对第 i 个体系使命能力的重要度的值；s_{ij} 表示在巡飞弹系统使用人员确定的 HOQ 矩阵中，第 j 个作战任务对第 i 个体系使命能力的重要度的值；z_{ij} 表示在导弹领域专家确定的 HOQ 矩阵中，第 j 个作战任务对第 i 个体系使命能力的重要度的值。

通常在确定调查对象类型后，还要确定调查对象的数量。如果确定调查的巡飞弹系统设计人员、使用人员和导弹领域专家的人数分别为 N_d、N_s 和 N_z，则可以采用加权平均法来确定 d_{ij}、s_{ij} 和 z_{ij} 的值，分别如下：

$$d_{ij}=\frac{1}{N_d}\sum_{DI=1}^{N_d}\mathrm{DI}_{ij}，\ i=1,2,\cdots,m，\ j=n-k+1,n-k+2,\cdots,n \quad (9\text{-}5)$$

式中，DI_{ij} 表示在第 DI 个巡飞弹系统设计人员确定的 HOQ 矩阵中，第 j 个作战任务对第 i 个体系使命能力的重要度的值。

$$s_{ij}=\frac{1}{N_s}\sum_{SI=1}^{N_s}\mathrm{SI}_{ij}，\ i=1,2,\cdots,m，\ j=n-k+1,n-k+2,\cdots,n \quad (9\text{-}6)$$

式中，SI_{ij} 表示在第 SI 个巡飞弹系统使用人员确定的 HOQ 矩阵中，第 j 个作战任务对第 i 个体系使命能力的重要度的值。

$$z_{ij}=\frac{1}{N_z}\sum_{ZI=1}^{N_z}\mathrm{ZI}_{ij}，\ i=1,2,\cdots,m，\ j=n-k+1,n-k+2,\cdots,n \quad (9\text{-}7)$$

式中，ZI_{ij} 表示在第 ZI 个导弹领域专家确定的 HOQ 矩阵中，第 j 个作战任务对第 i 个体系使命能力的重要度的值。

需要说明的是，在这种定性与定量相结合构造一个 HOQ 矩阵的过程中，定量构造的结果必须聚类分析到 0～9 标度，方能与定性相结合；上述调查对象对 HOQ 矩阵元素值影响的信用效用隶属度函数值，可以通过观察法或者决策者自行判断来确定，此处不做讨论，直接选定 $u_d = 0.6$，$u_s = 0.25$，$u_z = 0.15$。

针对图 9-2 所示的从国家安全战略需求和装备功能需求的分解过程，需要构造"国家安全战略需求—重要作战方向"、"重要作战方向—体系使命能力"、"体系使命能力—作战任务清单"和"作战任务清单—装备功能需求"4 个 HOQ 矩阵。这与前文提及的方法有所不同，因为还没有量化的方法能表示"国家安全战略需求—重要作战方向"和"重要作战方向—体系使命能力"之间的关系，故在填充其 HOQ 矩阵时，只能根据专家经验定性判断。对于"体系使命能力—作战任务清单"和"作战任务清单—装备功能需求"的 HOQ 矩阵填充，可采用仿真方法，基本步骤参见 9.2.3 节～9.2.6 节。

9.2.3 "国家安全战略需求—重要作战方向"HOQ 矩阵的构造

关于巡飞弹系统的国家安全战略主要涉及生存安全问题和发展安全问题，重要作战方向包括 A 地区全域、B 核心区域、C 争议区域、D 关键区域和 E 区域，据此构造"国家安全战略需求—重要作战方向"HOQ 矩阵，见表 9-4。其中，w_i 和 p_{ij} 通过 HOQ 定性确定中的询问调查法得到，$i=1,2$，$j=1,2,\cdots,5$；acw_j 和 rcw_j 则由 HOQ 重要度变换方法求得，分别如下：

$$acw_j = \sum_{i=1}^{2} w_i \cdot p_{ij} \qquad (9\text{-}8)$$

$$rcw_j = \frac{acw_j}{\sum_{j=1}^{5} acw_j} \qquad (9\text{-}9)$$

根据询问调查法中的专家评分情况，可得 $w_1 = 0.4$，$w_2 = 0.6$，以及 $p_{11} = 6$，$p_{21} = 5$；$p_{12} = 8$，$p_{22} = 6$；$p_{13} = 4$，$p_{23} = 7$；$p_{14} = 6$，$p_{24} = 6$；$p_{15} = 7$，$p_{25} = 5$。

将上述数据代入式（9-8）和式（9-9）中，可得 $acw_1 = 5.4$，$acw_2 = 6.8$，$acw_3 = 5.8$，$acw_4 = 6$，$acw_5 = 5.8$；$rcw_1 = 0.18$，$rcw_2 = 0.23$，$rcw_3 = 0.19$，$rcw_4 = 0.2$，$rcw_5 = 0.19$。

表 9-4 "国家安全战略需求—重要作战方向"HOQ 矩阵

国家安全战略需求	国家安全战略需求权重	重要作战方向				
		A 地区全域	B 核心区域	C 争议区域	D 关键区域	E 区域
生存安全问题	w_1	p_{11}	p_{12}	p_{13}	p_{14}	p_{15}
发展安全问题	w_2	p_{21}	p_{22}	p_{23}	p_{24}	p_{25}
绝对重要性等级		acw_1	acw_2	acw_3	acw_4	acw_5
相对重要性等级		rcw_1	rcw_2	rcw_3	rcw_4	rcw_5

9.2.4 "重要作战方向—体系使命能力"HOQ 矩阵的构造

针对巡飞弹系统的体系使命能力，构建 6 个关键能力问题（CCI），分别如下：

（1）对地固定目标远程精确打击（精确打击）能力问题——能够对×××—×××km[①]内的地面固定目标进行精确打击，在误差（CEP）小于×m 的情况下完成 0.9 级以上毁伤。

（2）对地/海中低速时敏高威胁目标快速打击（快速打击）能力问题——能够对×××—×××km 内的地面和海面移动目标（速度不大于××m/s）进行快速打击，在发现目标后的××min 内完成 0.9 级以上毁伤。

（3）对地区域目标火力清除（区域清除）能力问题——能够对×××—×××km 内的目标区域（×××m×××m）进行面打击，并对区域内的所有目标完成 0.9 级以上毁伤。

（4）（联合作战中）蓝方关键目标体系破袭打击（破袭打击）能力问题——受命执行首次体系攻击时，能够对×××—×××km 内的体系关键目标（蓝方防空力量、指挥系统等关键体系节点）进行先发制人打击，并在××min 内完成对所有关键目标的 0.9 级以上毁伤，使蓝方丧失体系作战能力。

（5）对海/地关键敏感区域的封控（区域封控）能力问题——能够对×××—×××km 内的海面航道、陆地交通要道等关键区域完成×h 内的封锁控制，以达到对蓝方兵力的完全拒止效果。

（6）近程末端防空（末端防空）能力问题——能够对×××km 内的空

---

① 只是举例说明，本节中不设置具体数值。

中目标形成远中近结合的防空打击能力。

根据上述 6 个 CCI，构造"重要作战方向—体系使命能力"HOQ 矩阵，见表 9-5。其中，rcw_i 同表 9-4 中的 rcw_j，$i=1,2,\cdots,5$；p_{ij} 通过 HOQ 定性确定中的询问调查法得到，$i=1,2,\cdots,5$，$j=1,2,\cdots,6$；aiw_j 和 riw_j 则由 HOQ 层次分析法求得，分别如下：

$$\text{aiw}_j = \sum_{i=1}^{5} \text{rcw}_i \cdot p_{ij} \qquad (9\text{-}10)$$

$$\text{riw}_j = \frac{\text{aiw}_j}{\sum_{j=1}^{6} \text{aiw}_j} \qquad (9\text{-}11)$$

表 9-5 "重要作战方向—体系使命能力"HOQ 矩阵

重要作战方向	重要作战方向权重	体系使命能力					
		精确打击能力	快速打击能力	区域清除能力	破袭打击能力	区域封控能力	末端防空能力
A 地区全域	rcw_1	p_{11}	p_{12}	p_{13}	p_{14}	p_{15}	p_{16}
B 核心区域	rcw_2	p_{21}	p_{22}	p_{23}	p_{24}	p_{25}	p_{26}
C 争议区域	rcw_3	p_{31}	p_{32}	p_{33}	p_{34}	p_{35}	p_{36}
D 关键区域	rcw_4	p_{41}	p_{42}	p_{43}	p_{44}	p_{45}	p_{46}
E 区域	rcw_5	p_{51}	p_{52}	p_{53}	p_{54}	p_{55}	p_{56}
绝对重要性等级		aiw_1	aiw_2	aiw_3	aiw_4	aiw_5	aiw_6
相对重要性等级		riw_1	riw_2	riw_3	riw_4	riw_5	riw_6

根据询问调查法中的专家评分情况，可得 $\text{rcw}_1 = 0.18$，$\text{rcw}_2 = 0.23$，$\text{rcw}_3 = 0.19$，$\text{rcw}_4 = 0.2$，$\text{rcw}_5 = 0.19$，以及 $p_{11} = 6$，$p_{21} = 5$，$p_{31} = 7$，$p_{41} = 6$，$p_{51} = 4$；$p_{12} = 8$，$p_{22} = 6$，$p_{32} = 8$，$p_{42} = 4$，$p_{52} = 7$；$p_{13} = 4$，$p_{23} = 7$，$p_{33} = 5$，$p_{43} = 4$，$p_{53} = 8$；$p_{14} = 6$，$p_{24} = 6$，$p_{34} = 4$，$p_{44} = 7$，$p_{54} = 8$，$p_{15} = 7$，$p_{25} = 5$，$p_{35} = 6$，$p_{45} = 8$，$p_{55} = 7$；$p_{16} = 6$，$p_{26} = 5$，$p_{36} = 7$，$p_{46} = 5$，$p_{56} = 4$。

将上述数据代入式（9-10）和式（9-11）中，可得 $\text{aiw}_1 = 5.52$，$\text{aiw}_2 = 6.3$，$\text{aiw}_3 = 5.5$，$\text{aiw}_4 = 6$，$\text{aiw}_5 = 5.12$，$\text{aiw}_6 = 5.12$；$\text{riw}_1 = 0.16$，$\text{riw}_2 = 0.19$，$\text{riw}_3 = 0.16$，$\text{riw}_4 = 0.18$，$\text{riw}_5 = 0.15$，$\text{riw}_6 = 0.15$。

9.2.5 "体系使命能力—作战任务清单"HOQ 矩阵的构造

针对上述巡飞弹系统的 6 个 CCI,构建下述 17 个关键任务问题(CTI)。

(1)精确打击能力(CCI1)包含 2 个 CTI:卫星/无人机远程目标精确探测任务问题、导弹精确打击任务问题。

(2)快速打击能力(CCI2)包含 3 个 CTI:卫星时敏目标发现任务问题、无人机/巡航弹时敏目标跟踪定位任务问题、巡航弹/导弹打击移动目标任务问题。

(3)区域清除能力(CCI3)包含 2 个 CTI:指控系统的区域目标辨识与分配任务问题、制导火箭弹的区域打击任务问题。

(4)破袭打击能力(CCI4)包含 3 个 CTI:指控系统蓝方关键目标识别与火力分配任务问题、制导火箭弹/导弹/巡飞弹隐蔽突防任务问题、制导火箭弹/导弹/巡飞弹协同打击任务问题。

(5)区域封控能力(CCI5)包含 4 个 CTI:指控系统监视与封控区域分配任务问题、无人机/巡飞弹持续监控任务问题、巡飞弹封控打击任务问题及巡飞弹/无人机/导弹/火箭弹协同封控攻击任务问题。

(6)末端防空能力(CCI6)包含 3 个 CTI:蓝方空中目标识别与跟踪任务问题、指控系统的网络化防空规划与协同指挥任务问题、防空导弹拦截任务问题。

根据上述 17 个 CTI,构造"体系使命能力—作战任务清单"HOQ 矩阵,见表 9-6。其中,riw_j 同表 9-5 中的 riw_j,$j=1,2,\cdots 6$;p_{ij} 通过 HOQ 定性确定中的询问调查法得到,$i=1,2,\cdots 6$,$j=1,2,\cdots 17$;ajw_j 和 rjw_j 是由 HOQ 层次分析法得到的。

表 9-6 "体系使命能力—作战任务清单"HOQ 矩阵

体系使命能力	体系使命能力权重	卫星/无人机远程目标精确探测任务问题	导弹精确打击任务问题	卫星时敏目标发现任务问题	无人机/巡航弹时敏目标跟踪定位任务问题	巡航弹/导弹打击移动目标任务问题	指控系统的区域目标辨识与分配任务问题	制导火箭弹的区域打击任务问题	指控系统蓝方关键目标识别与火力分配任务问题	制导火箭弹/导弹/巡飞弹隐蔽突防任务问题	制导火箭弹/导弹/巡飞弹协同打击任务问题	指控系统监视与封控区域分配任务问题	无人机/巡飞弹持续监控任务问题	巡飞弹封控打击任务问题	巡飞弹/无人机/导弹/火箭弹协同封控攻击任务问题	蓝方空中目标识别与跟踪任务问题	指控系统的网络化防空规划与协同指挥任务问题	防空导弹拦截任务问题
精确打击能力	riw_1	p_{11}	p_{12}	p_{13}	p_{14}	p_{15}	p_{16}	p_{17}	p_{18}	p_{19}	p_{110}	p_{111}	p_{112}	p_{113}	p_{114}	p_{115}	p_{116}	p_{117}

续表

体系使命能力	体系使命能力权重	卫星/无人机远程目标精确探测任务问题	导弹精确打击任务问题	卫星时敏目标发现任务问题	无人机/巡航弹时敏目标跟踪定位任务问题	巡航弹/导弹打击移动目标任务问题	指控系统的区域目标辨识与分配任务问题	制导火箭弹的区域打击任务问题	指控系统蓝方关键目标识别与分配任务问题	制导火箭弹/导弹/巡飞弹隐蔽突防任务问题	制导火箭弹/导弹/巡飞弹协同打击任务问题	指控系统监视与封控区域分配任务问题	无人机/巡飞弹持续监控打击任务问题	巡飞弹封控打击任务问题	巡飞弹/无人机/导弹/火箭弹协同封控攻击任务问题	蓝方空中目标识别与跟踪任务问题	指控系统的网络化防空规划与协同指挥任务问题	防空导弹拦截任务问题
快速打击能力	riw_2	p_{21}	p_{22}	p_{23}	p_{24}	p_{25}	p_{26}	p_{27}	p_{28}	p_{29}	p_{210}	p_{211}	p_{212}	p_{213}	p_{214}	p_{215}	p_{216}	p_{217}
区域清除能力	riw_3	p_{31}	p_{32}	p_{33}	p_{34}	p_{35}	p_{36}	p_{37}	p_{38}	p_{39}	p_{310}	p_{311}	p_{312}	p_{313}	p_{314}	p_{315}	p_{316}	p_{317}
破袭打击能力	riw_4	p_{41}	p_{42}	p_{43}	p_{44}	p_{45}	p_{46}	p_{47}	p_{48}	p_{49}	p_{410}	p_{411}	p_{412}	p_{413}	p_{414}	p_{415}	p_{416}	p_{417}
区域封控能力	riw_5	p_{51}	p_{52}	p_{53}	p_{54}	p_{55}	p_{56}	p_{57}	p_{58}	p_{59}	p_{510}	p_{511}	p_{512}	p_{513}	p_{514}	p_{515}	p_{516}	p_{517}
末端防空能力	riw_6	p_{61}	p_{62}	p_{63}	p_{64}	p_{65}	p_{66}	p_{67}	p_{68}	p_{69}	p_{610}	p_{611}	p_{612}	p_{613}	p_{614}	p_{615}	p_{616}	p_{617}
绝对重要性等级		ajw_1	ajw_2	ajw_3	ajw_4	ajw_5	ajw_6	ajw_7	ajw_8	ajw_9	ajw_{10}	ajw_{11}	ajw_{12}	ajw_{13}	ajw_{14}	ajw_{15}	ajw_{16}	ajw_{17}
相对重要性等级		rjw_1	rjw_2	rjw_3	rjw_4	rjw_5	rjw_6	rjw_7	rjw_8	rjw_9	rjw_{10}	rjw_{11}	rjw_{12}	rjw_{13}	rjw_{14}	rjw_{15}	rjw_{16}	rjw_{17}

由 9.2.4 节可知，$riw_1 = 0.16$，$riw_2 = 0.19$，$riw_3 = 0.16$，$riw_4 = 0.18$，$riw_5 = 0.15$，$riw_6 = 0.15$。根据询问调查法中的专家评分情况，可得

$p_{11} = 6$，$p_{21} = 5$，$p_{31} = 7$，$p_{41} = 6$，$p_{51} = 6$，$p_{61} = 6$；

$p_{12} = 8$，$p_{22} = 6$，$p_{32} = 8$，$p_{42} = 4$，$p_{52} = 4$，$p_{62} = 4$；

$p_{13} = 4$，$p_{23} = 7$，$p_{33} = 5$，$p_{43} = 4$，$p_{53} = 4$，$p_{63} = 4$；

$p_{14} = 6$，$p_{24} = 6$，$p_{34} = 4$，$p_{44} = 7$，$p_{54} = 7$，$p_{64} = 7$；

$p_{15} = 5$，$p_{25} = 6$，$p_{35} = 8$，$p_{45} = 8$，$p_{55} = 8$，$p_{65} = 8$；

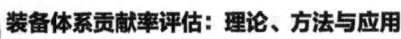

$p_{16} = 6$，$p_{26} = 8$，$p_{36} = 5$，$p_{46} = 9$，$p_{56} = 9$，$p_{66} = 9$；
$p_{17} = 7$，$p_{27} = 9$，$p_{37} = 8$，$p_{47} = 8$，$p_{57} = 8$，$p_{67} = 8$；
$p_{18} = 6$，$p_{28} = 8$，$p_{38} = 7$，$p_{48} = 8$，$p_{58} = 8$，$p_{68} = 8$；
$p_{19} = 4$，$p_{29} = 8$，$p_{39} = 5$，$p_{49} = 7$，$p_{59} = 7$，$p_{69} = 7$；
$p_{110} = 7$，$p_{210} = 6$，$p_{310} = 7$，$p_{410} = 5$，$p_{510} = 5$，$p_{610} = 5$；
$p_{111} = 6$，$p_{211} = 5$，$p_{311} = 7$，$p_{411} = 6$，$p_{511} = 6$，$p_{611} = 6$；
$p_{112} = 8$，$p_{212} = 6$，$p_{312} = 8$，$p_{412} = 4$，$p_{512} = 4$，$p_{612} = 4$；
$p_{113} = 4$，$p_{213} = 5$，$p_{313} = 5$，$p_{413} = 4$，$p_{513} = 4$，$p_{613} = 4$；
$p_{114} = 6$，$p_{214} = 4$，$p_{314} = 4$，$p_{414} = 7$，$p_{514} = 7$，$p_{614} = 7$；
$p_{115} = 6$，$p_{215} = 5$，$p_{315} = 7$，$p_{415} = 6$，$p_{515} = 6$，$p_{615} = 6$；
$p_{116} = 8$，$p_{216} = 6$，$p_{316} = 8$，$p_{416} = 4$，$p_{516} = 4$，$p_{616} = 4$；
$p_{117} = 4$，$p_{217} = 7$，$p_{317} = 5$，$p_{417} = 4$，$p_{517} = 4$，$p_{617} = 4$。

参见 9.2.5 节中的方法计算绝对重要性等级和相对重要性等级，不同之处在于本节中的 HOQ 矩阵的行数 m 为 6，列数 n 为 17，计算公式分别如下：

$$\text{ajw}_j = \sum_{i=1}^{m} w_i \times p_{ij} \quad (9\text{-}12)$$

$$\text{rjw}_j = \frac{\text{ajw}_j}{\sum_{i=1}^{n} \text{ajw}_i} \quad (9\text{-}13)$$

将上述数据代入式（9-12）和式（9-13）中，可得 $\text{ajw}_1 = 5.91$，$\text{ajw}_2 = 5.62$，$\text{ajw}_3 = 4.69$，$\text{ajw}_4 = 6.1$，$\text{ajw}_5 = 7.06$，$\text{ajw}_6 = 7.6$，$\text{ajw}_7 = 6.99$，$\text{ajw}_8 = 7.44$，$\text{ajw}_9 = 6.32$，$\text{ajw}_{10} = 5.78$，$\text{ajw}_{11} = 5.91$，$\text{ajw}_{12} = 5.62$，$\text{ajw}_{13} = 4.69$，$\text{ajw}_{14} = 6.1$，$\text{ajw}_{15} = 5.91$，$\text{ajw}_{16} = 5.62$，$\text{ajw}_{17} = 4.69$；$\text{rjw}_1 = 0.06$，$\text{rjw}_2 = 0.06$，$\text{rjw}_3 = 0.05$，$\text{rjw}_4 = 0.06$，$\text{rjw}_5 = 0.07$，$\text{rjw}_6 = 0.07$，$\text{rjw}_7 = 0.07$，$\text{rjw}_8 = 0.07$，$\text{rjw}_9 = 0.06$，$\text{rjw}_{10} = 0.06$，$\text{rjw}_{11} = 0.06$，$\text{rjw}_{12} = 0.06$，$\text{rjw}_{13} = 0.05$，$\text{rjw}_{14} = 0.06$，$\text{rjw}_{15} = 0.06$，$\text{rjw}_{16} = 0.06$，$\text{rjw}_{17} = 0.05$。

9.2.6 "作战任务清单—装备功能需求" HOQ 矩阵的构造

对于巡飞弹系统的装备功能需求主要有指控系统主要战术技术需求、侦察与态势感知系统主要战术技术需求、火力系统主要战术技术需求，据此构造"作战任务清单—装备功能需求" HOQ 矩阵，见表 9-7。

表 9-7 "作战任务清单—装备功能需求" HOQ 矩阵

作战任务清单	装备功能需求			
	作战任务清单权重	指控系统主要战术技术需求	侦察与态势感知系统主要战术技术需求	火力系统主要战术技术需求
卫星/无人机远程目标精确探测任务问题	rjw_1	p_{11}	p_{12}	p_{13}
导弹精确打击任务问题	rjw_2	p_{21}	p_{22}	p_{23}
卫星时敏目标发现任务问题	rjw_3	p_{31}	p_{32}	p_{33}
无人机/巡航弹时敏目标跟踪定位任务问题	rjw_4	p_{41}	p_{42}	p_{43}
巡航弹/导弹打击移动目标任务问题	rjw_5	p_{51}	p_{52}	p_{53}
指控系统的区域目标辨识与分配任务问题	rjw_6	p_{61}	p_{62}	p_{63}
制导火箭弹的区域打击任务问题	rjw_7	p_{71}	p_{72}	p_{73}
指控系统蓝方关键目标识别与火力分配任务问题	rjw_8	p_{81}	p_{82}	p_{83}
制导火箭弹/导弹/巡飞弹隐蔽突防任务问题	rjw_9	p_{91}	p_{92}	p_{93}
制导火箭弹/导弹/巡飞弹协同打击任务问题	rjw_{10}	p_{101}	p_{102}	p_{103}
指控系统监视与封控区域分配任务问题	rjw_{11}	p_{111}	p_{112}	p_{113}
无人机/巡飞弹持续监控任务问题	rjw_{12}	p_{121}	p_{122}	p_{123}
巡飞弹封控打击任务问题	rjw_{13}	p_{131}	p_{132}	p_{133}
巡飞弹/无人机/导弹/火箭弹协同封控攻击任务问题	rjw_{14}	p_{141}	p_{142}	p_{143}
蓝方空中目标识别与跟踪任务问题	rjw_{15}	p_{151}	p_{152}	p_{153}
指控系统的网络化防空规划与协同指挥任务问题	rjw_{16}	p_{161}	p_{162}	p_{163}
防空导弹拦截任务问题	rjw_{17}	p_{171}	p_{172}	p_{173}
绝对重要性等级		akw_1	akw_2	akw_3
相对重要性等级		rkw_1	rkw_2	rkw_3

其中，rjw_j 同表 9-6 中的 rjw_j，$j=1,2,\cdots,17$；p_{ij} 通过仿真方法得到，由于仿真的输入是主要作战任务组合方案，其输出是可能完成指定体系使命能力的效能值，因而需要通过仿真来确定 p_{ij}，这比前文提及的定量分析方法更复杂。下面以协同作战相容能力为例，通过仿真建立其与主要作战任务之间的关系矩阵，具体步骤如下：

（1）对于协同作战相容能力，给出影响该能力的作战想定。

（2）针对给出的作战想定，将多组主要作战任务组合方案加载到仿真系统中，得到主要作战任务相对于作战想定的效能值。

待步骤（2）得到的效能值经过加权平均后，将其作为度量协同作战相容能力与主要作战任务之间关系的值，联合得到效能值的主要作战任务输入值。利用"基于仿真的 HOQ 矩阵值的定量构造方法"确定 p_{ij} 的值，akw_j 和 rkw_j 由 HOQ 层次分析法得到，分别如下：

$$akw_j = \sum_{i=1}^{17} rjw_i \cdot p_{ij} \qquad (9\text{-}14)$$

$$rkw_j = \frac{akw_j}{\sum_{j=1}^{3} akw_j} \qquad (9\text{-}15)$$

根据 9.2.5 节可知 $rjw_1 = 0.06$，$rjw_2 = 0.06$，$rjw_3 = 0.05$，$rjw_4 = 0.06$，$rjw_5 = 0.07$，$rjw_6 = 0.07$，$rjw_7 = 0.07$，$rjw_8 = 0.07$，$rjw_9 = 0.06$，$rjw_{10} = 0.06$，$rjw_{11} = 0.06$，$rjw_{12} = 0.06$，$rjw_{13} = 0.05$，$rjw_{14} = 0.06$，$rjw_{15} = 0.06$，$rjw_{16} = 0.06$，$rjw_{17} = 0.05$，以及 $p_{11} = 6$，$p_{21} = 5$，$p_{31} = 7$，$p_{41} = 6$，$p_{51} = 5$，$p_{61} = 4$，$p_{71} = 5$，$p_{81} = 7$，$p_{91} = 7$，$p_{101} = 8$，$p_{111} = 6$，$p_{121} = 5$，$p_{131} = 7$，$p_{141} = 6$，$p_{151} = 5$，$p_{161} = 4$，$p_{171} = 5$；$p_{12} = 8$，$p_{22} = 6$，$p_{32} = 8$，$p_{42} = 4$，$p_{52} = 5$，$p_{62} = 4$，$p_{72} = 5$，$p_{82} = 7$，$p_{92} = 7$，$p_{102} = 8$，$p_{112} = 8$，$p_{122} = 6$，$p_{132} = 8$，$p_{142} = 4$，$p_{152} = 5$，$p_{162} = 4$，$p_{172} = 5$；$p_{13} = 6$，$p_{23} = 7$，$p_{33} = 6$，$p_{43} = 5$，$p_{53} = 7$，$p_{63} = 6$，$p_{73} = 5$，$p_{83} = 6$，$p_{93} = 8$，$p_{103} = 8$，$p_{113} = 6$，$p_{123} = 7$，$p_{133} = 6$，$p_{143} = 5$，$p_{153} = 7$，$p_{163} = 6$，$p_{173} = 5$。

将上述数据代入式（9-14）和式（9-15）中，可得 $akw_1 = 5.9$，$akw_2 = 6.12$，$akw_3 = 6.43$；$rkw_1 = 0.32$，$rkw_2 = 0.33$，$rkw_3 = 0.35$。

9.2.7 基于能力需求满足度的体系贡献率宏观论证分析

通过对比分析巡飞弹系统在指控系统主要战术技术需求、侦察与态势感知系统主要战术技术需求和火力系统主要战术技术需求 3 方面的满足程度，

结合表 9-7 中计算得到的 rkw_j，综合计算宏观论证层面的巡飞弹系统体系贡献率，即巡飞弹系统的需求满足度，见表 9-8。

表 9-8　巡飞弹系统的需求满足度

装备功能需求	指控系统主要战术技术需求	侦察与态势感知系统主要战术技术需求	火力系统主要战术技术需求
现有功能	m_{11}	m_{12}	m_{13}
预期功能	m_{01}	m_{02}	m_{03}

结合表 9-7 中计算得到的 rkw_j，综合计算宏观论证层面的巡飞弹系统在指控系统中的体系贡献率（SCR），即巡飞弹系统的需求满足度，具体如下：

$$\text{SCR}=\sum_{j=1}^{3}\text{rkw}_j \cdot \frac{m_{1j}}{m_{0j}} \qquad (9\text{-}16)$$

根据 9.2.6 节可知 $\text{rkw}_1=0.32$，$\text{rkw}_2=0.33$，$\text{rkw}_3=0.35$。令 $m_{11}=3$，$m_{01}=8$；$m_{12}=4$，$m_{02}=8$；$m_{13}=4$，$m_{03}=6$，通过式（9-16）计算可得 SCR=0.52，由此可知宏观论证层面的巡飞弹系统在指控系统中的体系贡献率为 52%。

9.3　巡飞弹系统体系贡献率的型号装备论证

9.3.1　基于 CCI-CTI 的仿真想定设置分析

本部分内容主要是根据总体方案设计和初步评估结果，对重点专项评估方案进行调整和细化。具体实施方法为根据全面初步评估中明确的重点、难点 CCI 和 CTI（见表 9-9），综合考虑指标体系解算的效能数据需求，制定效能仿真评估的具体方案。

表 9-9　CCI—CTI 映射列表

CCI	CTI
精确打击能力	卫星/无人机远程目标精确探测任务问题
	导弹精确打击任务问题
区域清除能力	制导火箭弹的区域打击任务问题
破袭打击能力	制导火箭弹/导弹/巡飞弹协同打击任务问题

由此可以设置若干典型想定，通过典型作战想定的效能仿真，验证巡飞弹系统的体系贡献率。

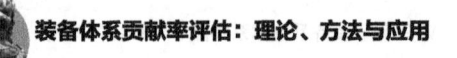

9.3.2 仿真想定设定

选择远射程对地攻击能力中的对蓝方体系破袭打击作为典型问题背景，设立仿真想定。围绕针对蓝军高价值固定目标（如机场等）的联合火力进攻体系作战效能开展仿真实验，分析巡飞弹系统对联合火力进攻体系的作战效能贡献程度。该仿真想定主要关注红方的联合火力进攻体系作战过程，红方的联合使命任务线程主要包括以下 4 个使命任务：

（1）红方无人机集群空中侦察。该使命任务设想红方以多批次无人机侦察连组成无人机集群压进蓝方空域，对蓝方主要作战力量和高价值目标进行侦察。

（2）歼击机驱歼蓝方前出巡逻与掩护飞机。该使命任务设想红方以 X 型歼击机、Y 型歼击机、Z 型歼击机驱歼蓝方空中前出巡逻与掩护飞机，夺取和保持局部制空权。

（3）歼击机打击蓝方预警机和电子干扰机。该使命任务设想红方以 X 型歼击机、Y 型歼击机、Z 型歼击机达成驱歼蓝方前出巡逻与掩护飞机的目标后，对蓝方预警机和电子干扰机进行打击，力争击落蓝方预警机和电子干扰机。

（4）常规导弹、巡飞弹和轰炸机打击蓝方机场。该使命任务设想红方的远程火力旅通过战术导弹、巡飞弹、远程制导火箭弹等武器系统以及某型轰炸机摧毁蓝方高价值固定目标，压制蓝方控制进攻防御能力。

上述作战行动的作战效果受到红方和蓝方作战平台、传感器、武器系统、通信设备和指挥控制等大量作战装备作战性能和作战效能因素的限制，需要通过体系计算试验探索不同因素影响条件下的体系作战效能，具体包括以下研究内容：

（1）巡飞弹的作战效能贡献度分析。不同的打击方式对蓝方高价值固定目标的打击效果不同，可以通过体系计算试验方法分析巡飞弹攻击对蓝方高价值固定目标的打击效果的影响程度。在进行具体分析时，可以假设蓝方处于一定的作战能力条件下，通过改变红方火力旅发射远程战术导弹武器、远程巡飞弹武器的作战装备数量来探索不同打击方式对作战效能的贡献程度。

（2）巡飞弹对相关武器装备的贡献度分析。不同的兵力编组方式对作战体系中的武器装备会产生不同的影响，可以通过体系计算试验方法分析

巡飞弹对红方武器装备的影响程度。在进行具体分析时，可以假设蓝方处于一定的作战能力条件下，通过改变红方火力旅发射远程战术导弹武器、远程巡飞弹武器的作战装备数量来探索不同打击方式对相关武器装备的贡献程度。

9.3.3 仿真应用开发

联合火力进攻体系仿真想定用于研究哪些因素会对空中打击效果产生影响、不同火力打击方式的贡献度以及信息支援能力对作战效果的影响。对于该想定，红方成功完成任务的基本衡量标准是红蓝双方飞机的损失数量，为了完成任务而损失 95% 的兵力不应被视为成功完成作战使命。

为了对联合火力进攻体系效能进行分析，需要在具体仿真中考虑不同类型的不确定因素，如打击兵力的数量、传感器和武器装备的作战效能（探测概率和拦截概率）等。通过实验设计技术，为每个红方和蓝方的主体（Agent）的实验因子选取不同的值，通过创造数量丰富的组合进行评估和分析。

9.3.3.1 仿真时间设定

根据作战使命的执行时间要求，可以对仿真时间进行如下设置：

（1）仿真开始时间。在蓝方巡逻、预警及电子战飞机部署完成后，红方飞机发起进攻，仿真起始时间设为 T-0。

（2）仿真运行时间。由于联合攻击时间一般不超过 20min，可以将仿真运行时间设为 200min。

（3）时间分辨率。体系效能分析仿真平台（SEAS）采用步长推进的方式执行仿真计算，因此需要设定本次实验的仿真步长，这里可将 SEAS 的缺省步长设为 1min。

9.3.3.2 兵力与平台 Agent 仿真模型

根据蓝方兵力涉及的平台和作战单元，蓝方主要包括以下 Agent 仿真模型类型：机场、预警机、电子干扰机、歼击机、战斗支援机等。根据红方兵力涉及的平台和作战单元，红方主要包括以下 Agent 仿真模型类型：机场、基地、预警机、电子干扰机、歼击机、轰炸机。其中，机场主要用来部署和指挥各类飞机作战，红方基地可部署巡飞弹、导弹和火箭弹等武器装备实施对地打击，具体平台型号和配载武器装备忽略。

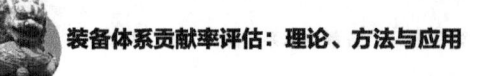

9.3.3.3 武器装备仿真模型

这里根据红蓝双方的武器配置，根据 SEAS 对作战实体装备的分类，将其建模为相应的传感器、武器系统和通信设备。

1. 传感器

蓝方传感器主要考虑各个飞机平台上的各型雷达，红方同样考虑各个飞机平台上的各型雷达。

2. 武器系统

根据蓝方 Agent 模型中包含的武器系统，蓝方的武器系统主要有空空导弹。红方除空空导弹外，还包括对地攻击机动变轨导弹、机动滑翔火箭弹及精确制导火箭弹、远程巡飞弹等武器系统。

3. 通信设备

红蓝双方均包括配属的数据链设备。

9.3.3.4 数据源、抽象和假设

输入数据的来源、模型的抽象和假设非常重要。为了在 SEAS 中有效建立"联合火力进攻体系效能分析"仿真模型，获取和分析原始数据在建模过程中占用了大量时间。当前报告的一些性能参数是通过多种公开的途径获得的，并不一定准确，还需要逐步细化和筛选。在仿真过程中假定不存在设备故障，武器系统的命中概率的取值范围是 0~1。

由于本项研究范围大，涉及的作战实体多，无法实现运动、探测、交战和通信的工程和原理层仿真。现代飞机属于复杂作战单元，因而需要根据本想定关注的探测与交战特点对相关作战实体的装备进行合理简化和取舍，以实现快速的计算实验和分析，注意需要遵循以下几种简化约定：

（1）一架飞机可能包含不同类型的对空雷达，这里仅用一个传感器代表该飞机的综合探测能力，因此每架飞机 Agent 一般只配置一部典型的雷达传感器，用于支持不同类型的空中目标探测，进而可以支持相关对空武器的攻击。

（2）可以在探测交互数据中设置传感器对不同目标的探测距离和探测概率，这样更符合装备的实际探测能力。

（3）一架飞机可能包含多种空对空武器装备，这里根据飞机的实际作战能力，对于每种类型的飞机，只考虑近距和远距两种空对空武器系统。

（4）可以在毁伤交互数据中设置武器系统对不同目标的毁伤概率，这样更符合装备的实际毁伤能力。

9.3.4 仿真实验设计

仿真实验设计是根据研究问题和仿真想定，对仿真实验的评估指标、可控实验因子、不可控实验因子进行分析，最终得出仿真实验设计方案的过程。

9.3.4.1 评估指标

联合火力打击体系效能分析的研究问题主要包括：远程火力旅对联合火力进攻体系的作战效能贡献程度以及巡飞弹系统对远程火力旅的作战效能贡献程度。鉴于远程火力旅的模块化组织结构，可以通过增、减、删、改的方式调整远程火力旅的兵力编组，通过多组实验比对，得出远程火力旅对联合火力进攻体系的作战效能贡献程度。

9.3.4.2 可控实验因子

在装备设计论证中，可控实验因子是指设计论证决策者在现实世界中对其有控制权的因素，这些因素可能包括飞机的速度、武器的数量或传感器范围。可控实验因子可以是新开发的或直接使用的，又被称为决策变量或决策因素。下面给出本项目涉及的可控实验因子。

1. 装备作战效能

根据前文可知，仿真想定中的武器、传感器和作战平台属于已部署的装备，其性能指标已经确定。但这些装备的效能指标，如毁伤概率、探测概率等不容易确定，也缺乏实际的实验数据，因此可以将这些数据作为可控实验因子。

2. 作战平台与发射的导弹数量

为了分析不同数量的平台对作战效果的影响，作战平台和发射的导弹数量应作为可控实验因子。

3. 信息支援能力指标

该部分因子主要体现在对蓝方空中目标的探测误差、目标信息更新频率及对探测和通信的电子干扰的影响因子上。

由于包含大量的红方探测和毁伤交互数据（接近 200 个实验因子），这里可以在假定相关作战效能指标的条件下进行探索性实验。如果有需要，还可以引入关注的作战运用参数作为实验因子，如部署区域、攻击时间、飞行高度等。

综上所述，本项目涉及的可控实验因子见表 9-10。

表 9-10 可控实验因子

可控实验因子	单位	取值范围
A 型导弹	枚	20～50
B 型导弹	枚	20～50
C 型火箭弹	枚	20～50
D 型火箭弹	枚	20～50
E 型火箭弹	枚	20～50
预警机目标广播间隔	min	1～10
探测距离干扰因子	—	0～1
探测概率干扰因子	—	0～1
通信距离干扰因子	—	0～1
通信可靠性干扰因子	—	0～1

9.3.4.3 不可控实验因子

虽然不可控因素可以在仿真中进行控制，但是不能在现实世界中对其进行控制。这些因素可能包括蓝方的数量、速度、传感器范围、武器性能等，以及环境因素（如风速和云量）。这里可以指定缺省的蓝方装备性能和效能指标进行实验，并根据需要对相关参数进行调整。

9.3.4.4 仿真实验设计方案

在 9.3.2 节提出的仿真想定中，由于远程火力旅的参与作战有效打击了蓝方的防空武器和机场设施，红方的后续攻击得以有效开展并保证了己方飞机的存活率。因此在实验设计中，主要考虑用有无远程火力旅的联合火力进

攻体系的作战效能变化和红方飞机的伤亡率两个指标来表征远程火力旅对联合火力进攻体系的贡献率。

在该仿真想定中，导弹、火箭弹和巡飞弹进攻部分分别考虑采用 A、B、C、D、E 5 型武器来完成使命任务，为了能够对比分析巡飞弹对体系对抗作战效能的贡献程度，分别设置 4 组不同导弹与巡飞弹配置的作战想定，见表 9-11。

表 9-11　不同导弹与巡飞弹配置的作战想定　　　　单位：枚

设计点	武器类型				
	A 型导弹	B 型导弹	C 型火箭弹	D 型巡飞弹	E 型巡飞弹
1	40	40	40	0	0
2	24	24	24	24	24
3	10	10	10	45	45
4	0	0	0	60	60

9.3.5　效能贡献率评估分析

9.3.5.1　实验数据输出

根据前文的设计，采用 SEAS 开展体系效能仿真实验，实验输出的数据见表 9-12，具体包括以下信息：

（1）运行次数。
（2）可控实验因子设计点。
（3）红方飞机损失比。
（4）红方轰炸机损失百分比。
（5）蓝方防御武器损失比。
（6）蓝方机场跑道损失比。

表 9-12　实验输出的数据

运行次数	可控实验因子设计点	红方飞机损失比	红方轰炸机损失比	蓝方防御武器损失比	蓝方机场跑道损失比
1	1	0.11	0.33	0.06	0.47
2	2	0.11	0.33	0.18	0.67
3	3	0.22	0.33	0.32	0.47
4	4	0.2	0.33	0.5	0.67

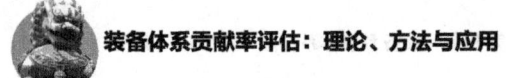

9.3.5.2 体系贡献率效能仿真计算

根据上述实验设计方案,分别设定实验一为完全采用常规导弹进行火力攻击,实验二和实验三为采用常规导弹配合巡飞弹进行火力打击,实验四为完全使用巡飞弹进行攻击。

巡飞弹对远程火力旅的体系贡献率主要分为两部分,其中一部分为对敌方高价值固定目标(如机场跑道、防御武器等)的毁伤效果,另一部分为对已方武器装备生存率的提高。因此在本仿真想定中,巡飞弹对远程火力旅的体系贡献率 CR_{XF} 可以通过下式计算:

$$CR_{XF} = \frac{\alpha(E_2 - E_1)}{E_1} + \frac{(1-\alpha)(Sr_2 - Sr_1)}{Sr_1}$$

式中,α 是效损权衡系数;E_1 与 E_2 分别表示使用巡飞弹前后对敌方高价值固定目标的作战效能;Sr_1 与 Sr_2 分别表示使用巡飞弹前后己方武器装备的生存率。

通过比较实验一和实验四的结果可知,在假设 α 为 0.75 的条件下,在本作战想定中,采用巡飞弹对远程火力旅的体系贡献率 CR_{XF} 为 0.883251,即体系贡献率为 88.33%。

9.3.5.3 巡飞弹体系贡献率评估结论

综合实验一~实验四的结果,可以得出以下结论:

(1)单纯采用巡飞弹的攻击效能较单纯采用常规导弹的攻击效能有显著提高。敌方防御武器损失比例和跑道损失比例显著提高。

(2)高占比巡飞弹和低占比常规导弹组合对敌方防御武器打击效果好。采用巡飞弹和常规导弹组合进攻,巡飞弹占比高的组合模式因为巡飞弹的滞空时间长,能够较早探测到敌方防御武器系统并进行攻击,故对敌方防御武器的打击效果更好,其比单纯采用常规导弹攻击的效果提升了 26%,而低占比巡飞弹和高占比常规导弹组合的这一数据仅为 9%。

(3)低占比巡飞弹和高占比常规导弹对固定目标的打击效果较好。常规导弹占比高的组合可以发挥常规导弹战斗部载荷更大、对确定位置的机场跑道打击效果更好的作用,但是因为巡飞探测过程会消耗一定时间,巡飞弹占比高的组合作战周期更长,导致己方飞机的损伤增大。

(4)针对不同任务应灵活编组。根据实验结果,不同弹型的组合对不同

目标的打击效果不同，己方飞机损失比也不同，因此在实际运用中，应结合具体担负的任务进行灵活编组，以期达成较优效果。

（5）案例实验将"重要作战方向—体系使命能力—作战任务清单—装备功能需求"形成闭环，将作战需求通过体系使命能力、作战任务清单最终落实到装备功能需求上，并映射到装备系统上，从而为新装备定型、新装备进入作战体系的准入机制研究提供了决策支持。

第 10 章
装备项目体系贡献率评估应用案例

10.1 智能化无人作战力量体系建设需求

10.1.1 无人装备建设与发展趋势

随着科学技术的发展，战争形态正在机械化、信息化的基础上向智能化演进。无人智能化作战体系将使未来战争成为完全意义上的全方位、全天候战争，并催生作战样式变革、推动战术战法创新和牵引装备技术发展。近年来，以美国为代表的世界军事大国正在抓紧推进无人装备的技术研发和作战运用，提出了"马赛克战"（Mosaic Warfare）等新型作战概念，开展了"进攻性蜂群使能战术"（OFFSET）、"低成本无人机蜂群技术"（LOCUST）、"体系集成技术与试验"（SoSITE）等研制项目。总体来看，智能化无人集群作战正在成为一种新的作战样式，有望在现代战争中发挥越来越重要的作用。下面重点介绍美军装备力量的建设发展与运用特点。

美军武器装备已经跳出了传统的以装备平台更新为主的发展模式，走上了一条以构建未来体系为目标的"主动化"体系发展道路。随着无人作战力量在作战体系中的占比日益增大，无人技术和无人系统对战争形态的影响正在经历量变阶段，已到达质变的临界点，无人化战争呼之欲出，未来战争在力量编组上将不断产生以有人系统为主、无人系统协同，以无人系统为主、有人系统协同，以及无人系统独立编组（包括传统的编队和新型蜂群）等新形式，在战术战法上将不断产生无人系统有机融入联合作战体系、无人系统与有人系统协同、无人系统之间自主协同等新样式。为了适应这种形势，美军尝试用体系工程的理论与方法规范和指导无人装备发展，不仅开展了面向

能力需求的长远规划,也开展了基于架构的顶层设计,还开展了基于原型的试验评估。美军通过分析未来战场环境和作战任务,对现有武器装备和相关领域新技术进行梳理,开创性地设计构建在未来一定时期内最易形成战场优势的作战体系,并通过分析现有武器装备的优势和缺陷,确定需要研发的无人装备和技术。

10.1.1.1 体系化设计

美军在无人装备建设方面越来越重视顶层统筹,并遵循基于架构的体系化设计思路。除了采用前述的 DoDAF 作为需求架构指导无人体系设计,还在功能架构层面和应用架构层面进行了体系化设计。

在功能架构层面,虽然还缺乏一个类似 DoDAF 的统一规范性架构,但是已经按照发展路线图和国防部各类底层架构倡议的形式进行无人体系的功能设计。以往的美军无人装备研发主要用于特定军种需求,但其为了时间的紧迫性而牺牲了装备的互联性,结果只能与其他军种的有人/无人装备实现有限的互操作。近年来,随着无人装备列装运用的增多,美国国防部开始按照互用、开放和灵活的原则,借助开放系统设计原则和体系架构来增加无人装备体系的完整性,并提高无人系统的重用性和互操作性。在美国国防部发布的《2013—2038 年无人系统一体化路线图》(*Unmanned Systems Integrated Roadmap,FY2013—2038*)中,受到重点关注的领域有互操作性和模块化、通信系统、频谱和复原力、安全(研究和情报/技术保护)、持久的复原力、武器、空投传感器,以及天气感知和高性能计算机。围绕这些领域,美国国防部在无人系统功能架构方面发起了种类繁多的倡议,包括无人操作互操作性倡议(UI2)、标准化互操作性规范(IOPs)、无人机系统控制架构(UCS)、无人操作系统互操作性特征规范(USIPs)、军种接口控制工作组织、军种互操作性规范(IOPs)、国防部首席信息官互操作性指导小组、联合互操作性测试司令部(JITC)、联合技术中心/系统集成实验室(JSIL)、国防部信息技术标准和概要注册库(DISR)、未来机载性能环境(FACE)、传感器/平台接口和工程标准化(SPIES)、无人地面系统的互操作性规范、高级爆炸性军械处理机器人系统(AEODRS)通用架构、无人系统联合架构(JAUS)等。尽管美军的无人系统功能架构仍处于快速开发和演化过程中,但其在统筹规划和顶层设计全军的无人装备建设等方面已经发挥了重要作用。

美国国防高级研究计划局(DARPA)在无人系统的应用架构层面,美军

在近距离空中支援、情报侦察和监视、饱和式火力打击、战斗搜索与救援、空中遮断、通信中继等方面已经开展了多个项目的演示验证，并在这些项目中应用了"指挥控制协同"（CARACAS）等架构。此外，美国国防高级研究计划局开展的"体系集成技术与试验"（SoSITE）项目中也提出了开放式架构，该架构应用于作战体系并得到改进，具有强适应性的系统接口、后台认证技术和赛博防御等，可使美军通过有人无人协同空战确立空中优势。根据美军近几年开展的"拒止环境中的协同作战"（CODE）、"进攻性蜂群使能战术"（OFFSET）等项目可知，美军重点关注无人装备的集群化作战运用，其作战编成、战术战法、作战流程、指挥控制、装备配系等作战运用架构尚在探索发展中。此外，根据相关公开资料，美军联合需求监督委员会支持 2011 年 11 月"无人机系统"联合作战概念通过联合条令和规划会议审查，可以过渡到联合作战条令，并整合进现有的联合出版物。

10.1.1.2 型谱化发展

美军各军种制定了系列无人装备发展路线图，并规范了无人机、无人车、无人艇、无人潜航器等无人装备的发展型谱，力求形成大型、中型、小型、微型、远程、中程、近程、太空、空中、地面、水面、水下、战略、战役、战术级等衔接配套的系列化、标准化和模块化的无人装备体系。

这里以无人机、无人地面车辆、无人水面舰艇、无人潜航器 4 类无人系统为例，分别介绍其代表产品。其中，无人机的代表产品有"蜂鸟"无人机、RQ-4A/B "全球鹰" 无人机、MQ-9A "死神" 无人机、MQ-4 广域海上监视无人机、MQ-X 无人机、美洲豹水陆无人机、RQ-7B "影子" 无人机、X-47B 隐性无人轰炸机等；无人地面车辆的代表产品有 "角斗士" 战术无人车、MV-4B 远程控制无人地雷清除系统、ARV 武装机器人车、SUGV 小型无人地面车等；无人水面舰艇的代表产品有 "斯巴达侦察兵" 无人水面艇、通用水面无人艇及 "旗鱼"、FAST、"哨兵"、"海貂鱼"、"水虎鱼"、"维纳斯"、"海星"、"保护者" 等型号的无人舰艇；无人潜航器的代表产品有反潜战持续追踪无人潜航器（ACTUV）、战场准备无人潜航器（BPAUV）、大直径无人潜航器（LDUUV）、"游侠"（ECHO）、半自主水文侦察设备等。

10.1.1.3 集群化运用

美军在各军种无人装备型谱化发展的基础上，更加注重集群化作战运用

的研究和演示验证，相继开展了多个无人集群作战运用演示验证项目。

2014 年，美国海军使用 13 艘无人水面巡逻艇（其中 5 艘采用自动控制，8 艘采用远程遥控）进行了集群战术测试试验，作战背景是利用无人水面巡逻艇为重要目标护航。通过试验发现，利用无人艇集群的舰载传感器网络能够发现对方船只并做出应对（如包围和拦截对方船只），有效阻止威胁迫近己方高价值目标，从而验证了无人艇集群的自主任务能力。

2015 年，美国海军研究署开展"低成本无人机蜂群技术"（LOCUST）项目，并于 2016 年成功利用发射管发射 30 架"郊狼"无人机，这有利于研究自主集群飞行技术在执行复杂任务中的运用。

2017 年，DARPA 开展"进攻性蜂群使能战术"（OFFSET）项目，其所设想的作战情景是总数为 100 架（台）无人机和无人车在 4 个城市街区进行时长为 2h 的城市作战，不仅考虑了无人装备的数量，更注重研究复杂的蜂群战术和人机编组。

2017 年，由美国国防部、战略能力办公室与海军航空系统司令部联合开发的无人机集群进入试验阶段，其目的是构建大规模的微型无人机集群。在试验中，有 3 架 F/A-18 超级大黄蜂战斗机释放出 103 架 Perdix 无人机，展示了先进的集群决策、自适应编队飞行、航线恢复能力等无人机集群行为。

10.1.1.4　集成化评估

目前，无人系统已经在海陆空各军种的侦察预警、通信互联、指挥控制、火力打击和后勤保障等环节中发挥重要作用，而多域战是美军主推的多军种联合作战概念，这就要求美军以无人作战系统的跨域联合作战评估为抓手，驱动多域战理念、条例和能力的发展及无人装备的体系化发展。

以美军当前聚焦的无人自主系统评估为例，早在 2011 年，美军试验资源管理中心就制定了无人系统自主性评估体系结构框架，具体包括以下 5 方面：

（1）面向 5 类作战空间的自主系统，即自主太空系统、自主空中系统、自主地面系统、自主海上系统和自主水下系统。

（2）关注 7 类自主性支撑技术，即自主行为预测、集群复杂性模拟、效果和能力评估、试验协议和试验设计、试验床和试验环境、可参考真实数据模型和试验工具与技巧。

（3）涵盖4层自主系统试验类型，即性能试验、系统试验、任务试验和体系试验。

（4）包含5类自主系统评估指标，即安全性、体系效能、敏捷性、适应性和生存力。

（5）具备基于OODA闭环的"真实、虚拟、构造的"（LVC）集成试验环境。

此类评估体现了鲜明的联合化特色，例如在评估体系结构框架中明确提出体系试验评估是4种自主性试验评估之一，把体系效能、敏捷性、适应性作为5类自主系统评估指标之中的3类，把具备基于OODA闭环的LVC集成试验环境作为评估环境，并把多域战背景下的无人自主体系联合试验列为重点攻克的难题之一。

10.1.2 基于"马赛克战"的无人作战力量规划计划与体系筹划设计

作战体系是一个具有适应威胁环境特征的动态系统，它由具有自主特性的传感、指挥控制（指控）、通信、火力系统组成，但是这些系统本身具有独立的功能，规模可调整，具有适应性。无人作战力量占比较高的作战体系就是无人（化）作战体系。当前的无人作战体系是以先进体系架构为框架，以通信网络信息为中心，以系统的集群智能涌现为核心，以系统/平台间的协同交互能力为基础，以系统/平台的作战能力为支撑所构建的具有高抗毁、低成本、功能分布化等特征的联合作战体系。无人作战体系的广泛运用将使未来战争成为完全意义上的全方位、全天候战争，并催生作战样式变革、推动战术战法创新和牵引装备技术发展。

无人作战体系的重要特征是跨域多集群联合作战，无人平台和集群编队相对于有人装备而言具备较强的智能性和自主性。因此，与传统以有人为主体的作战体系相比，无人作战体系在使命任务、作战样式、兵力编成、指控结构和战术战法方面都具备新的特点，尤其是无人平台需要在人不在回路的情况下自主完成作战行动，同时智能化地适应作战环境和对手的变化。这些特点给无人作战力量的体系化发展与应用带来了新的要求和挑战。

DARPA于2017年提出"马赛克战"的概念——集中应用高新技术，利用动态、协调和具有高度自适应性的可组合力量，用类似搭积木的方式，将低成本、低复杂度的系统以多种方式连在一起，构建一个类似"马赛克块"

的作战体系。当该体系中的某个部分或部分组合被敌方摧毁时，其能自动快速反应，形成功能降级但能相互链接、适应战场情境和作战需求的作战体系。《马赛克战：恢复美国的军事竞争力》报告对"马赛克战"提出了更高的要求，即通过打造一个由以具有先进计算能力为基础的传感器、前线作战人员和决策者组成的具有高度适应性的网络，能够根据战场情况的变化和作战需求，迅速自我聚合和分解，形成无限多的新兵力和杀伤链组合。

"马赛克战"是美军智能化战争时代制胜机理——决策中心战的体现。决策中心战的制胜关键是让美军指挥员做出比敌方更快、更好的决策，同时使敌方的决策质量和速度降级，通过给敌方制造态势认知的困境，阻止其实现有效决策。决策中心战利用分布式编队、军力动态组合和重组、电磁辐射的减少及反指挥控制、情报、监视与侦察（C2ISR）行动，改进自己的适应能力和生存能力，同时降低敌方的决策，并对敌方实施扰动。因此，决策中心战需要利用人工智能和自主系统解决两个难题：一是实现分布式部署并隐藏美军的部署和意图；二是维持美军指挥员做出迅速有效决策的能力。

利用人工智能技术和模块化、可组合兵力是"马赛克战"加快己方决策效能并降低敌方决策效能的核心。"马赛克战"强调广泛运用智能技术赋能作战决策和兵力行动，以提升指挥机构决策的快速性和有效性，并加快作战体系构建速度和作战节奏。同时，以兵力可组合性带来的巨大作战兵力运用决策空间，给敌方决策过程增加复杂度，使其难以判断己方行动，从而降低敌方决策的质量和速度。据此可以考虑采用以下方法：①增加己方战场复杂度，以降低敌方研判效率；②干扰敌方指挥环节，导引敌方智能决策失误。

近些年来军事领域机器人、人工智能、纳米技术和无人系统等方面的重大创新，逐渐取代了现代战场上的常规战斗力量，减少了军事技术操作人员的数量，改变了军事作战的组织结构和理论。如何借助高性价比的方式来压倒对手，并提高多维防护能力、减少生命损失，已经成为美国军事理论家和国防研究人员的基本目标。DARPA 以"马赛克战"目标为核心，牵引各个项目不断发展，以期形成"马赛克战"作战能力。这里借鉴"马赛克战"作战概念，以"马赛克战"作战体系为无人作战体系的基本版型，开展无人装备发展领域的项目体系贡献率评估。以 DARPA 曾经开展的项目为例，"马赛克战"作战体系包括体系架构、指挥控制、组网通信、武器平台和基础支撑 5 个层面的多个项目，如图 10-1 所示。

体系架构							
	SoSITE	CASCADE		PROTEUS		ACK	Decomp/Recomp
	CODE	CDMaST					

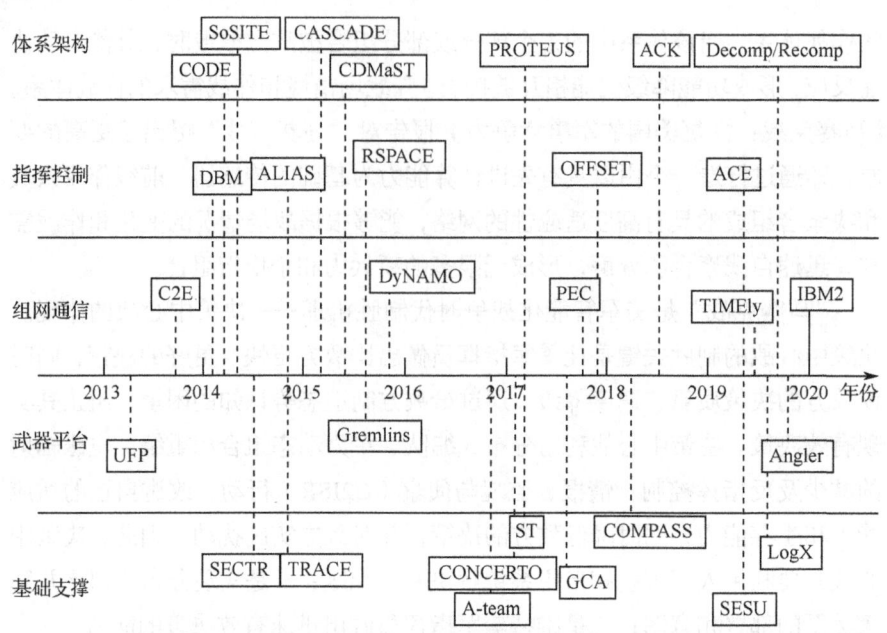

(图示内容，按时间轴 2013—2020 年份分布)

体系架构：CODE（2014）、SoSITE（2014）、CDMaST（2015）、CASCADE（2015）、PROTEUS（2017）、ACK（2019）、Decomp/Recomp（2019）

指挥控制：DBM（2014）、ALIAS（2014）、RSPACE（2015）、OFFSET（2017）、ACE（2019）

组网通信：C2E（2014）、DyNAMO（2015）、PEC（2017）、TIMEly（2019）、IBM2（2020）

武器平台：UFP（2013）、Gremlins（2015）、Angler（2019）

基础支撑：SECTR（2014）、TRACE（2014）、A-team（2017）、CONCERTO（2017）、ST（2017）、GCA（2017）、COMPASS（2018）、SESU（2019）、LogX（2019）

图 10-1 "马赛克战"作战体系的项目分布图

1. 体系架构

1）拒止环境下的协同作战（CODE）

CODE 旨在研发先进的自主协同算法和监督控制技术，以增强无人机系统（UAS）在拒止环境下的作战能力。其工作的重点集中在以下 4 个技术领域：协同作战自主化、航空器层面自主化、监控界面、适用于分布式系统的开放式结构。技术发展重点在于传感、打击、通信和导航等方面的自主化协同作战，以减少所需的通信带宽和人工系统界面。该项目正在探索一整套任务规划工具和界面，以期为人工操作员提供适度的信息，使其能够对机器进行适度的控制。它的一个主要研究方向是找到符合童话故事中"金发姑娘适度原则"（Goldilocks Zone）的适度范围。

2）体系综合技术和试验（SoSITE）

SoSITE 旨在通过开展分布式航空作战体系架构研究，保持美国在竞争环境下的空中优势，发展能够快速集成任务系统/模块到体系的技术，增强体系对抗的有效性及体系架构的稳定性。

3）复杂适应性系统组合和设计环境（CASCADE）

复杂的互联系统正在成为军事和民用环境中的一部分，但是复杂系统集

成并非简单的叠加，系统的功能又大于其各部分的综合，因而难以对复杂系统建模，目前尚无合适的工具可以对跨时空和空间的不断变化的复杂任务系统之间的结构和行为进行预测和评估。为了解决该问题，DARPA 于 2015 年宣布进行名为 CASCADE 的项目，以期探索和创新可以深入理解系统组件交互行为的数学方法，并提供独特的系统行为视角，进而从根本上改变系统设计，实现对动态、突发环境的实时弹性响应。

4）跨域海上监视与瞄准（CDMaST）

CDMaST 是构建"马赛克战"体系架构的基础项目之一，旨在把原先较为集中的战斗功能分解至众多低成本系统中，实现从全作战域对敌方发起攻势。该项目的具体方案是利用有人与无人系统组合，形成一种可执行广域、跨域监视与瞄准任务的"系统之系统"体系结构，遂行远程杀伤链，并针对潜艇和舰艇在竞争性海域形成稳健的杀伤网，从而实现迅速、泛在的进攻性能力。CDMaST 利用指挥控制与通信（C3）使能技术来支持体系架构的建立，并提供一个分析和试验环境，用于探索体系架构在作战效能、工程可行性和稳健性等方面的组合形式，最终交付先进的一体化水下、海上作战能力。CDMaST 不仅会演示一体化的系统性能，还会基于异构架构特征开发新战术。

5）远程城市场景弹性作战原型试验台（PROTEUS）

PROTEUS 旨在利用一套软件系统提高海军陆战队士兵在城市环境中作战的能力。该软件系统包括一套可视化的应用软件和实验工具，可以帮助海军陆战队通过自动化后勤支持功能，实时获取有关作战力量有效性和战术有效性的定量分析。

6）自适应跨域杀伤网（ACK）

ACK 旨在通过研制辅助决策软件，实时将系统分配给杀伤链以实现某个具体应用，并在战斗情况发生变化时实现动态的系统重分配，协助所有领域的作战人员从共享资源池中选择杀伤网元素，从而实现多个并发的作战目标。作战人员无须依赖精心设计的固定杀伤链，而应基于这些分布式能力（杀伤网）来构建新的杀伤链，从而给敌方制造多重困境。

7）分解/重构（Decomp/Recomp）

Decomp/Recomp 旨在针对"马赛克战"基本作战单元之间灵活、自主、可靠的拼图方式研发相关分解/重构技术，从而实现对战场资源最大限度地利用和最强能力发挥，在进行资源优化配置的基础上实现不同作战能力的快速切换，维持对战场环境和作战任务的强适应性。

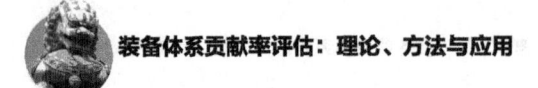

2. 指挥控制

1) "分布式作战"管理（DBM）

DBM 旨在协助指挥人员和飞行员管理空对空和空对地作战，以期在日益激烈和复杂的战斗空间中实现更好的态势理解和快速决策。该项目计划开发适当的自动化决策辅助工具，即将决策辅助工具集成到每架飞机的机载系统中，以提供分布式自适应规划、控制及情景理解，从而实现帮助相关人员保持态势感知、推荐任务、制订详细战斗计划、控制作战等目标。

2) 驾驶舱机组成员自动化系统（ALIAS）

ALIAS 旨在为现有的飞机打造全自动驾驶系统，使起飞、巡航和降落等一系列操作均实现完全自动化，从而让无人机/有人机驾驶员从操作的角色转换为监测的角色。

3) 对抗环境中的弹性同步规划与评估（RSPACE）

RSPACE 旨在设计构建通信网络动态变化的战场环境弹性指挥控制（C2）架构，它预期提供以下 3 项关键能力：①针对未来战场，提供近千余种无人机等作战单元的自主信息管理与协调能力；②开发基于异构分布式作战平台的弹性调度技术；③充分利用计算机能力提升以人为中心的决策效率。

4) 进攻性蜂群使能战术（OFFSET）

OFFSET 针对蜂群战术、蜂群自主、人-蜂群编队、虚拟现实和物理试验台等核心内容已开展多次"蜂群冲刺"活动。首个"蜂群冲刺"活动于 2017 年进行，其目标是产生蜂群战术，即部署由 50 个异构系统组成的蜂群，实现在两个街区和 15～30min 内定位一个城市目标；第二个"蜂群冲刺"活动于 2018 年 3 月进行，它聚焦自主性的提高，实现在两个街区范围内，使用由总数为 50 架（台）的无人机和无人车组成的异构蜂群在 15～30min 内隔离一个城市目标；第三个"蜂群冲刺"活动也于 2018 年进行，其主要开展物理和虚拟试验，用于发展、评估战术和自主算法，该活动已经开始推动"进攻性蜂群"战术向实战化方向发展；第四个"蜂群冲刺"活动于 2019 年进行，它包括在 OFFSET 虚拟环境中开发综合技术、利用人工智能（AI）来发现和学习新的集群战术两大主题。

5) 空战演进（ACE）

ACE 旨在发展空中视距内（WVR）自主机动能力。该项目包括"阿尔法空战格斗竞赛"和 4 个技术领域，拟分 3 个阶段推进。其中，4 个技术领

域包括：①研发用于局部行为（个体和编队战术行为）的自主作战系统（构建近距离空战算法）；②设计实验方法，用于模拟和测量飞行员对空战格斗中的自主作战系统的信任程度（测量信任度）；③在全局行为中使用并信任自主化系统（扩大至"马赛克战"应用范围）；④建设具有作战代表性的全尺寸飞行器实验基础设施（提供全尺寸飞行器演示）。

3. 组网通信

1）对抗环境下的通信（C2E）

C2E 旨在针对战场日益增加的无人机装备产生的通信网络抗干扰、低可探测性需求，开发新型自适应通信网络系统，实现不同类型、波形、协议的作战飞机间的互联互通，同时参考智能手机网络架构模型，借助开放自适应通信网络开发环境，支持第三方技术和功能的快速开发，加快新技术的应用。新型自适应通信网络系统采用模块化硬件平台，针对不同平台进行软件开发，加快现有装备融入新型通信网络，并支持不同波形和协议设备的互联互通，从而提升异构平台网络的兼容性。

2）任务最优化的动态适应网络（DyNAMO）

DyNAMO 旨在使当前的各种机载网络与未来网络实现互操作，从而为现有的通信系统提供网络灵活性和智能性，以便在任务过程中就如何配置做出实时决策，并计划在下一代飞机/无人机之间实现无缝通信。该项目包括若干技术领域（TA），其中 TA1 考虑网络层面的互操作性，TA2 侧重于网络的优化，TA3 是系统集成。

3）保护前线通信（PFC）

PFC 旨在使位于前线的小规模部队能够在多种电子战（EW）环境中进行持久的战术作战行动。在该项目中，DARPA 寻求开发一种能够保护局部区域并利用机载回传通信对抗敌方拒止行动的综合通信系统。

4）海洋交战即时信息（TIMEly）

TIMEly 旨在构建可快速重构的海空、海面和水下军事力量，这些力量行动迅速、不可预测并具有很强的灵活性和适应性，更像马赛克中的"碎片"，而非拥有严格设计的拼图。该项目的作用是集成联合跨域作战的水下要素，推进分布式杀伤网的开发。

5）基于信息的多元马赛克（IBM2）

IBM2 基于 DyNAMO 的成果，旨在发展网络和数据管理工具，用于自动建立跨域网络和管理信息流，以支持动态自适应效果网。该项目的作用是

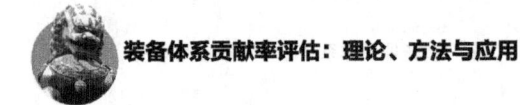

结合网络管理与信息开发和融合技术，根据信息需求和价值传输信息，以及解决导致延迟时间增加并限制互操作性的多级安全配置问题。

4．武器平台

1）深海有效载荷（UFP）

UFP 旨在寻求可放置在海底的非致命性武器或战场感知传感器设计方案，以及在海洋表面发射有效载荷和投放通信系统的推进技术，确保这些装备可以部署在与敌方对峙的海域范围。

2）小精灵（Gremlins）

Gremlins 提出通过载机在防区外发射携带侦察/电子战载荷、具备组网与协同作战功能的集群无人机，执行离岸侦察与电子攻击等军事任务，并在任务完成后对幸存无人机进行回收。

3）垂钓者（Angler）

Angler 旨在开发能在深海环境中发现和操纵物体的深海无人潜航器及控制系统，以满足在没有全球定位系统（GPS）的深海环境中自主执行搜索、操纵目标任务的要求。

5．基础支撑

1）导引头低成本转化（SECTR）

SECTR 是针对美军机载武器在对抗环境中的作战需求而设立的研发项目，旨在开发创新的武器导引头/制导系统。该系统仅需很少的信息支持，就能对固定、可改变位置和持续移动的目标进行精确末段寻的，并能在 GPS 拒止环境中实现全天候导航，同时具备尺寸小、质量小、功率低、成本低的特点。

2）竞争环境目标识别与适应（TRACE）

TRACE 旨在运用机器算法提升有人和无人机平台对于复杂环境和密集目标的雷达识别精度等。

3）敏捷团队项目（A-team）

A-team 旨在通过构建快速响应和适应变化的能力，实现高质量的项目交付，以此推动"马赛克战"作战概念的发展。

4）射频任务运行的融合式协作组件（CONCERTO）

CONCERTO 旨在开发、实现和演示一种融合的射频资源管理工具，以期能够自适应控制无人机上的雷达、电子战和通信功能部件。这种工具不仅可以提高通信吞吐量、减小跟踪误差，并达到前所未有的决策速度，还可以

改变无人机的性能模式,为作战人员提供更好、更快、更准确的指挥和控制,并为美军提供确保作战成功所需的关键射频优势。

5)战略技术项目(ST)

ST 旨在形成"马赛克"装备技术、"马赛克"效应网络服务、"马赛克"试验、基础性战略技术和系统等方面的研究成果,以此推动"马赛克战"作战概念的发展。

6)地理空间云分析(GCA)

GCA 旨在提供安全的基于云计算的平台,以期自动管理多源全局数据和元数据,从而帮助分析人员将其注意力和专业知识集中在分析上,而非数据的采集、聚合和管理上。

7)指南针(COMPASS)

COMPASS 旨在通过对活动态势的规划进行收集和监控,分析大量数据流以发现敌方活动,并显示代表每个假设背后的证据和分析结果。

8)小型作战单元体系增强(SESU)

SESU 旨在运用小型无人机集群技术为美国陆军营、连级部队提供异构分布式作战系统,协助执行侦察、打击等任务,以应对未来的敌反介入/区域拒止(A2/AD)能力威胁。该项目主要聚焦两个关键技术领域:①开展自适应指挥控制(C2)技术开发,为搭载不同传感器和武器载荷的低成本空地无人平台提供高效的任务规划与协调能力;②基于小型分布式平台作战需求,开发新型低成本传感器、作动器、武器载荷等,以提升无人系统作战任务遂行能力。

9)"班组 X"(LogX)

LogX 旨在从后勤保障的角度完成"马赛克战"中的资源调配。

为了方便展示后续的计算过程,这里将"马赛克战"中的项目集合记为 V,$V = \{V_1, V_2, \cdots, V_{29}\}$,其中 $V_1, V_2, \cdots, V_{29}$ 表示 DARPA 基于"马赛克战"作战概念开展的项目,分别对应前文提及的 CODE、SoSITE、$\cdots$、LogX。

10.2 "马赛克战"作战体系能力生成周期模型的构建

在作战体系能力生成周期模型的基础上,针对各阶段的各个能力要素开展重要性分析,根据其重要性构建该模型的量化矩阵(参见表 8-3 的映射权重矩阵构建方法),即矩阵中的每一个要素[如体系作战理论和作战概念创新(D1)]都会有一个由其重要性决定的权重,并且矩阵所有要素权重之和为 1。作战体系能力生成周期模型各阶段各个能力要素的重要性是不同的,

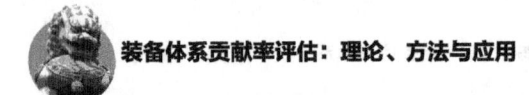

存在部分能力要素发挥作用较弱的情况，因此其对应于作战体系能力生成周期模型的矩阵元素值偏低，甚至可以简化处理为 0。而在某些阶段，则有部分能力要素发挥重要作用。例如，作战概念开发阶段的主要阶段性任务是基于作战体系的目标应用场景，提出创造性的、合理的、有战斗力的作战概念，因此军事作战理论（D）将在其中发挥更突出的作用；方案设计论证阶段的主要阶段性任务是建设符合前期作战概念要求的装备项目，将作战概念落地做实，因此装备技术资源（M）将在其中发挥更突出的作用。这些都是作战体系能力生成周期模型的典型特征，可据此确定映射权重矩阵中的各项数值。将作战体系能力生成周期模型量化矩阵记为 M，$M = \begin{bmatrix} M_{11} & \cdots & M_{17} \\ \vdots & \ddots & \vdots \\ M_{71} & \cdots & M_{77} \end{bmatrix}$，

其维度是 7×7，具体数值可按照以上分析思路，基于专家知识经验及历史数据综合分析得到，于是可得"马赛克战"作战体系能力生成周期模型的量化矩阵，具体如下[①]：

$$M = \begin{bmatrix} 0.050 & 0.010 & 0.020 & 0.020 & 0.010 & 0.010 & 0.020 \\ 0.010 & 0.010 & 0.020 & 0.000 & 0.050 & 0.020 & 0.020 \\ 0.000 & 0.015 & 0.030 & 0.050 & 0.000 & 0.050 & 0.030 \\ 0.020 & 0.050 & 0.050 & 0.020 & 0.020 & 0.020 & 0.040 \\ 0.000 & 0.020 & 0.040 & 0.000 & 0.000 & 0.020 & 0.040 \\ 0.000 & 0.015 & 0.030 & 0.030 & 0.015 & 0.015 & 0.030 \\ 0.010 & 0.010 & 0.020 & 0.020 & 0.000 & 0.000 & 0.020 \end{bmatrix}$$

需要说明的是，本章的主要目的是向读者说明体系贡献率评估方法的应用流程，相关案例研究中涉及的专家打分和各类定量参数并非真实数据。

10.3 项目与作战体系能力关联建模

本部分根据 8.1.3.2 节中提及的战略规划项目与作战体系能力关联建模方法，开展基于任务清单的作战体系能力需求分析，基于预期建设绩效的规划项目定位分析和基于能力要素基元的能力-项目关联建模，建立"马赛克战"作战体系任务清单和主要作战系统清单，根据项目定位分析每个项目对作战体系能力需求的贡献，确定每个项目对作战体系能力生成周期模型（以下简

---

① 矩阵 M 中的数值一律保留 3 位小数。

称能力生成周期模型）量化矩阵各阶段内每个能力要素的重要性，并根据其重要性确定重要度 D_{ij}^k（k 为项目标记，i、j 分别对应量化矩阵的行和列）。按照以上方法，将项目 V_k 映射到能力生成周期模型所得的映射关系矩阵记为

$$\boldsymbol{D}^k, \boldsymbol{D}^k = \begin{bmatrix} D_{11}^k & \cdots & D_{17}^k \\ \vdots & \ddots & \vdots \\ D_{71}^k & \cdots & D_{77}^k \end{bmatrix}$$，可采用专家打分或者数据挖掘等方法进行矩阵值量

化打分。项目 $V_1 \sim V_{29}$ 关于"马赛克战"能力生成周期模型的映射关系矩阵如下：

$$\boldsymbol{D}^1 = \begin{bmatrix} 43 & 68 & 65 & 56 & 60 & 79 & 48 \\ 72 & 67 & 41 & 40 & 59 & 69 & 62 \\ 80 & 78 & 51 & 62 & 77 & 56 & 57 \\ 44 & 54 & 47 & 59 & 85 & 57 & 56 \\ 57 & 75 & 56 & 43 & 68 & 57 & 40 \\ 47 & 74 & 45 & 66 & 41 & 85 & 57 \\ 59 & 47 & 75 & 57 & 71 & 40 & 44 \end{bmatrix}$$

$$\boldsymbol{D}^2 = \begin{bmatrix} 85 & 71 & 65 & 76 & 44 & 45 & 71 \\ 49 & 73 & 82 & 40 & 52 & 41 & 54 \\ 40 & 71 & 46 & 75 & 53 & 56 & 53 \\ 71 & 46 & 67 & 41 & 62 & 50 & 78 \\ 81 & 82 & 60 & 70 & 49 & 76 & 49 \\ 74 & 80 & 44 & 44 & 72 & 84 & 69 \\ 79 & 54 & 60 & 86 & 53 & 86 & 85 \end{bmatrix}$$

$$\boldsymbol{D}^3 = \begin{bmatrix} 85 & 68 & 85 & 71 & 69 & 62 & 90 \\ 70 & 41 & 62 & 72 & 43 & 69 & 88 \\ 69 & 90 & 63 & 71 & 54 & 81 & 87 \\ 84 & 89 & 45 & 90 & 75 & 62 & 84 \\ 49 & 77 & 78 & 40 & 78 & 65 & 74 \\ 64 & 71 & 42 & 77 & 62 & 82 & 74 \\ 78 & 88 & 49 & 73 & 59 & 54 & 52 \end{bmatrix}$$

$$\boldsymbol{D}^4 = \begin{bmatrix} 61 & 80 & 42 & 70 & 55 & 55 & 63 \\ 59 & 53 & 63 & 90 & 47 & 75 & 57 \\ 54 & 54 & 69 & 81 & 67 & 86 & 73 \\ 42 & 51 & 72 & 47 & 43 & 61 & 58 \\ 57 & 52 & 70 & 55 & 67 & 67 & 44 \\ 66 & 58 & 88 & 55 & 59 & 40 & 41 \\ 70 & 52 & 90 & 48 & 53 & 67 & 82 \end{bmatrix}$$

$$D^5 = \begin{bmatrix} 51 & 78 & 48 & 87 & 54 & 57 & 71 \\ 67 & 64 & 53 & 54 & 79 & 59 & 56 \\ 66 & 46 & 46 & 50 & 70 & 54 & 66 \\ 62 & 77 & 86 & 52 & 55 & 42 & 76 \\ 57 & 68 & 62 & 54 & 79 & 67 & 62 \\ 47 & 69 & 49 & 63 & 88 & 42 & 43 \\ 44 & 56 & 53 & 41 & 71 & 43 & 74 \end{bmatrix}$$

$$D^6 = \begin{bmatrix} 90 & 99 & 53 & 52 & 78 & 71 & 56 \\ 59 & 63 & 67 & 70 & 74 & 63 & 79 \\ 80 & 53 & 63 & 56 & 71 & 56 & 54 \\ 68 & 76 & 66 & 85 & 57 & 75 & 56 \\ 71 & 81 & 99 & 86 & 85 & 69 & 50 \\ 55 & 70 & 84 & 79 & 84 & 74 & 96 \\ 62 & 79 & 83 & 61 & 53 & 69 & 72 \end{bmatrix}$$

$$D^7 = \begin{bmatrix} 49 & 85 & 75 & 46 & 57 & 78 & 51 \\ 50 & 63 & 58 & 64 & 47 & 48 & 54 \\ 65 & 42 & 51 & 78 & 76 & 56 & 59 \\ 75 & 72 & 41 & 42 & 41 & 84 & 75 \\ 80 & 74 & 84 & 56 & 77 & 68 & 45 \\ 75 & 61 & 68 & 83 & 64 & 86 & 69 \\ 76 & 86 & 41 & 78 & 68 & 66 & 53 \end{bmatrix}$$

$$D^8 = \begin{bmatrix} 59 & 88 & 58 & 70 & 76 & 71 & 68 \\ 82 & 61 & 49 & 67 & 51 & 97 & 55 \\ 72 & 68 & 77 & 90 & 83 & 68 & 55 \\ 54 & 78 & 90 & 89 & 94 & 54 & 55 \\ 53 & 59 & 93 & 79 & 58 & 75 & 97 \\ 61 & 52 & 50 & 58 & 78 & 65 & 83 \\ 95 & 72 & 74 & 94 & 86 & 67 & 99 \end{bmatrix}$$

$$D^9 = \begin{bmatrix} 41 & 43 & 31 & 58 & 36 & 55 & 51 \\ 50 & 51 & 40 & 55 & 55 & 53 & 31 \\ 56 & 40 & 38 & 51 & 47 & 31 & 61 \\ 50 & 44 & 59 & 30 & 65 & 31 & 33 \\ 48 & 33 & 53 & 48 & 61 & 47 & 30 \\ 51 & 40 & 36 & 36 & 31 & 33 & 63 \\ 62 & 45 & 60 & 62 & 48 & 31 & 55 \end{bmatrix}$$

第 10 章　装备项目体系贡献率评估应用案例

$$D^{10} = \begin{bmatrix} 58 & 50 & 74 & 55 & 49 & 41 & 64 \\ 45 & 78 & 84 & 53 & 50 & 64 & 65 \\ 73 & 53 & 56 & 43 & 85 & 89 & 50 \\ 40 & 70 & 70 & 69 & 65 & 71 & 40 \\ 84 & 44 & 71 & 45 & 50 & 85 & 40 \\ 82 & 83 & 47 & 67 & 64 & 90 & 65 \\ 43 & 54 & 66 & 90 & 66 & 86 & 66 \end{bmatrix}$$

$$D^{11} = \begin{bmatrix} 49 & 49 & 42 & 57 & 49 & 50 & 45 \\ 58 & 67 & 53 & 47 & 48 & 72 & 74 \\ 44 & 74 & 36 & 79 & 41 & 60 & 63 \\ 54 & 74 & 57 & 66 & 56 & 38 & 67 \\ 45 & 46 & 41 & 58 & 70 & 44 & 57 \\ 47 & 56 & 42 & 42 & 44 & 56 & 57 \\ 42 & 38 & 56 & 79 & 46 & 36 & 59 \end{bmatrix}$$

$$D^{12} = \begin{bmatrix} 63 & 42 & 64 & 53 & 76 & 55 & 59 \\ 49 & 73 & 47 & 40 & 46 & 79 & 76 \\ 42 & 80 & 62 & 58 & 46 & 70 & 63 \\ 62 & 59 & 47 & 75 & 78 & 47 & 71 \\ 71 & 75 & 57 & 64 & 78 & 78 & 53 \\ 75 & 70 & 40 & 72 & 40 & 55 & 47 \\ 56 & 62 & 62 & 55 & 62 & 74 & 75 \end{bmatrix}$$

$$D^{13} = \begin{bmatrix} 88 & 95 & 70 & 58 & 95 & 62 & 49 \\ 77 & 69 & 97 & 81 & 69 & 93 & 75 \\ 54 & 70 & 93 & 69 & 65 & 60 & 48 \\ 77 & 95 & 77 & 86 & 90 & 73 & 76 \\ 96 & 64 & 54 & 56 & 74 & 82 & 71 \\ 66 & 94 & 97 & 95 & 66 & 50 & 81 \\ 89 & 83 & 80 & 60 & 53 & 96 & 60 \end{bmatrix}$$

$$D^{14} = \begin{bmatrix} 57 & 78 & 46 & 83 & 49 & 56 & 86 \\ 95 & 57 & 89 & 89 & 85 & 74 & 52 \\ 93 & 78 & 95 & 60 & 91 & 66 & 57 \\ 80 & 93 & 62 & 67 & 89 & 48 & 77 \\ 50 & 66 & 89 & 54 & 83 & 64 & 71 \\ 83 & 83 & 81 & 94 & 51 & 64 & 72 \\ 87 & 47 & 78 & 90 & 61 & 66 & 57 \end{bmatrix}$$

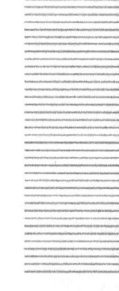

$$D^{15}=\begin{bmatrix} 49 & 68 & 50 & 51 & 53 & 54 & 39 \\ 77 & 48 & 69 & 70 & 46 & 66 & 60 \\ 73 & 50 & 66 & 66 & 46 & 70 & 52 \\ 63 & 35 & 70 & 79 & 47 & 50 & 56 \\ 50 & 39 & 40 & 79 & 46 & 35 & 51 \\ 42 & 49 & 43 & 67 & 60 & 57 & 35 \\ 57 & 79 & 60 & 38 & 80 & 73 & 69 \end{bmatrix}$$

$$D^{16}=\begin{bmatrix} 75 & 63 & 64 & 67 & 50 & 57 & 40 \\ 65 & 43 & 35 & 39 & 67 & 75 & 70 \\ 52 & 75 & 52 & 56 & 40 & 58 & 71 \\ 72 & 44 & 42 & 39 & 73 & 46 & 42 \\ 65 & 71 & 65 & 47 & 45 & 70 & 73 \\ 53 & 71 & 61 & 51 & 41 & 40 & 42 \\ 49 & 63 & 44 & 39 & 56 & 74 & 60 \end{bmatrix}$$

$$D^{17}=\begin{bmatrix} 80 & 43 & 53 & 63 & 51 & 48 & 46 \\ 65 & 50 & 71 & 61 & 89 & 90 & 86 \\ 79 & 49 & 78 & 70 & 71 & 48 & 76 \\ 79 & 72 & 47 & 75 & 87 & 45 & 88 \\ 46 & 76 & 87 & 77 & 53 & 70 & 59 \\ 55 & 58 & 85 & 80 & 75 & 68 & 75 \\ 51 & 50 & 73 & 45 & 77 & 67 & 63 \end{bmatrix}$$

$$D^{18}=\begin{bmatrix} 76 & 40 & 50 & 54 & 55 & 69 & 69 \\ 39 & 77 & 59 & 79 & 66 & 62 & 59 \\ 46 & 41 & 75 & 77 & 52 & 69 & 79 \\ 57 & 77 & 52 & 75 & 66 & 62 & 76 \\ 53 & 62 & 73 & 43 & 65 & 75 & 67 \\ 60 & 55 & 39 & 40 & 54 & 72 & 80 \\ 65 & 53 & 56 & 65 & 36 & 75 & 43 \end{bmatrix}$$

$$D^{19}=\begin{bmatrix} 60 & 65 & 90 & 79 & 81 & 57 & 93 \\ 76 & 65 & 54 & 66 & 64 & 68 & 54 \\ 61 & 46 & 87 & 54 & 55 & 77 & 72 \\ 73 & 50 & 67 & 51 & 71 & 87 & 63 \\ 92 & 82 & 51 & 58 & 87 & 62 & 71 \\ 79 & 75 & 71 & 55 & 66 & 89 & 51 \\ 66 & 93 & 56 & 90 & 80 & 95 & 88 \end{bmatrix}$$

$$D^{20} = \begin{bmatrix} 61 & 39 & 75 & 48 & 38 & 59 & 61 \\ 66 & 64 & 61 & 60 & 67 & 57 & 73 \\ 48 & 40 & 67 & 65 & 47 & 56 & 68 \\ 63 & 57 & 67 & 68 & 47 & 36 & 59 \\ 50 & 70 & 75 & 53 & 70 & 58 & 53 \\ 72 & 44 & 63 & 63 & 62 & 53 & 47 \\ 47 & 45 & 36 & 63 & 59 & 71 & 70 \end{bmatrix}$$

$$D^{21} = \begin{bmatrix} 38 & 52 & 49 & 46 & 33 & 35 & 30 \\ 50 & 45 & 58 & 44 & 45 & 37 & 41 \\ 59 & 37 & 63 & 58 & 56 & 58 & 48 \\ 40 & 62 & 56 & 30 & 55 & 58 & 35 \\ 56 & 45 & 34 & 65 & 49 & 34 & 50 \\ 64 & 56 & 50 & 34 & 48 & 61 & 45 \\ 51 & 31 & 62 & 44 & 47 & 56 & 62 \end{bmatrix}$$

$$D^{22} = \begin{bmatrix} 69 & 40 & 71 & 59 & 71 & 43 & 75 \\ 64 & 59 & 54 & 52 & 69 & 64 & 56 \\ 54 & 46 & 71 & 36 & 38 & 65 & 37 \\ 73 & 50 & 55 & 64 & 53 & 37 & 67 \\ 70 & 43 & 74 & 35 & 47 & 41 & 37 \\ 48 & 40 & 42 & 48 & 44 & 47 & 53 \\ 42 & 74 & 52 & 42 & 62 & 57 & 65 \end{bmatrix}$$

$$D^{23} = \begin{bmatrix} 69 & 45 & 69 & 67 & 59 & 55 & 39 \\ 70 & 58 & 72 & 44 & 54 & 68 & 71 \\ 70 & 67 & 43 & 53 & 69 & 71 & 45 \\ 56 & 66 & 60 & 53 & 75 & 44 & 41 \\ 60 & 62 & 47 & 72 & 44 & 45 & 67 \\ 47 & 53 & 43 & 73 & 57 & 47 & 41 \\ 56 & 69 & 53 & 58 & 41 & 36 & 57 \end{bmatrix}$$

$$D^{24} = \begin{bmatrix} 59 & 62 & 58 & 55 & 65 & 54 & 54 \\ 50 & 42 & 34 & 64 & 51 & 55 & 36 \\ 61 & 50 & 38 & 60 & 43 & 61 & 47 \\ 65 & 33 & 46 & 34 & 53 & 42 & 62 \\ 31 & 56 & 49 & 32 & 58 & 44 & 32 \\ 40 & 52 & 43 & 59 & 41 & 58 & 30 \\ 48 & 59 & 49 & 31 & 49 & 37 & 59 \end{bmatrix}$$

$$D^{25} = \begin{bmatrix} 50 & 46 & 59 & 53 & 45 & 45 & 59 \\ 44 & 43 & 59 & 59 & 40 & 40 & 35 \\ 46 & 62 & 53 & 44 & 60 & 43 & 41 \\ 61 & 62 & 55 & 57 & 40 & 35 & 47 \\ 41 & 35 & 63 & 47 & 47 & 39 & 57 \\ 40 & 55 & 54 & 61 & 49 & 52 & 52 \\ 42 & 65 & 38 & 56 & 51 & 53 & 36 \end{bmatrix}$$

$$D^{26} = \begin{bmatrix} 44 & 47 & 49 & 53 & 53 & 38 & 65 \\ 64 & 36 & 57 & 56 & 48 & 62 & 54 \\ 56 & 52 & 55 & 40 & 53 & 61 & 49 \\ 50 & 52 & 63 & 61 & 37 & 37 & 39 \\ 39 & 47 & 39 & 37 & 48 & 47 & 46 \\ 52 & 54 & 56 & 54 & 65 & 40 & 48 \\ 36 & 46 & 52 & 36 & 38 & 45 & 48 \end{bmatrix}$$

$$D^{27} = \begin{bmatrix} 52 & 58 & 49 & 40 & 65 & 36 & 61 \\ 43 & 49 & 53 & 37 & 47 & 59 & 35 \\ 48 & 37 & 57 & 39 & 64 & 40 & 57 \\ 58 & 39 & 59 & 42 & 59 & 62 & 35 \\ 57 & 59 & 51 & 54 & 53 & 37 & 53 \\ 35 & 41 & 47 & 49 & 52 & 65 & 59 \\ 41 & 44 & 46 & 39 & 43 & 49 & 59 \end{bmatrix}$$

$$D^{28} = \begin{bmatrix} 67 & 48 & 89 & 63 & 50 & 45 & 48 \\ 52 & 93 & 59 & 60 & 77 & 69 & 44 \\ 61 & 47 & 80 & 77 & 68 & 91 & 48 \\ 88 & 45 & 81 & 70 & 53 & 57 & 61 \\ 58 & 66 & 76 & 75 & 77 & 78 & 61 \\ 67 & 65 & 69 & 85 & 66 & 63 & 73 \\ 72 & 93 & 46 & 69 & 58 & 74 & 55 \end{bmatrix}$$

$$D^{29} = \begin{bmatrix} 87 & 76 & 79 & 86 & 76 & 54 & 50 \\ 67 & 94 & 93 & 59 & 55 & 95 & 66 \\ 55 & 81 & 60 & 56 & 79 & 64 & 63 \\ 74 & 87 & 87 & 49 & 82 & 82 & 85 \\ 55 & 70 & 78 & 56 & 51 & 67 & 71 \\ 68 & 80 & 58 & 46 & 61 & 78 & 45 \\ 56 & 65 & 83 & 85 & 75 & 88 & 60 \end{bmatrix}$$

10.4 基于能力生成周期模型的项目体系贡献率评估

这里以 CODE（项目 V_1）为例计算其项目体系贡献率。基于上文提及的 M 和 D_1 中的数值，计算 V_1 关于能力周期二维模型矩阵中元素 m_{ij} 的局部体系贡献率 $\text{InCon}_1^{m_{ij}}$，即

$$\text{InCon}_1^{m_{ij}} = \frac{m_{ij} \times D_{ij}^1}{\sum_{k=1}^{29} D_{ij}^k} \times 100\% \qquad (10\text{-}1)$$

由此可得项目 V_1 关于能力周期二维模型矩阵的局部体系贡献率矩阵 $\mathbf{InCon}_1^M$（矩阵中的数值全部保留 3 位小数），即

$$\mathbf{InCon}_1^M = \begin{bmatrix} 0.024\% & 0.038\% & 0.073\% & 0.063\% & 0.035\% & 0.050\% & 0.056\% \\ 0.041\% & 0.038\% & 0.046\% & 0.047\% & 0.035\% & 0.036\% & 0.072\% \\ 0.068\% & 0.069\% & 0.085\% & 0.105\% & 0.065\% & 0.046\% & 0.101\% \\ 0.048\% & 0.060\% & 0.105\% & 0.138\% & 0.091\% & 0.072\% & 0.127\% \\ 0.066\% & 0.084\% & 0.120\% & 0.107\% & 0.075\% & 0.065\% & 0.098\% \\ 0.041\% & 0.061\% & 0.082\% & 0.110\% & 0.036\% & 0.071\% & 0.101\% \\ 0.034\% & 0.026\% & 0.087\% & 0.064\% & 0.042\% & 0.022\% & 0.048\% \end{bmatrix}$$

通过整合项目 V_1 关于全部的"马赛克战"能力生成周期模型矩阵元素的局部体系贡献率，得到项目 V_1 的体系贡献率 Con_1，即

$$\text{Con}_1 = \sum_{i=1}^{7} \sum_{j=1}^{7} \text{InCon}_1^{m_{ij}} = 3.278\%$$

同理，分别计算剩余 28 个项目在"马赛克战"作战体系能力生成中的体系贡献率，见表 10-1。

表 10-1 "马赛克战"项目体系贡献率

项　　目	体系贡献率[①]	排　　序
C2E	4.296%	1
DyNAMO	4.136%	2
DBM	4.115%	3
CASCADE	4.068%	4
LogX	4.035%	5
ACK	3.989%	6
IBM2	3.935%	7

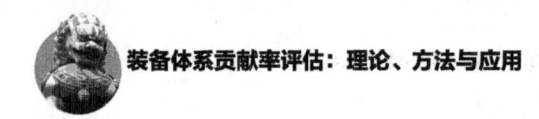

续表

项　目	体系贡献率[①]	排　序
SESU	3.844%	8
Gremlins	3.827%	9
UFP	3.667%	10
SoSITE	3.577%	11
CDMaST	3.523%	12
Decomp/Recomp	3.511%	13
PROTEUS	3.497%	14
RSPACE	3.493%	15
ACE	3.428%	16
Angler	3.377%	17
CODE	3.278%	18
A-team	3.262%	19
TIMEly	3.254%	20
OFFSET	3.180%	21
TRACE	3.150%	22
PFC	3.094%	23
ST	2.832%	24
GCA	2.827%	25
CONCERTO	2.783%	26
COMPASS	2.781%	27
SECTR	2.710%	28
ALIAS	2.569%	29

① 体系贡献率数值全部保留 3 位小数。

上述项目体系贡献率是针对"马赛克战"作战体系而言的，29 个项目对整个军队联合作战体系的贡献率需要综合这些项目在其他类型作战体系中的贡献率进行计算。根据项目集合对联合作战体系和战略目标的贡献率，可对项目的优先级和经费资源投入进行调整优化。

参 考 文 献

[1] 李小波，王维平，林木，等. 体系贡献率评估的研究框架、进展与重点方向[J]. 系统工程理论与实践，2019, 39(6): 1623-1634.

[2] 李小波，束哲，林木，等. 体系贡献率能效综合评估方法[J]. 系统仿真学报，2018, 30(12): 4520-4528.

[3] 李小波，梁浩哲，王涛，等. 面向装备规划计划的体系贡献率评估方法[J]. 科技导报，2020, 38(21): 38-46.

[4] 王维平，李小波，杨松，等. 智能化多无人集群作战体系动态适变机制设计方法. 系统工程理论与实践[J]. 2021, 41(5): 1096-1106.

[5] 林木，王维平，王涛，等. 基于使命能力框架的国防项目组合结构优化方法[J]. 系统工程理论与实践，2022, 42(10): 2829-2839.

[6] 林木. 面向任务的无人集群体系贡献率评估方法研究[D]. 长沙：国防科技大学，2019.

[7] 王梦. 基于动量原理的杀伤链设计优化方法研究[D]. 长沙：国防科技大学，2022.

[8] 顾基发，赵明辉，张玲玲. 从理论到实践：人理的进一步探究[J]. 管理评论，2021, 33(5): 57-63.

[9] 朱绍侯. 商鞅变法与秦国早期军功爵制[J]. 零陵学院学报，2004(9): 68-72.

[10] STRATEGIC TECHNOLOGY OFFICE. System of Systems Integration Technology and Experimentation (SoSITE)[R]. [S.l.]: DARPA, DARPA-BAA-14-40, 2014.

[11] 罗小明，朱延雷，何榕. 基于复杂适应系统的装备作战试验体系贡献度评估[J]. 装甲兵工程学院学报，2015, 29(2): 1-6.

[12] 韩毅. 军事思维的新视角：基于复杂适应系统对军事运动规律的考察[J]. 中国军事科学，2011, 24(1): 62-68.

[13] 何舒，杨克巍，梁杰. 基于网络抗毁性的装备贡献度评价[J]. 火力与指挥控制，2017, 42(8): 87-91, 96.

[14] 李际超. 基于作战网络模型的装备体系贡献度研究[D]. 长沙：国防科技大学，2015.

[15] 王维平，李小波，束哲，等. 基于认知计算的体系贡献率评估方法[C]// 武器装备体系研究第九届学术研讨会. 合肥：[s.n.], 2015: 1-11.

[16] 陈小卫，谢茂林，张军奇. 新型装备对作战体系的贡献机理[J]. 装备学院学报，2016, 27(6): 26-30.

[17] 管清波，于小红. 新型武器装备体系贡献度评估问题探析[J]. 装备学院学报，2015, 26(3): 1-5.

[18] 罗小明，杨娟，何榕. 基于任务-能力-结构-演化的武器装备体系贡献度评估与示例分析[J]. 装备学院学报，2016, 27(3): 7-13.

[19] 李怡勇，李智，管清波，等. 武器装备体系贡献度评估刍议与示例[J]. 装备学院学报，2015, 26(4): 1-6.

[20] 吕惠文，张炜，吕耀平，等. 基于多视角的武器装备体系贡献率评估指标体系构建[J]. 装备学院学报，2017, 28(3): 62-66.

[21] 梁家林，熊伟. 武器装备体系贡献度评估方法综述[J]. 兵器装备工程学报，2018, 39(4): 67-71.

[22] 叶紫晴，屈也频. 基于规则推理的海军航空作战装备体系贡献度分析[J]. 指挥控制与仿真，2015, 26(5): 29-33.

[23] 罗小明，朱延雷，何榕. 基于 SEM 的武器装备作战体系贡献度评估方法[J]. 装备学院学报，2015, 26(5): 1-6.

[24] 王楠，杨娟，何榕. 基于粗糙集的武器装备体系贡献度评估方法[J]. 指挥控制与仿真，2016, 38(1): 104-107.

[25] 吕惠文，张炜，吕耀平. 武器装备体系贡献率的综合评估计算方法研究[J]. 军械工程学院学报，2017, 29(2): 33-38.

[26] 和钰. 基于 RIMER 方法的武器装备体系作战能力贡献率研究[D]. 长沙：国防科技大学，2016.

[27] HITCHINS D K. Putting systems to work[M]. Chichester: Wiley, 1992.

[28] FIEBRT M. Measuring System contributions to system of systems through joint mission threads[R]. [S.l.]: Scientific Research Corporation, 2010.

[29] FIEBRANDT M. Joint mission thread decomposition to testable measures tutorial[R]. [S.l.]: JTEM Operations Research Analyst, 2010.

[30] CRISP J P H, SCHMIDT R, SPEDDEN J, et al. System of systems engineering pilot quality function deployment analysis[C]//10th Annual Systems Engineering Conference. [S.l.]: [s.n.], 2007.

[31] 胡晓峰. 战争科学论——认识和理解战争的科学基础与思维方法[M]. 北京：科学出版社，2018.

[32] 曹江，陈彬，高岚岚，等. 体系工程"钻石"模型与数智孪生[J]. 科技导报，2020, 38(21): 6-20.

[33] 何清成. 基于系统理论的体系作战能力生成模式研究[D]. 北京：中国科学院研究生院，2012.

[34] 石福丽. 基于超网络的军事通信网络建模分析与重构方法研究[D]. 长沙：国防科技大学，2013.

[35] 王飞，司光亚，荣明，等. 武器装备体系的异质超网络模型[J]. 系统工程与电子技术，2015, 37(9): 2052-2060.

[36] 胡晓峰，贺筱媛，饶德虎，等. 基于复杂网络的体系作战指挥与协同机理分析方法研究[J]，指挥与控制学报，2015, 1(1): 5-13.

[37] 王飞，司光亚. 武器装备体系能力贡献度的解析与度量方法[J]. 军事运筹与系统工程，2016, 30(3): 10-15.

[38] 胡晓峰，张昱，李仁见，等. 网络化体系能力评估问题[J]. 系统工程理论与实践，2015, 35(5): 1317-1323.

[39] 蓝羽石. 网络中心化联合作战体系作战能力及其计算[M]. 北京：国防工业出版社，2013.

[40] 石福丽，朱一凡. 基于超网络理论的军事通信网络复杂性度量方法[J]. 通信学报，2011, 32(12): 51-59.

[41] LEE M N. Information capture during early front end analysis in the Joint Capabilities Integration and Development System (JCIDS): a formative study of the capabilities of the Department of Defense Architecture Framework (DoDAF)[D]. Cambridge: MIT DSpace，2016.

[42] 何华. 作战行动计划网络化建模与优化方法研究[D]. 长沙：国防科技大学，2019.

[43] 束哲. 体系架构超网络建模与优化方法研究[D]. 长沙: 国防科技大学, 2018.

[44] 吴俊杰, 刘冠男, 王静远, 等. 数据智能: 趋势与挑战[J]. 系统工程理论与实践, 2020, 40(8): 34.

[45] 程贲. 基于能力的武器装备体系评估方法与应用研究[D]. 长沙: 国防科技大学, 2012.

[46] 马骏, 杨镜宇, 邹立岩. 基于Stacking集成元模型的作战体系能力图谱生成方法[J]. 系统工程与电子技术, 2022, 44(1): 154-163.

[47] 刘虹麟. 作战体系能力图谱仿真实验方法研究[D]. 北京: 国防大学, 2018.

[48] 赵绍彩, 张海川, 李楠. 作战能力图谱概念和应用研究[J]. 国防科技, 2021(2): 106-112.

[49] BEHRMAN R. Structural measurement of military organization capability[D]. Pittsburgh: Carnegie Mellon University, 2014.

[50] 王磊, 王维平, 杨峰, 等. 认知演化算法[J]. 计算机科学, 2010, 37(9): 1-7.

[51] MAGNUSON S. DARPA pushes 'Mosaic Warfare' concept[J]. National Defense, 2018, 103(780): 18-19.

[52] 金伟新. 体系对抗复杂网络建模与仿真[M]. 北京: 电子工业出版社, 2010.

[53] 胡晓峰, 杨镜宇, 张昱. 武器装备体系评估理论与方法的探索与实践[J]. 宇航总体技术, 2018, 2(1): 1-11.

[54] 曹建军, 马海洲, 蒋德珑. 武器装备体系评估建模研究[J]. 系统仿真学报, 2015, 27(1): 37-42.

[55] 闫雪飞, 李新明, 刘东. 武器装备体系评估技术与研究[J]. 火力与指挥控制, 2016, 41(1): 7-10.

[56] 商慧琳. 武器装备体系作战网络建模及能力评估方法研究[D]. 长沙: 国防科技大学, 2013.

[57] 沈丙振, 缪建明, 李晓菲, 等. 基于改进结构方程模型的陆军武器装备体系作战能力评估模型[J]. 兵工学报, 2021, 42(11): 2503-2512.

[58] 杨克巍, 杨志伟, 谭跃进, 等. 面向体系贡献率的装备体系评估方法研究综述[J]. 系统工程与电子技术, 2019, 41(2): 311-321.

[59] 祝华远, 赵功伟, 崔亚君, 等. 航空装备保障特性综合评估指标体系[J]. 四川兵工学报, 2013, 34(5): 46-49.

[60] 陈士涛, 张海林. 基于作战网络模型的异构无人机集群作战能力评估[J]. 军事运筹与系统工程, 2019, 33(1): 38-43.

[61] 韩月明, 方丹, 张红艳, 等. 智能无人机集群协同作战效能评估综述[J]. 飞航导弹, 2020(8): 51-56.

[62] 杨瑶瑶. 无人机集群系统任务可靠性建模与评估技术[D]. 长沙: 国防科技大学, 2017.

[63] 黄炎焱, 杨峰, 王维平, 等. 一种武器装备作战效能稳健评估方法研究[J]. 系统仿真学报, 2007, 19(20): 4629-4633, 4656.

[64] TRAN H T, DOMERCANT J C, MAVRIS D N. Parametric design of resilient complex networked systems[J]. IEEE Systems Journal, 2019, 13(2): 1496-1504.

[65] 潘星, 张国忠, 张跃东, 等. 工程弹性系统与系统弹性理论研究综述[J]. 系统工程与电子技术, 2019, 41(9): 2006-2015.

[66] UDAY, PAYUNA. System importance measures: a new approach to resilient systems-of-systems[D]. West Lafayette: Purdue University, 2015.

[67] ENGEL A, BROWNING T R. Designing systems for adaptability by means of architecture options[J]. Systems Engineering, 2008, 11(2): 125-146.

[68] 吴坚. 面向武器装备需求论证的作战任务体系生成技术[M]. 北京: 国防工业出版社, 2015.

[69] DRYER D A, SHORT M, BEACH T D. Capability test methodology's role in system of sytems life cycle acquisition[C]// U.S. Air Force T&E Days Conferences, T&E-23: Systems and Ground Testing IV. [S.l.]: [s.n.], 2008. DOI: 10.2514/6.2008-1678.

[70] 张先超, 马亚辉. 体系能力模型与装备体系贡献率测度方法[J]. 系统工程与电子技术, 2019(4): 843-849.

[71] 钱晓超, 唐伟, 陈伟, 等. 面向关键能力的陆军全域作战体系贡献率评估[J]. 系统仿真学报, 2018, 30(12): 4786-4793.

[72] 陈斯诺, 张安, 高飞. 基于深度置信网络的装备体系贡献度评估方法[J]. 指挥控制与仿真, 2021(4): 26-31.

[73] 金丛镇. 基于MMF-OODA的海军装备体系贡献度评估方法研究[D]. 南京：南京理工大学，2017.

[74] 孔德鹏，马溢清，郑保华，等. 面向不确定多任务场景的海上联合作战装备体系贡献率评估方法[J]. 系统工程与电子技术，2022, 44(12): 3775-3782.

[75] 薛晖. NBA球员能力评价指标及收入与能力指标的回归模型[J]. 现代经济信息，2009(13): 80-81.

[76] 魏东涛，刘晓东，周骏，等. 基于DSM与信息熵的装备体系结构贡献率分析[J]. 系统工程与电子技术，2022(6): 1927-1933.

[77] 任天助，辛万青，严晞隽，等. 体系能力多维度评估建模方法[J]. 系统工程学报，2021(5): 709-720.

[78] 潘星，左督军，张跃东. 基于系统动力学的装备体系贡献率评估方法[J]. 系统工程与电子技术，2021, 43(1): 112-120.

[79] 周琛，尚柏林，宋笔锋，等. 基于作战环的航空武器装备体系贡献率评估[J]. 航空学报，2022, 43(2): 224958-224958.

[80] 于芹章，张英朝，张静，等. 基于整体效果的装备体系作战效能评估方法研究[J]. 系统仿真技术，2011, 7(3): 183-189.

[81] 张军扩. "七五"期间经济效益的综合分析——各要素对经济增长贡献率测算[J]. 经济研究，1991, 4(4): 8-17.

[82] 卜广志，张宇. 系统在体系中的贡献率评估建模方法[C]. 北京：中国系统工程学会第19届学术会议，2016.

[83] 罗鹏程，周经伦，金光. 武器装备体系作战效能与作战能力评估分析方法[M]. 北京：国防工业出版社，2014.

[84] 郭齐胜. 装备作战仿真[M]. 北京：国防工业出版社，2013.

[85] BEACH T D, BOCK T. DoDAF limitations and enhancements for the Capability Test Methodology[C]//Spring Simulation Multi-conference. [S.l.]: [s.n.], 2007: 170-176.

[86] 张明智，马力. 体系对抗OODA循环稳健性建模及仿真分析[J]. 系统仿真学报，2017, 29(9): 1968-1975.

[87] 许永平，石福丽，杨峰，等. 基于QFD与作战仿真的舰艇装备需求分析方法[J]. 系统工程理论与实践，2010, 30(1): 167-172.

[88] 黄建新，李群，贾全，等. 基于 ABMS 的体系效能评估框架研究[J]. 系统工程与电子技术，2011, 33(8): 1794-1798.

[89] DICKERSON C E. Mathematical foundations for Relational Oriented Systems Engineering(ROSE)[C]//International Conference on System of Systems Engineering. [S.l.]: [s.n.], 2011: 197-202.

[90] DICKERSON C E, MAVRIS D N. Relational Oriented Systems Engineering (ROSE): preliminary report[C]// International Conference on System of Systems Engineering. [S.l.]: [s.n.], 2011: 149-154.

[91] OLHAGER J, WEST B M. The house of flexibility: using the QFD approach to deploy manufacturing flexibility[J]. International Journal of Operations & Production Management, 2009, 22(1): 50-79.

[92] HAQ A N, BODDU V. Analysis of enablers for the implementation of leagile supply chain management using an integrated fuzzy QFD approach [J]. Journal of Intelligent Manufacturing, 2014, 28(1): 1-12.

[93] WANG F, LI H, LIU A, et al. Hybrid customer requirements rating method for customer-oriented product design using QFD [J]. Journal of Systems Engineering and Electronics, 2015, 26(3): 533-543.

[94] 石福丽. 基于 QFD/SysML 的舰船装备需求分析方法研究[D]. 长沙：国防科技大学，2006.

[95] OPRICOVIC S, TZENG G H. Compromise solution by MCDM methods: a comparative analysis of VIKOR and TOPSIS [J]. European Journal of Operational Research, 2004, 156(2): 445-455.

[96] 张毅，姜青山. 基于分层 TOPSIS 法的预警机效能评估[J]. 系统工程与电子技术，2011, 33(5): 1051-1054.

[97] LIAO C N, KAO H P. An integrated fuzzy TOPSIS and MCGP approach to supplier selection in supply chain management[J]. Expert Systems with Applications, 2011, 38(9): 10803-10811.

[98] PRAKASH C, BARUA M K. Integration of AHP-TOPSIS method for prioritizing the solutions of reverse logistics adoption to overcome its barriers under fuzzy environment [J]. Journal of Manufacturing Systems, 2015, 37: 599-615.

[99] 戚安邦. 项目评估学[M]. 北京：科学出版社，2012.

[100] 张最良. 军事战略运筹分析方法[M]. 北京：军事科学出版社，2009.

[101] 杨卫华. 俄军战略规划问题研究[M]. 北京：军事科学出版社，2014.

[102] 刘进军，刘琼，张昕，等. 军队战略管理评估工作总体框架研究[J]. 军事运筹与系统工程，2021, 35(3): 43-47.

[103] 殷小静，胡晓峰，荣明，等. 体系贡献率评估方法研究综述与展望[J]. 系统仿真学报，2019, 31(6): 1027-1038.

[104] USA Department of Defense. Quadrennial defense review report [R]. Washington, D. C.:[s.n.], 2001.

[105] Joint Systems and Analysis Group of TTCP. Guide to capability based planning[R]. Washington. D. C.: TR-JSA-TP3-2-2004, 2004.

[106] U.S Joint Chiefs of Staff. Joint capabilities integration and development system (CJCSI 3170.01H) [R]. [S.l.]:[s.n.], 2012.

[107] HIROMOTO S. Fundamental capability portfolio management: a study of developing systems with implications for army research and development strategy[D]. Santa Monica: Pardee RAND Graduate School, 2013.

[108] USA Office of the Under Secretary of Defense for Research and Engineering. Mission Engineering Guide [R]. [S.l.]:[s.n.], 2020.

[109] UDAY P, CHANDRAHASA R, MARAIS K. System importance measures: definitions and application to system-of-systems analysis[J]. Reliability Engineering System Safety, 2019, 191: 106582.

[110] 罗小明，朱延雷，何榕. 基于复杂网络的武器装备体系贡献度评估分析方法[J]. 火力与指挥控制，2017, 42(2): 83-87.

[111] LI J, ZHAO D, JIANG J, et al. Capability oriented equipment contribution analysis in temporal combat networks[J]. IEEE Transactions on Systems Man & Cybernetics Systems, 2018: 1-9.

[112] 赵丹玲，谭跃进，李际超，等. 基于作战环的武器装备体系贡献度评估[J]. 系统工程与电子技术，2017, 39(10): 2239-2247.

[113] FIEBRANDT M. Measuring system contributions to system of systems through joint mission threads[R]. [S.l.]: Scientific Research Corporation, 2010.

[114] FIEBRANDT M. Joint mission thread decomposition to testable measures tutorial[R]. [S.l.]: JTEM Operations Research Analyst, 2010.

[115] 王彦锋，林木，王维平，等. 美军联合使命线程发展对武器装备试验鉴定的启示[J]. 系统仿真学报，2018, 35(8): 1-5.

[116] 杨晨光，贾贞，刘志. 基于联合使命线程的装备作战效能度量指标构建[J]. 指挥控制与仿真，2019(4): 86-90.

[117] GEORGIEVSKI I, AIELLO M. An overview of hierarchical task network planning[J]. Computer Science, 2014.DOI:10.48550/arXiv.1403.7426.

[118] 于景元，周晓纪. 从定性到定量综合集成方法的实现和应用[J]. 系统工程理论与实践，2002, 22(10): 26-32.

[119] OKOLI C, PAWLOWSKI S D. The Delphi method as a research tool: an example, design considerations and applications[J]. 2004, 42(1): 15-29.

[120] CHAN L K, WU M L. A systematic approach to quality function deployment with a full illustrative example[J]. Omega, 2005, 33(2): 119-139.

[121] 樊延平，郭齐胜，王金良. 面向任务的装备体系作战能力需求满足度分析方法[J]. 系统工程与电子技术，2016(8): 1826-1832.

[122] 廉振宇，顾桐菲，薛奇，等. 一体化国家战略体系和能力研究——概念、框架与构建途径[J]. 科学学研究，2023, 41(4): 615-622.

[123] 易本胜，邢蓬宇. 美军作战净评估方法分析[J]. 军事运筹与系统工程，2015, 29(1): 18-24.

[124] BIANCHI J, CREERY M, SCHRAMM H, et al. China's choices: a new tool for assessing the PLA's modernization[R]. India: The Center for Strategic and Budgetary Assessments, 2022.

[125] 刘进军，刘琼，张昕，等. 军队战略管理评估工作总体框架研究[J]. 军事运筹与系统工程，2021, 35(3): 43-47.

[126] 耿奎，吴龙刚，谢宗仁. 对战略规划评估体系研究的思考[J]. 军事运筹与系统工程，2019, 33(3): 13-17.

[127] 冯伟，骆建成，谢宗仁，等. 军事战略能力评估指标及评估模型研究[J]. 军事运筹与系统工程，2019, 32(1): 11-14.

[128] 罗承昆，陈云翔，项华春，等. 装备体系贡献率评估方法研究综述[J]. 系统工程与电子技术，2019, 41(08): 1789-1794.

[129] 王茂桓，刘泽苁，梁浩哲，等. 多类型体系贡献率评估的综合问题研究[J]. 系统工程与电子技术，2022, 44(5): 1572-1580.

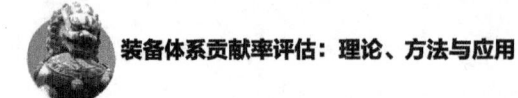

[130] 胡勇,朱江,姜晓辉,等. 武器系统体系贡献率评估方法研究[J]. 军事运筹与评估, 2022, 37(4): 17-23.

[131] 翟永翠, 胡志强. 基于 CAS 理论的两栖编队作战体系能力涌现模型[J]. 火力与指挥控制, 2021, 46(9): 133-142.

[132] BASTIAN N D, FULTON L V, MITCHELL R, et al. Force design analysis of the army aeromedical evacuation company: a quantitative approach[J]. The Journal of Defense Modeling and Simulation: Applications, Methodology, Technology, 2013, 10(1): 23-30.

[133] 孙盛智, 苗壮, 高赞, 等. 美国马赛克战构想[J]. 火力与指挥控制, 2022, 47(10): 180-184.

[134] 李磊, 蒋琪, 王彤. 美国马赛克战分析[J]. 战术导弹技术, 2019(6): 108-114.

[135] 段婷, 王涛, 王维平, 等. "马赛克"作战概念对美军战略规划的影响[C]//中国自动化学会系统仿真专业委员会, 中国仿真学会仿真技术应用专业委员会. 第 22 届中国系统仿真技术及其应用学术年会（CCSSTA22nd 2021）论文集. 合肥: 中国科学技术大学出版社, 2021.